U0192297

变革与创新

中规院（北京）规划设计有限公司优秀规划设计作品集

CHANGE & INNOVATION

CAUPD·BJ

2020

图书在版编目（CIP）数据

变革与创新：中规院（北京）规划设计有限公司优秀规划设计作品集/中规院（北京）规划设计有限公司编著. —北京：中国建筑工业出版社，2020.6
ISBN 978-7-112-25087-5

Ⅰ.①变… Ⅱ.①中… Ⅲ.①城市规划－建筑设计－作品集－中国－现代 Ⅳ.①TU984.2

中国版本图书馆CIP数据核字（2020）第076366号

责任编辑：毋婷娴　石枫华
责任校对：赵　菲

变革与创新
中规院（北京）规划设计有限公司优秀规划设计作品集
中规院（北京）规划设计有限公司　编著
*
中国建筑工业出版社出版、发行（北京海淀三里河路9号）
各地新华书店、建筑书店经销
北京方舟正佳图文设计有限公司制版
天津图文方嘉印刷有限公司印刷
*
开本：965毫米×1270毫米　1/16　印张：13¼　字数：366千字
2020年12月第一版　2020年12月第一次印刷
定价：168.00元
ISBN 978-7-112-25087-5
(35875)

版权所有　翻印必究
如有印装质量问题，可寄本社图书出版中心退换
(邮政编码 100037)

编委会名单

主 任 委 员：张　全

副主任委员：尹　强　朱　波　李　利

委　　　员：郝之颖　孙　彤　张　莉　黄少宏　张如彬　王宏杰　全　波　黄继军

参 编 人 员：（按姓氏笔画为序）

于　伟　马文娟　马　聃　王佳文　王家卓　王新峰　龙　慧　吕红亮　朱　力

任希岩　刘继华　杜　锐　李家志　李　铭　李逸欣　罗　赤　周　勇　胡耀文

徐超平　寇永霞

序言 | Preface

2014 年，为响应国家事业单位改革的相关要求，中国城市规划设计研究院（以下简称“中规院”）调派大批技术骨干创立了全资企业——中规院（北京）规划设计有限公司。创立新公司，旨在国家改革的大背景下，面向市场化服务，构建改革创新和转型发展的新平台，形成中规院建设“国家智库”的又一重要力量。

近年来，公司的成长适逢我国发展步入生态文明新时代，随着生态文明思想的不断丰富和完善，生态文明建设举措的不断确立和实施，我国城市发展、规划和建设，进入了史无前例的变革时代。在这样一个变革时代，公司努力探索创新发展路径，树立了“高 · 立意”“精 · 基业”“广 · 美誉”“博 · 思行”的发展宗旨，不断壮大成长，结出了硕果累累。

创立 5 年来，公司已经成长为拥有近 600 名员工、20 个业务部门及分支机构的综合性规划设计公司。公司深耕综合规划、专项规划、建筑设计、科研及标准制定、新技术服务、工程设计与技术咨询 6 大业务领域，承接的近 1000 个项目，遍布全国 31 个省份、200 多个城市。

创立 5 年来，在不断创新发展的过程中，公司业务主创团队厚积薄发，他们所担纲主持的规划设计和科研项目获得业界的高度认可，其中众多优秀项目多次荣获国家级、省部级优秀规划设计、优秀建筑设计等奖项。

本书精选公司创建以来完成的优秀规划设计作品和重大科研成果，对其进行总结归纳、积累经验，也籍此与同行进行交流与分享。

总结过往，希冀明天，中规院（北京）规划设计有限公司将与同行一起，为生态文明新时代走出一条中国特色城乡发展之路，只争朝夕，不负韶华！

王凯

目录 | Contents

Preface

PART ONE
001

URBAN PLANNING & DESIGN

PART TWO
123

SPECIALIZED PLANNING

PART THREE
173

SCIENTIFIC RESEARCH & NEW TECHNOLOGY SERVICES

第1篇 综合规划篇

创新变革

海口市“多规合一”总体规划

Master Plan of Haikou Based on Multi-Plan Integration

执笔人：李家志

【项目信息】

项目类型：总体规划

项目地点：海口市

委托单位：海口市规划局

主要完成人员：张　兵　李家志　张圣海　王　璐　倪　剑　王　磊　王秋杨　付新春　胡耀文　陈　仲　吴　爽　曾有文　杜嘉丹　龙丽君　林声武

【项目简介】

在分析“多规合一”历程和形势的基础上，介绍海口市以战略引领为前提、以统一空间规划体系为基础、以审批制度改革为重点的具体实践。介绍“多规合一”工作的规划统筹过程和规划设计内容，重点阐述战略规划、财政基础、实施计划、体制机制对“多规合一”的重要作用，总结项目特点和创新做法。

[Introduction]

On the basis of analyzing the process and situation of “multi-plan integration”, this paper explores the concrete practice of Haikou that takes the strategic guidance as the premise, the unified spatial planning system as the basis, and the reform of examination and approval system as the focus. The paper introduces the coordination process of different planning systems and the planning and design content of “multi-plan integration”, elaborates on the important impacts of strategic planning, fiscal basis, implementation plan, and administrative system on “multi-plan integration”, and summarizes the characteristics and innovations of this practice.

1 项目背景

党的十八大以来，构建“多规合一”为基础的空间体系规划，成为中央全面深化改革的重要任务之一。2013 年 12 月，习近平总书记在中央城镇化工作会议上强调，“要建立一个统一的空间规划体系，限定城市发展边界，划定城市生态红线，一张蓝图干到底”；2014 年 12 月的中央经济工作会议提出：要加快规划体制改革，健全空间规划体系，积极推进市县“多规合一”。涉及空间管理的国家发改委、国土部、环保部和住房和城乡建设部 4 个部门，结合各部门的事权重点，在全国范围内分别选择了 8 个城市进行“多规合一”工作试点。各部门的试点工作在技术方案、工作内容、成果体系上形成了一定的共识，但是都未摆脱部门规划的局限性，各部门逐步意识到“多规合一”实质是在统一发展目标和空间坐标“一张蓝图”基础上的体制机制改革。

2015 年 6 月 5 日，习近平总书记主持召开中央深化改革领导小组第十三次会议，同意海南省开展省域“多规合一”改革试点。在省政府组织下，海南省 19 个市县同步编制“多规合一”总体规划。海口市作为海南省会城市，书记、市长亲自抓“多规合一”改革工作，为“多规合一”从部门规划走向施政纲领奠定了组织保障，整个规划编制过程充分体现了政府意志。

中规院（北京）规划设计公司作为重要的规划编制力量，全力投入海口市“多规合一”实践，为画定全域规划的“一张蓝图”付出了巨大心血。本项目获得2017年度全国优秀城乡规划设计二等奖，本文总结了海口“多规合一”工作，希望能对目前正在全面开展的国土空间规划有所借鉴。

2 海口市“多规合一”的工作要求

在海南省和各市县同步开展“多规合一”工作的背景下，海口市“多规合一”工作具有“上下联动，左右衔接”的特点，需要全面符合国家和全省各项规划的要求，同时与周边市县在用地上无缝衔接。

有别于侧重主体功能区划定的“开化模式”，也有别于“规土合一”的“厦门、广州模式”，海南省要求海口市在不改变现行国民经济和社会发展规划、土地利用总体规划、城市总体规划、林业保护与利用规划、环境保护总体规划、海洋功能区划等六大法定规划的管控要求的基础上，建立全域陆海统筹、空间边界明确、用地单一属性的“一张蓝图”：在市域范围内落实国务院确定的永久基本农田和海南省总体规划确定的生态红线边界；结合城市总体规划，明确城市开发边界；形成实施行动计划，清退生态红线内建设用地，落实发展与民生项目用地。

这样的工作要求给海口“多规合一”规划工作带来了三大难题：（1）在保障宗地权益人的合法主张下，处理建设用地与非建设用地矛盾，落实生态红线的各项管控要求；（2）处理建设用地的历史遗留问题，在限定建设用地总规模的基础上，构建面向未来的一张蓝图；（3）保证基本农田不减少、森林覆盖率不降低的前提下，处理非建设用地矛盾，全面满足各类农林用地的认证标准。

3 建立空间战略引领的规划标杆

海口市陆域2289.09平方公里、海域861.44平方公里范围内，涉及空间资源配置的各类规划有6大类124项，各类法定规划在管控中均有刚性指标，包括可以通过图纸直接反映的显性刚性指标，以及无法直接显示的隐性刚性指标（表1）。

“多规合一”中各项规划的主要刚性指标一览表　　表1

	显性刚性指标	隐性刚性指标
城市总体规划	主城区建设用地规模	人均城镇建设用地
土地利用总体规划	全域建设用地总面积	新增建设用地
	耕地保有量	农转用指标
	基本农田保有量	新增建设用地占用耕地指标
	主城区城乡建设用地面积	整理复垦开发补充耕地义务量
	耕地复垦区	
环境保护总体规划	一类生态空间面积	城镇和产业园区环境空气质量底线
	二类生态空间面积	城市和农村集中式饮用水源地环境质量底线
		城市（镇）内河（湖）水体环境质量底线
		主要水体与近岸水域环境质量底线
林业保护与利用规划	森林覆盖率	
	市域林地保有量	
	公益林保有量	
海洋功能区划	自然岸线长度	

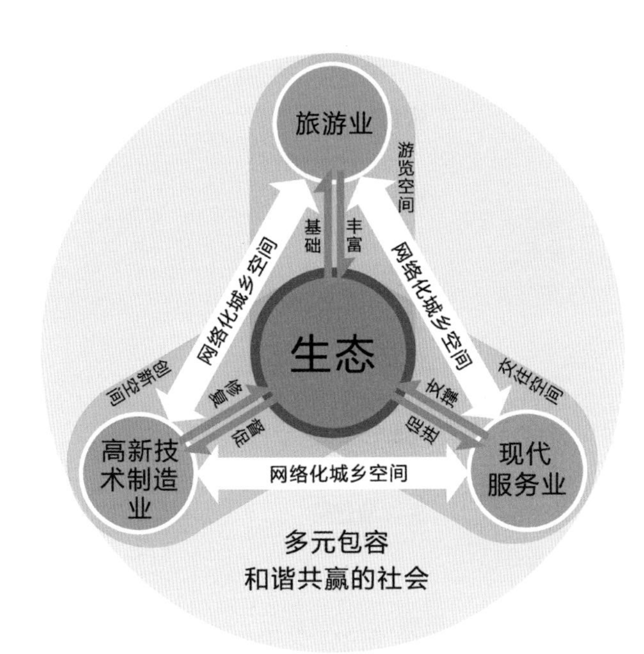

图 1　海口城市发展模式图
Fig.1 Urban Development Mode of Haikou

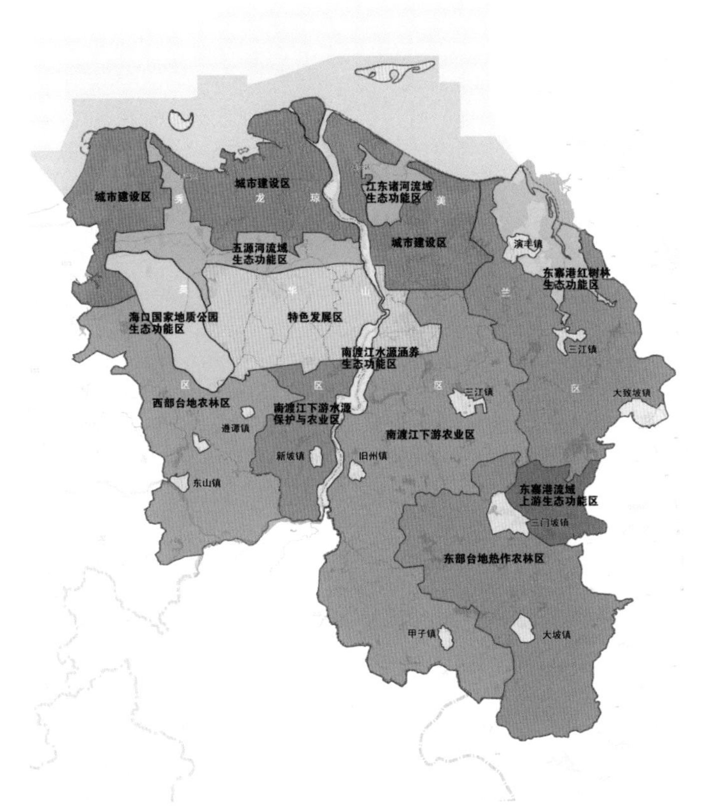

图 2　海口市空间功能规划图
Fig.2 Spatial Function Plan of Haikou

"多规合一"是平衡存在冲突的各项法定规划的用地和指标的过程，其标准不是各项规划的审批层次和法定效力的比较，需要发挥城市总体规划的战略引领作用、建立统筹规划的标杆，实质是依据城市空间特质和经济基础，选择未来发展目标和模式，统一开发和管控的指标体系。

海口市具有经略南海、联系琼粤的区位优势，以国际旅游岛为代表的政策优势，全国领先的生态优势。但长期以来受制于交通瓶颈，工业发展乏力，生产性服务业发展迟缓，导致城市建设资金不足，呈现典型的城乡二元结构，青壮年人口溢出、老龄外来人口大量涌入。

基于此，战略规划提出建设"国际化的滨江滨海花园城市"的目标，以生态文明建设为主线，坚持生态统领、绿色崛起。规划制定三大战略：一是开放发展，积极对接"一带一路"倡议、北部湾城镇群，与周边城市和地区建立广泛深入的合作关系；二是夯实经济，构建以旅游业、高新技术制造业、现代服务业为龙头的多元化产业体系；三是优化结构，以通信、交通、能源网络为基础，构筑网络化城乡空间。发展目标细化为差异化、阶段性的量化指标，确保战略的实施和监管（图 1）。

4 构建虚实结合的空间管控体系

为了保障今天的"绿水青山"成为未来发展的"金山银山"，规划通过树立底线思维，在保护核心生态资源的基础上，合理布局城镇建设功能区、农林生产功能区和生态保护功能区，形成全域功能片区；实化、细化、优化省级部门确定的生态红线和永久基本农田保护线，结合"留白增绿"的空间发展战略，明确城市开发边界，促进空间资源的整合（图 2）。

建立虚实结合的空间规划管控体系。"实"指的是加强指标管控和边界管控，设定政策约束条件，强化各级规划刚性的传导；"虚"指的是通过规划层级事权的区分，对应规划的不同内容，建立规划的弹性，避免"规划工程图"的出现。

海口市空间规划体系采用了"分级、分区、分类"的方式，对全市域空间管控进行落实。"分级"指区分市、区、镇等纵向管理部门的管理权限，规划编制、审批权上行、规划执法权下移，三级联动监督；"分区"指市域空间的板块化管理，明确开发建设的正负面清单及空间边界；"分类"是指建立横向管理部门的空间管控体系，设定对应各部门的一张图、一个表（图 3）。

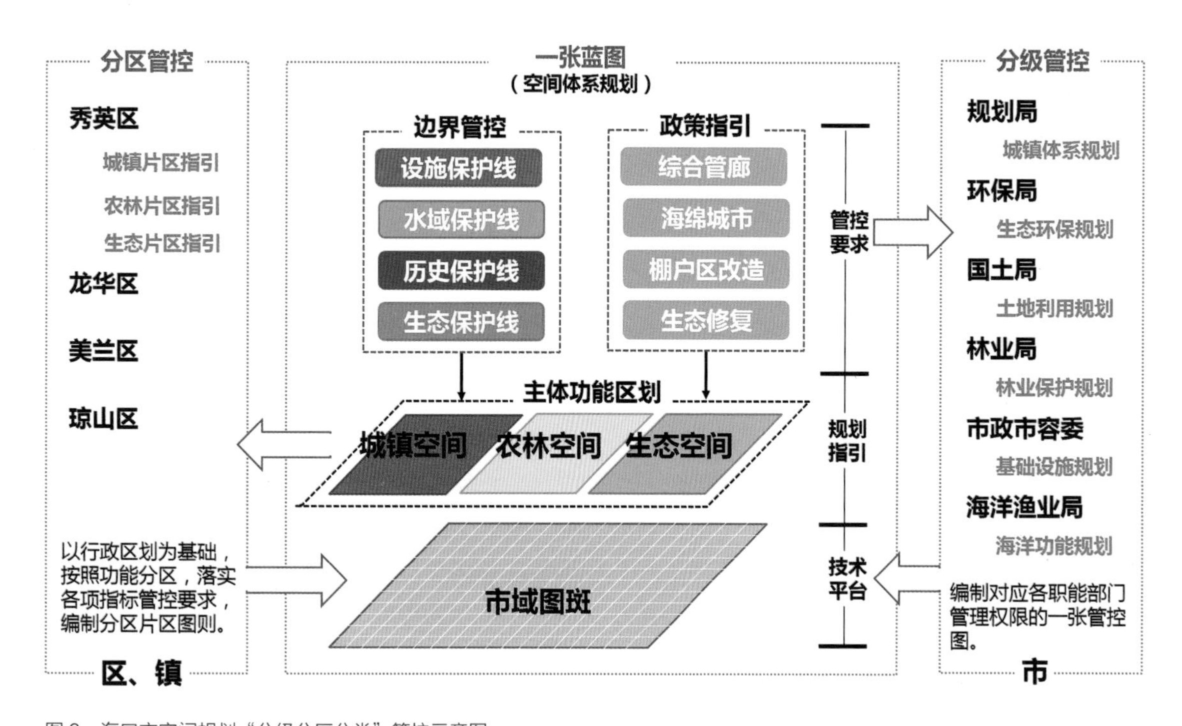

图 3　海口市空间规划“分级分区分类”管控示意图
Fig.3　“Graded, Zoned, and Classified” Management and Control in the Spatial Planning of Haikou

5 制定切实可行的差异化图斑处理方案

海口市域 2289 平方公里范围内有 100 多万个用地图斑，建设与非建设用地的矛盾面积为 74.72 平方公里，性质不统一的建设用地面积达 113.88 平方公里，性质不统一的非建设用地为 134 平方公里。

海口市委市政府在 1 年半的工作时间内，组织召开 4 次领导小组会议、30 余次市领导协调会，60 余次部门对接会，对问题图斑进行了逐一核查。空间规划部门所做的工作基本围绕用地的合法性与合理性进行分辨，核心问题在于如何处理不符合城市发展战略、但又合法取得的用地，地方政府需要在可能面对行政诉讼的压力下，依据城市的财政力量进行决策，力所能及地采取有偿收回、异地置换、整合开发等方式解决历史遗留问题。

在清理现状图斑的基础上，海口“多规合一”工作对全市 2020 年可用指标及闲置、棚户区和老旧工业园区改造等存量空间进行摸底，全市可利用的建设用地指标共计约 31 平方公里。规划对空间资源进行统一布局，对空间资源进行精准投放，优先保障重大基础设施和公共服务用地，确保新增建设用地的约 25% 用于基础设施和公共服务；改变房地产开发主导城市建设的方式，新增建设用地可提供持续税源的项目倾斜，约 28% 用于产业园区，约 11% 用于旅游产业，约 25% 用于开发建设，约 10% 用于农村建设，充分体现了“多规合一”总体规划的公益属性（图 4，图 5）。

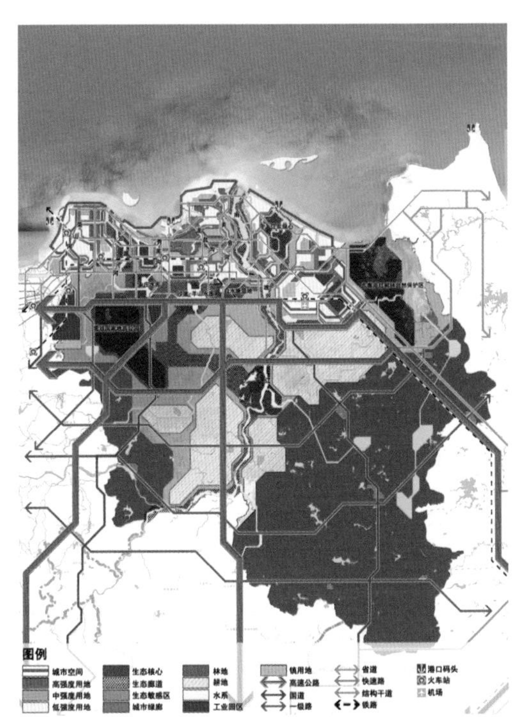

图 4　海口市域空间结构图
Fig.4 Urban Spatial Structure

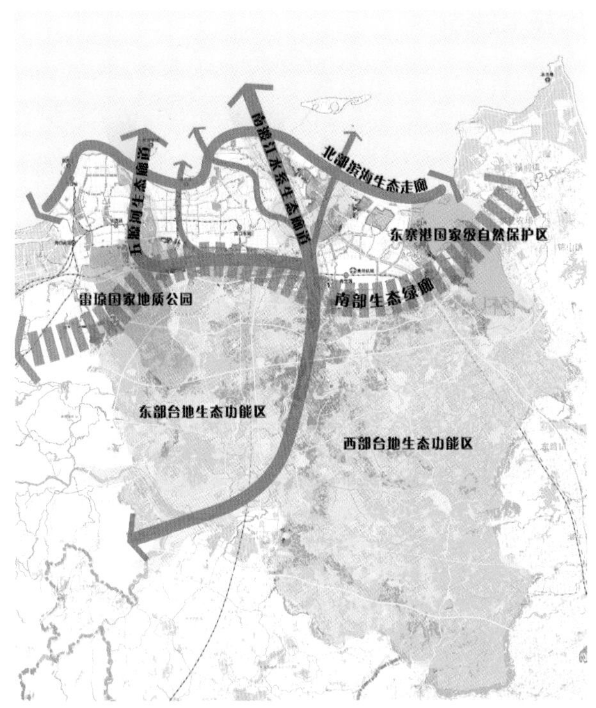

图 5　海口生态空间结构图
Fig.5 Ecological Spatial Structure

6 落实规划统筹的分线实施机制

按照海口市“多规合一”总体规划的空间战略、用地调整、民生改善等内容，由市政府牵头，各部门及各级政府共同构建项目生成策划机制，生成基础设施、产业、棚户区改造共 3 类 153 个具体项目。按照投融资类型，分为政府财政投资类项目，公司合作经营（PPP）项目，非政府投资类项目等 3 类。计划内项目由发改部门负责全程跟踪落实，计划外新增项目按照“首接责任制”原则，谁牵头、谁落实。

7 完善机制和机构保障

组建统一行使空间规划编制和管理的行政部门，将规划和事权对应，才是真正的 “多规合一”。对接省规划委员会的职能设置，海口市组建海口市规划委员会，整合分散在各部门的规划编制职能，全面负责海口市总体规划和各类专项规划的编制及实施监督工作。

建设海口市“多规合一”信息管理平台，与省信息平台对接，服务于全市空间规划编制审批与实施管理，强化空间规划实施管控能力。依托协同管理的平台，创新审批机制、转变政府职能、改革审批制度、再造审批流程是“多规合一”的重点。

成立市行政审批局，设立专门的“多规合一”审批服务窗口，按照“一窗受理、同步审批、限时办结、统一送达”的原则，依托“多规合一”信息平台，项目审批推行“一站式”服务，各部门由“各自为政”转变为“部门协同”，实现审批事项办理的无缝对接。

8 技术总结

海口市“多规合一”规划是我国探索建立国土空间规划体系过程中的重要实践案例。与部门规划痕迹偏重的国家部委试点不同，国家深改组的试点，要求在规划编制过程中，“去部门利益化、去技术化”，使得“多规合一”总体规划能够真正成为市政府层面的全面施政纲领，而非某个部门的规划。《海口市“多规合一”总体规划》的作用，是海口市在一定时期发展的总纲领，是统一的思想，一致的行动方向。“多规合一”的“一”，不是所谓的一张精致的图纸，它是市政府层面拿来施政和约束引导底下各层级、各部门的统一规则。

在此理解的基础上，确定了本规划的逻辑框架：在市政府层面，规划应当通过城市发展思路的梳理、确定战略与目标，统一全市各部门的思想；通过全域空间结构的全面规划，将各市直部门的管理空间进行系统整合，消除部门管控的矛盾，并形成全市空间管控的总图。在区、镇政府层面，通过更进一步的功能片区指引，将各市直部门的管控细则和指标进行具体落实，保证施政意图传导的顺畅，以及可落实、可监管。

本项目创新之处有三：

第一，在工作组织上，破除部门壁垒，开门做规划。在项目一开始，就成立“多规合一”领导小组，由书记任第一组长，市长任组长，下设“多规合一”领导小组办公室。在规划编制过程中，始终保持着与各省直部门密切“上下联动”，与各市直部门频繁“左右互动”——市委市政府领导组织召开 4 次领导小组会议、市领导协调会 30 余次，部门对接会 60 余次。通过面对面做规划，确保思想一致、行动一致。

第二，在价值取向上，凸显生态文明、以人为本和简政放权。破除外延式发展的理念，坚持生态立市，以环境承载力确定发展容量，以生态本底确定功能分区，明确生态、生产、生活空间，在主导产业选择上坚持低污染、高价值，在城市空间布局上坚持“显山、露水、见林、透气”。以提高人民满意度和获得感为目标，以城市更新为抓手，全面提升城市公共服务水平。通过详细的公众调查，针对市民呼声较高的医疗、教育、文化、商贸、环卫等服务设施进行系统提升，构建 15 分钟便民生活圈，将以人为本落到实处。在空间管制方面，做到政府的空间权力“有所为，有所不为”，对于战略性的核心空间进行刚性管控，其余空间交给市场进行弹性的资源配置。

第三，为确保一张蓝图干到底，积极探索空间管理体制机制创新。一是建立“分级分类分区”的空间管控体系。规划编制、审批权上行、规划执法权下移，三级联动监督；设定对应各部门的一张图、一个表；在用地鱼鳞图的基础上，明确开发建设的正负面清单及空间边界。二是建立编、审、管、监分离的规划委员会制度。将现有的“城市规划委员会”改组为“海口市规划委员会 ”，设立常务委员会和专业委员会。三是改革行政审批制度。搭建一个信息应用平台，促使管理部门进行地上地下“一张图”的渐进式并联审批；创建一个对外服务窗口，项目审批推行“一站式”服务；推进一个审批流程再造，试点“极简审批”。四是推进城市管理综合执法改革。在全国率先实行“公安 + 城管”的联合执法模式，探索城市管理和社会治理新机制，对具有空间规划执法权的各部门进行统合。五是启动“多规合一”立法工作。制定《海口市“多规合一”总体规划管理办法》，确立总体规划的法律地位，明确实施主体、管控规则、修改条件和程序；同步制定《海口市“多规合一”编制技术细则》《海口市“多规合一”规划成果数据标准》等规范。

银川市空间规划（2016—2030 年）
Spatial Planning of Yinchuan (2016—2030)

执笔人：徐有钢

【项目信息】

项目类型：总体规划

项目地点：银川市

委托单位：银川市规划局

主要完成人员：

中国城市规划设计研究院：李 迅 尹 强 王佳文 李 铭 徐有钢 牟 毫 胡继元 刘姗姗 邱李亚 李 壮 王 迪 陆品品 周 霞 于 鹏

银川市规划局：沈爱红 杨永华 张媛媛 杨振宁 沈乐尧 马 璐 刘 君

【项目简介】

根据中央全面深化改革委员会《关于同意宁夏回族自治区开展省级空间规划（多规合一）试点的通知》的要求，2016 年起，银川市开展了以空间治理体系变革为目标的空间规划改革试点探索实践，规划成果通过自治区专家组和自治区部门的联合审查，成为宁夏第一个通过专家和部门审查的空间规划。本次银川空间规划以“城乡空间结构优化和合理配置空间资源”为出发点，在编制内容上突出“科学性、战略性、统筹性、引导性、操作性”，工作方法上突出“协同性”，构建了“上下联动、横向协作”的工作机制，对银川市发展目标和规模、生态保护与修复、开发和保护格局、重要资源管控、重大设施布局、区域协调与城乡统筹等方面做出了战略性和全局性的总体安排和部署；规划在市域统筹、三区三线划定、用地属性差异图斑处理、指标分解等方面探索了新的技术方法。规划成果为银川实现“统一发展目标、统一规划体系、统一规划蓝图、统一基础数据、统一技术标准、统一信息平台和统一管理机制”的目标提供了有力支撑，形成了银川空间用途管制及开发保护“一张蓝图”，为提升国土空间治理能力奠定基础，为国土空间规划体系建立提供了实践经验。

[Introduction]

According to the requirements in the *Notice of Approving the Ningxia Hui Autonomous Region to Carry out the Spatial Planning (Multi-Plan Integration) Pilot Project at the Province Level* issued by the Central Committee of Comprehensively Deepening Reform, the experimental practice of spatial planning reform has been conducted in Yinchuan since 2016, which aimed at transforming the spatial governance system of the city. The planning outcomes have been examined by both experts and government departments, thus being the first spatial planning of Ningxia that has passed the examination of both parties. Targeting at optimizing the urban-rural spatial structure and reasonably allocating spatial resources, the spatial planning of Yinchuan highlighted being “scientific, strategic, integrated, leading, and operable” in the planning content. Regarding to the working methods, the planning highlighted “coordination” and built a mechanism of top-down interaction and horizontal collaboration. In addition, the planning made a comprehensive and strategic arrangement for Yinchuan in terms of development goals and scales, ecological protection and restoration, pattern of development and conservation, control on valuable resources, layout of major infrastructure, and regional coordination and urban-rural integration. Especially, the planning explored new methods in the aspects of integration of overall municipal region, delimitation of three zones and three lines, process of areas with different land uses, quota allocation, etc. The planning outcomes provided reliable supports for Yinchuan to realize the development goals and to build the “one blueprint” of spatial use control, development, and protection. As a pilot project, the planning laid the foundation for improving the governance of national territory and space, and provided valuable experience for the establishment of the spatial planning system.

1 规划背景

建立空间规划体系，推进规划体制改革，是党的十八届三中、五中全会和中央城镇化工作会议作出的重大战略部署。2016 年 6 月，经中央批准，宁夏成为继海南省之后，全国第二个省级空间规划（多规合一）改革试点省区。探索以主体功能区规划为基础，统筹各类空间性规划，编制自治区、市、县空间规划，构建以空间治理和空间结构优化为主要内容，全区统一、相互衔接、分级管理的空间规划体系。

根据中央深化改革工作领导小组批复精神和自治区党委政府的统一安排，2016 年 6 月，自治区首府城市银川市空间规划（多规合一）的改革试点工作全面展开，规划编制技术牵头单位中规院与其他编制成员单位密切配合，按照市委、市政府"树立首府意识"和"走在前列、做出表率"的要求，统一思想、全力推进。2017 年 8 月 14 日，规划成果上报自治区空间规划（多规合一）改革试点工作领导小组办公室。

2 规划思路

本次规划以主体功能区规划和"双评价"为基础，结合人口、经济、社会、生态等发展趋势，综合研究提出银川市空间发展目标和战略。在统一的信息平台上统筹布局生态空间、生产空间和生活空间，优化全域保护与发展空间格局，划定"三区三线"体系，明确空间管控措施。并对全市重点地区发展、城乡统筹发展、产业发展、基础设施建设、自然资源利用、国土综合整治以及重大工程建设作出系统性安排。规划还通过向上对接自治区、向下与县（市）联动编制，明确空间资源的唯一属性和用途管制要求，精准绘制全域开发保护"一张蓝图"，为提升国土空间治理能力奠定基础（图 1）。

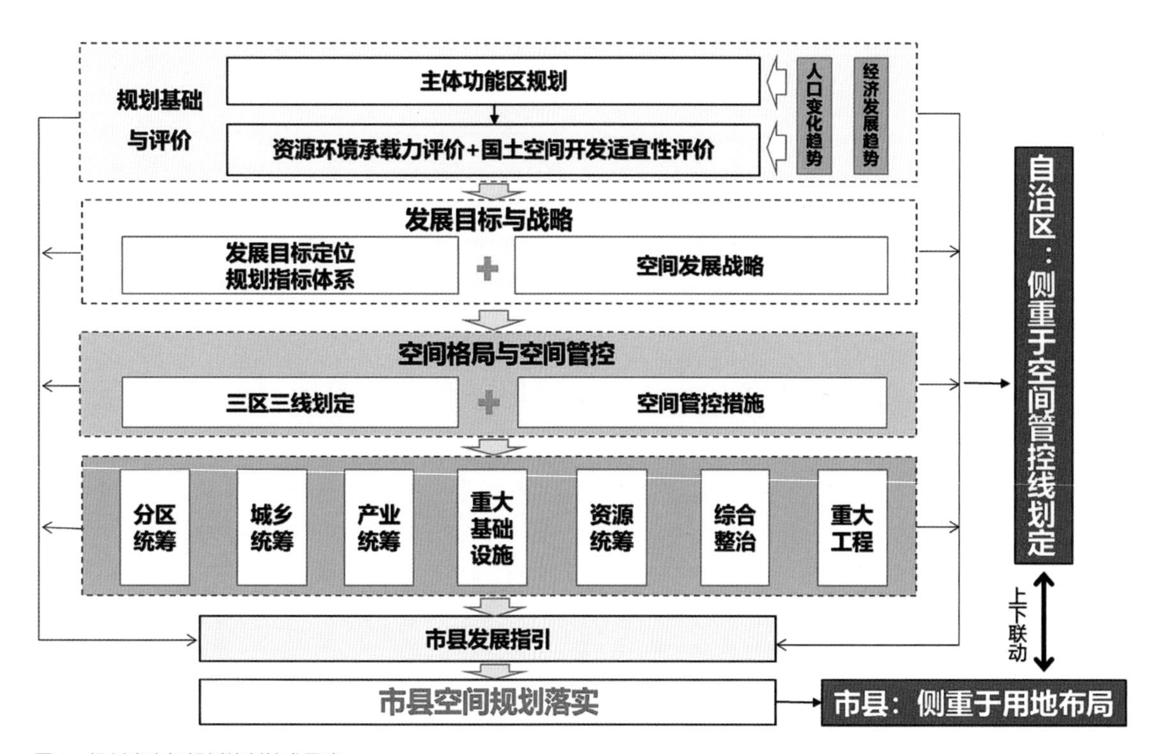

图 1 银川市空间规划编制技术思路
Fig.1 Compilation Ideas of Yinchuan Spatial Planning

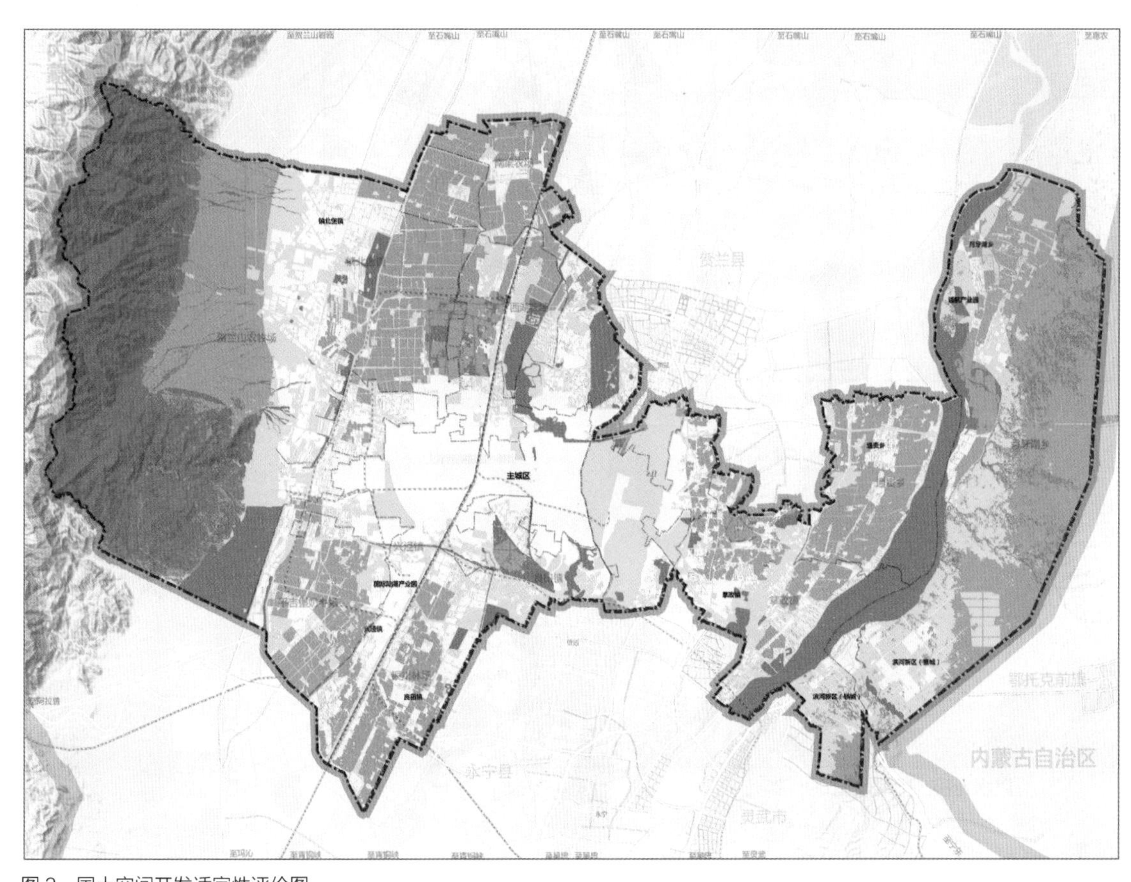

图 2　国土空间开发适宜性评价图
Fig.2 Suitability Evaluation of Spatial Development

3 主要内容

规划开展了资源环境承载力和国土空间开发适宜性评价、多规矛盾比对和协调、综合交通、基础设施、银川都市圈空间格局优化等多项重大问题专题研究，有力支撑了在银川市实现"统一发展目标、统一规划体系、统一规划蓝图、统一基础数据、统一技术标准、统一信息平台和统一管理机制"的规划试点工作目标（图 2）。

规划的主要内容包括：

3.1 系统评价总结发展脉络规律，明确规划前提

系统梳理银川市从中华人民共和国成立前至今四个阶段的城市发展脉络，识别不同阶段的发展动因；综合分析国家和区域要求、自然环境、区位交通、历史文化、产业经济、人口发展、土地利用、生态建设等多种因素对银川市规划建设的影响机理，发掘了银川市历史发展的自然生态基因（河湖水系）、空间拓展脉络（东西向的内生型增长和南北向的外围扩张）和空间发展趋势（网络化和组团式），以资源环境承载能力和空间开发适宜性评价为基础，合理确定发展规模，明确全市空间保护与开发的精准边界，作为城市开发建设的前提，提升空间规划的科学性（图 3）。

3.2 落实新理念，深化研究发展定位和战略，建立共识

以"绿色、高端、和谐、宜居"为统领，紧紧围绕"西北地区国际化现代化的中心城市，宜居宜业的沿黄田园城市"总体定位，制定空间规划顶层设计，把党中央、自治区和市重大战略部署落实到规划工作中。立足银川发展的现实条件，统筹国民经济社会发展规划、土地利用总体规划、环境保护规划等多项规划研

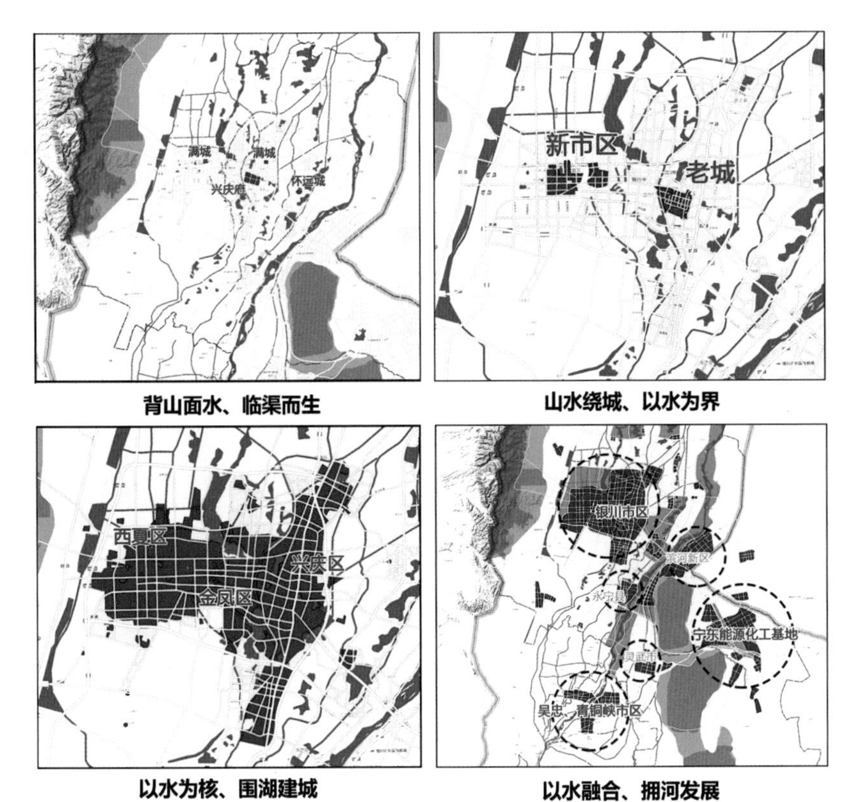

图 3　城市生长脉络分析图
Fig.3 Analysis of Urban Growth Vein

究和编制工作，研究形成对城市经济、社会、环境等各方面发展具有全局性、长期性、决定性指导作用的城市发展战略，提出田园城市理想空间形态，作为全社会发展的目标共识，增强城市总体规划的战略引领作用。

3.3 构建格局绘制空间蓝图，实现规划的统筹管控

将生态文明建设贯穿到规划编制始终，系统整合经济社会发展规划、土地规划、林业规划、交通规划、水利规划等各类规划的核心内容和涉及国土空间开发建设保护的各类空间要素进行科学规划布局，划定“三区三线”，明确空间布局，形成“一张蓝图”（图 4）。

加强与自治区、市政府相关部门以及各县（市、区）的沟通协调，统筹解决多处规划矛盾。整合生态保护红线、永久基本农田保护红线、水源地和水系、林地、草地、自然保护区、风景名胜区等各类保护边界，按最严格的标准，划定需要控制的生态廊道。积极与自治区和贺兰、灵武、永宁、宁东基地划定方案进行上下校核，确保衔接一致，实现规划的统筹管控。

3.4 统筹区域发展资源，提出重大交通设施建设构想

以推动银川都市圈建设为目标，构建“两带、两轴、三心、多组团”的区域空间发展格局，指引重大项目和基础设施布局，提出打造国际陆港、国际空港的“双港”发展策略。其中，“国际陆港”强化与沿海及沿边口岸合作，打造内陆中转枢纽港；“国际空港”整合机场、高铁等重大交通设施资源，共同打造空港国家级交通枢纽，有效提升银川市的区域辐射带动能力（图 5）。

图4　三区三线底图
Fig.4 Base Map of Three Zones and Three Lines

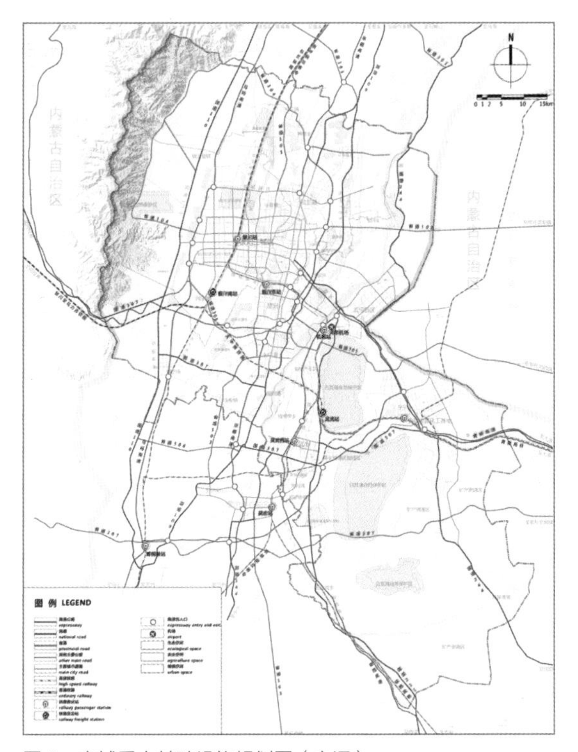

图5　市域重大基础设施规划图（交通）
Fig.5 Major Infrastructure Plan of the Municipal Administrative Area (Transport)

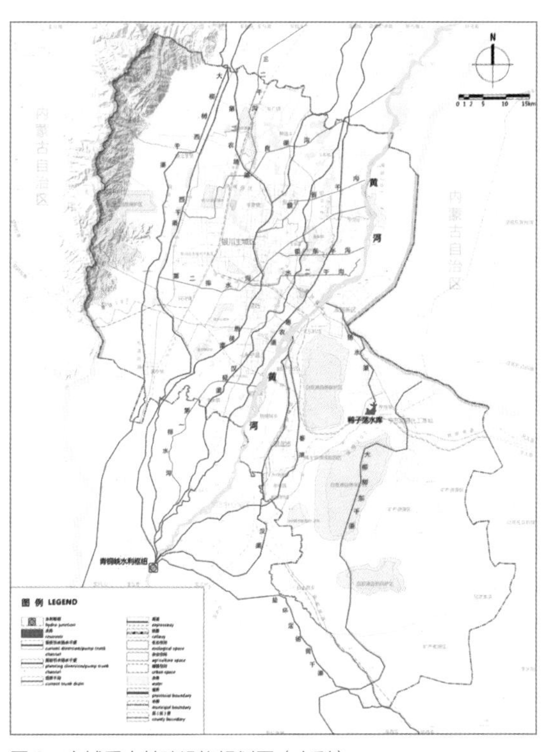

图6　市域重大基础设施规划图（水利）
Fig.6 Major Infrastructure Plan of Municipal Administrative Area (Water Conservancy)

3.5 处理矛盾搭建平台，保障规划实施

坚持“多规合一”，以“多规叠加”“多规协调”“多规融合”“多规合一”为路线和方法，处理矛盾图斑，明确保护和开发的空间边界。通过搭建 “多规合一”信息平台 , 统一全市各部门空间规划的空间坐标体系和数据标准，将发改、规划、国土、环保、林业、水利等部门的建设项目信息、规划信息、国土资源、地理信息等纳入平台，以信息化手段支持空间信息即时更新和实时交互，有效解决规划“打架”、实现规划统筹。依托信息平台，建立多部门协同的“并联审批”机制，解决建设项目审批多环节、低效率问题，增强空间规划的实施性（图 6）。

4 项目创新点

作为中央空间规划管理体制改革试点的重要组成部分，银川市空间规划的创新之处，在于以技术工作支撑了规划管理体制改革取得实效，是一项“编以致用”的工作。

4.1 以新理念、新要求指导规划编制

规划坚持五大发展理念，以生态文明和可持续发展为根本，立足地域资源环境禀赋，深度剖析城乡发展潜力，开展了资源环境承载力、国土空间开发适宜性评价、规划矛盾比对和协调、综合交通、基础设施、银川都市圈空间格局优化 6 项专题研究。并开展永久基本农田划定、生态红线划定成果的编制和审查论证工作，确保生态优先及资源合理利用。规划编制中解决了空间规划改革中的四大问题：明确空间发展战略（目标定位、空间格局），突出战略性。解决用地冲突，分析识别矛盾图斑，突出操作性。划定三区三线，突出约束性。协调空间规划与其他专项规划的关系，突出综合性。

4.2 推动了规划管理和行政审批体制改革

新成立了银川市规划管理委员会。建立了重大事项领导小组推进会谋划决策机制，形成了工作推进周例会、月通报机制及信息员、联络员制度。

完成建设项目审批事项清理工作。调整涉及改革事项 5 项，其中与法律法规抵触事项 1 项、改变管理方式 1 项，减少申请材料 3 项。

完成建设项目审批事项流程再造工作。推行建设项目串联改并联审批改革。全流程审批环节由原来的 49 个压缩为 19 个，减少 75%；减少审批事项办理时限，共压缩办理时限 57 个工作日，审批时限压缩比率达到 30% 以上。

4.3 加速了规划管理信息化建设

出台了《银川市空间规划（多规合一）建设项目信息平台融合对接工作实施方案》。采集空间性规划数据近 1600 多条，涉及 37 个单位和部门 237 个大项数据。结合银川市“智慧城市”数据平台建设工作，开展银川市规划管理信息系统建设，形成区市衔接、上下统一、互联互通的信息系统，市级建设项目规划许可和规划编制数据资料及时上传至自治区信息平台。

4.4 有效推动了银川市规划管理法制化建设

梳理和完善与规划相关的中央、自治区以及银川市项目建设方面政策 48 件，地方性法规 26 部，银川市政府规章 4 部。为建立常态化、法制化的规划管理体制奠定坚实基础。

烟台市城市发展战略研究
Strategic Study on Urban Development of Yantai

执笔人：李　潇　程　诚

【项目信息】
项目类型：战略研究
项目地点：烟台市
委托单位：烟台市自然资源和规划局
合作单位：烟台市城市规划编研中心　烟台市规划设计研究院有限公司
主要完成人员：
主管院总：詹雪红　朱　波
主管所长：李家志
项目负责人：李　潇　王　璐
项目参加人：程　诚　邓　雨　王　嘉

【项目简介】
在新时代新的发展理念指导下，本次烟台城市发展战略研究秉持问题导向与目标导向双结合的视角，通过分析烟台市的突出优势、核心问题、机遇与挑战，确立城市发展目标与定位，进而提出生态战略、产业战略和空间战略。立足三大战略，统筹全域与主城区的空间布局，并提出规划实施政策，实现优化新空间、谋划新动能、塑造高质量，使烟台更具竞争力、更加可持续、更宜居。

[Introduction]
Guided by the new development concepts in the new era, from both problem-oriented and target-oriented perspectives, this study analyzes the major strengths, core problems, and opportunities and challenges of Yantai, determines the development objectives and positioning, and puts forward three strategies accordingly, i.e., the ecological strategy, the industrial strategy, and the spatial strategy. Based on these three strategies, the study presents an integrated spatial layout for the entire municipal administrative area and the main urban area, and proposes related planning implementation policies, so as to optimize spatial structures, create new driving forces, and achieve high quality development, thus making Yantai more competitive, sustainable, and livable.

1 项目背景

近年来，“一带一路”倡议、环渤海地区合作发展、蓝色经济区等国家和地区战略使烟台市迎来新的发展机遇。在区域发展新格局下，烟台需进一步聚焦核心资源优势、融入新一轮国家战略、明确发展定位与发展方向，实现更具区域竞争力和更加可持续、高质量的发展。

本次战略研究旨在做好城市发展的顶层设计，从研究影响烟台未来发展的重大性、宏观性和关键性问题出发，谋划烟台发展的新思想与新动力，明确城市发展的目标愿景，制定支撑全域统筹的发展策略与空间框架，指导空间资源的整合与精准投放，为烟台新一轮的国土空间规划编制奠定基础。

2 规划思路与主要内容

在新时代发展理念指引下，规划秉持问题导向与目标导向双结合的视角，以解决现实问题为抓手，以促进烟台区域地位提升、经济转型升级、环境品质提高为价值导向，优化新空间、谋划新动能、塑造高质量，使烟台更具竞争力、更加可持续、更为宜人居。一方面立足对烟台市全域空间整体发展进行梳理研究，协调区域发展，关注提升未来经济地理区位竞争力的重点空间营造；另一方面注重山、海、河、岛、城等烟台独有的“仙境”自然与人文资源要素的组织利用与提升，打造城市品质特色战略。

本次规划突出以下重点：

第一，明确烟台市的城市发展定位。采用世界观、历史观和本土观的视角和分析思路，综合研判烟台的目标愿景。分析世界城市区域发展态势，在全球尺度寻找与烟台具有类似特征的国际城市进行对标，总结对烟台的定位借鉴；剖析烟台当前在区域层面发展中面临的机遇和挑战，找到烟台未来融入区域竞合发展的路径；梳理烟台从古到今在国家历史沿革中所承担的职能和意义；挖掘烟台在自然、人文和经济产业方面拥有的核心资源禀赋条件。结合以上，提出烟台的总体目标愿景为：古今仙境胜地，国际海湾名城。烟台自古就有“人间仙境”的美誉，是修仙得道、仙人居住的惬意之地；在现代，烟台是宜居宜旅的盛景之地。“古今仙境胜地”反映了烟台在历史长河和未来长远发展中坚持守护“仙境胜地”这一长远价值。此外，烟台是典型的海湾型城市，金山湾、芝罘湾、八角湾、龙口湾、莱州湾、丁字湾构成烟台的六大湾区。“国际海湾名城”充分反映了烟台城市能级提升的过程，即从山东半岛中心城市跃升为环渤海区域中心城市。未来，烟台在环渤海湾区成为世界湾区的进程中，充分发挥先进制造业名城、历史文化名城、国际旅游名城、海洋经济名城等职能，面向东北亚海陆双向开放，成为国际上一颗耀眼的明星之城。

第二，制定烟台市城市发展战略。定性与定量相结合分析评价烟台市的现状资源要素和产业基础等特征，并对标国际、国内相似城市，找到烟台现实面临的诸如资源匮乏、支撑不足等核心问题。一方面以解决问题为导向，另一方面以发挥现有核心优势、承接区域发展机遇为目标导向，从落实“创新、协调、绿色、开放、共享”五大发展理念出发，针对性地提出生态、产业、空间三个维度的城市发展战略。生态战略旨在保护城市生态格局，建构全域生态安全结构。充分考虑资源承载力，突出对烟台的山脉、河流、海岸、湿地等重要生态资源的保护，实施“蓝绿定城、资源管控、永续利用”的策略，保障可持续发展。产业战略旨在引领产业格局、扩大烟台未来新动能动力。重点实施“夯实基础、整合园区、创新引领”的策略，优化符合烟台特点的产业和所有制结构，培育功能创新，吸引更多人才。空间战略旨在为应对重大设施机遇，统筹发展格局，扩大烟台对外影响力，更好地融入区域并提升地位。重点实施“融入区域、优化结构、彰显特色”的策略，统筹重大区域性基础设施，全面纳入和统筹蓬莱、长岛进入主城区体系并构建网络化组合城市，突出“仙境海岸”城市风貌，实现高质量发展。

第三，统筹烟台市全域空间发展。强调空间发展“双统筹”，即海洋陆域空间统筹和全域城乡空间统筹。落实本次研究提出的城市发展战略策略，在“自上而下面向区域，自下而上顺应趋势”的思路下，进一步制定烟台市域空间结构和城镇体系布局，并确定烟台市域空间未来走向“小集中、大分散”的发展路径，最终构建“一体两翼、双向互济；一带两轴，海陆统筹；一片多极、生态保育”的全域空间总体结构（图 1）。

在此基础上，进一步优化以烟台蓬莱一体化发展为载体的主城区空间结构和布局，采取“中优、西进、东强、北跨、南拓”的布局思路，形成“一核两翼三板块、东中西十余组团”的格局，促进市区融合发展，同时配置生态、产业、重大基础设施等支撑系统，为实现发展定位提供空间载体支撑（图 2）。

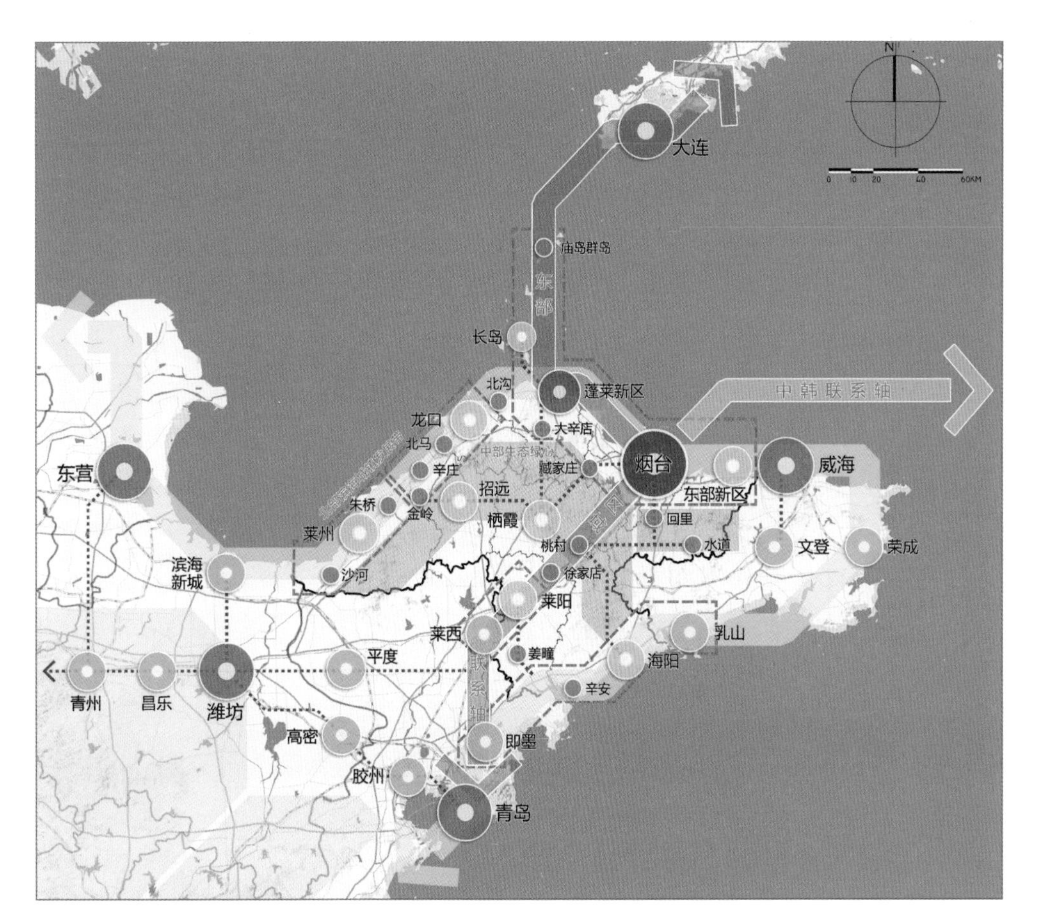

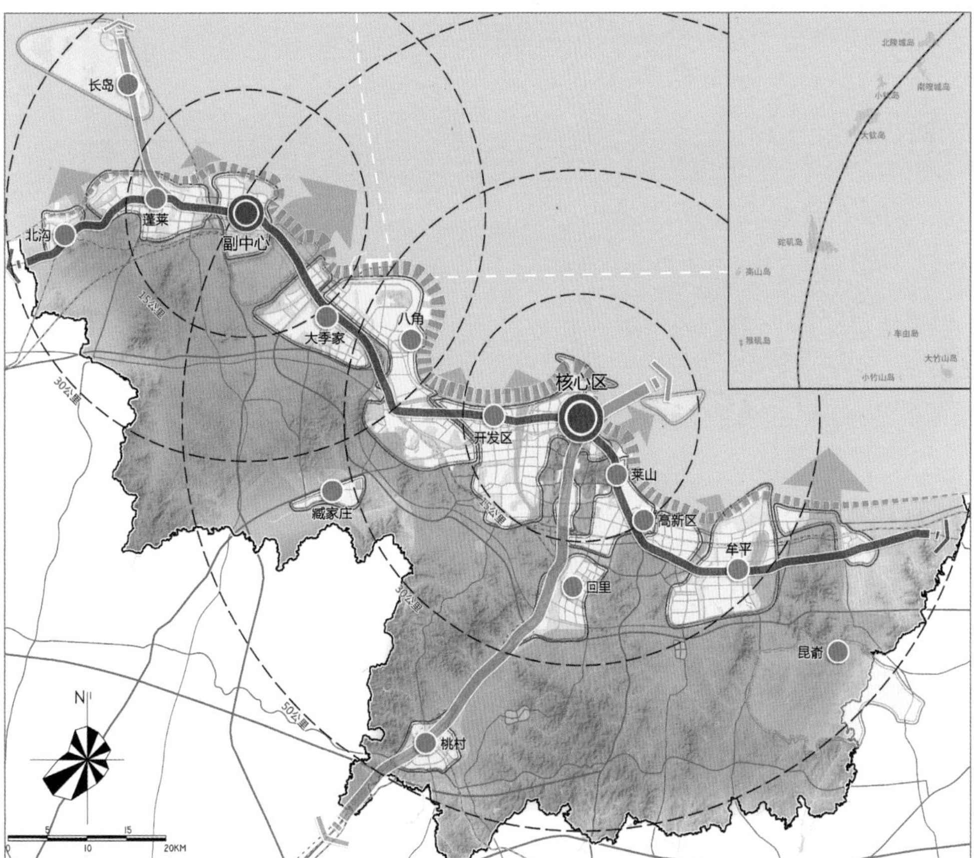

图 1　全域空间结构规划图
Fig.1 Spatial Structure Plan of the Municipal Territory

图 2　主城区空间结构规划图
Fig.2 Spatial Structure Plan of the Urban Area

3 项目特点与创新点

3.1 突出陆海统筹，优化海岛保护利用

烟台市海洋资源丰富，海域管辖面积约为 1.27 万平方公里。海岸舒朗绵长，湾岬交错，海岸线全长 1037.54 公里，占山东省的 23%，其中大陆海岸线长 765 公里，约 66.52% 为人工岸线。全市共有大小岛屿共 230 个，其中有居民海岛 15 个，无居民海岛 215 个，海岛岸线总长 272.54 公里，海岛总面积 67.98 平方公里。

落实山东省海洋强省战略，秉持建设海洋强市的目标，将陆海统筹理念贯穿于整个战略研究，围绕产业、空间、设施、治理四个方面进行统筹，实现环境统筹治理、产业统筹发展、品质统筹提升、基础设施统筹建设，综合构建“一体两翼、双向互济；一带两轴，海陆统筹；一片多极、生态保育”的国土空间格局。立足烟台黄金海岸线资源禀赋特点，协调海岸线的保护与利用，加强海岸带管理，塑造各具特色的活力湾区，明确海洋功能区划及空间管制要求，进行全域海岛资源的保护与挖掘利用，以及重点海岛发展指引。

海洋功能区划将全市海域划分为 8 个一级类，包含 14 个二级类，共计 123 个功能区。8 个一级类包括农渔业区、港口航运区、工业与城镇用海区、矿产与能源区、旅游休闲娱乐区、海洋保护区、特殊利用区、保留区。海岛保护与利用分别进行分区保护与利用、分类保护与利用。分区保护与利用按照所在地域和空间区位，将烟台市全部海岛分为三大保护利用区域，包括庙岛群岛海岛区、北岸海岛区、南岸海岛区。分类保护与利用根据实际情况对有居民海岛和无居民海岛分别进行分类引导，有居民海岛分为特殊用途区域和优化开发区域，无居民海岛分为特殊保护区、一般保护区和适度利用区。研究对每个功能区进行主导功能指引，并提出管控要求。重点海岛发展指引将长岛、芝罘岛、崆峒岛和养马岛作为重点载体，打造“一岛引领，三岛协同、陆海联动”的陆海联动发展格局（图 3）。

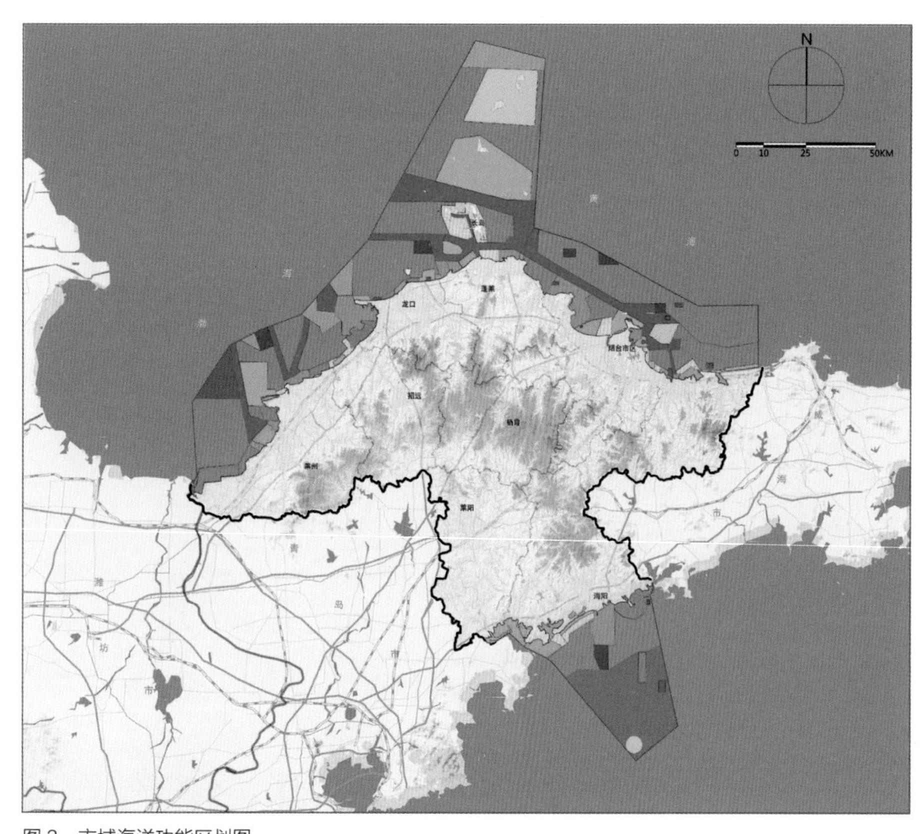

图 3　市域海洋功能区划图
Fig.3 Marine Functional Zoning Plan

3.2 强化全域多中心空间发展格局

烟台市经济发展整体水平较高，县域板块经济发达。同时，随着产业布局、交通等条件发展，外围市县和小城镇已经脱离了各自为政的发展阶段，而自发出现了在空间和功能上主动对接周边地区、抱团联动发展的趋势，呈现出“多极崛起”的态势。在市（县）际联系上，随着西港区的建设，蓬莱与烟台市区连片发展趋势日渐显著，栖霞市通过桃村和经济开发区也在积极对接烟台市区；莱州地处蓝黄两区结合部，与青岛、潍坊之间形成良性互动；海阳与青岛联系密切，有较好的承接烟台、青岛、威海产业转移的区位优势；莱阳与青岛联系也日渐紧密。

规划考虑在提升中心综合实力的同时，发挥县域经济强大的优势。充分尊重自下而上的发展动力和空间集聚趋势，形成市域空间“小集聚、大分散”式的多中心发展格局，加强城镇跨区域协调联动。

“小集聚”指强心育极，构建烟蓬一体化主城区。“大分散”指规划多处“外围市县 + 小城镇”联动体。一是龙口 + 招远组团，引导龙口着力培育中心城区、北马镇以及诸由观镇；招远向沿海拓展壮大招辛走廊，优先培育辛庄镇、金岭镇、蚕庄镇，与龙口联合强化沿海经济带的发展；二是莱州 + 平度 + 潍坊滨海组团，引导莱州发挥处于“蓝黄”国家战略叠合区的优势，加强与青岛平度、潍坊滨海新城的联系，以中心城区、三山岛城区、沙河镇、朱桥镇为重点；三是莱阳 + 莱西组团，莱阳是东部沿海通道重要节点，引导莱阳市充分发挥临近青岛莱西市的区位优势，积极承接产业转移，培育服务功能。向南重点打造姜疃镇，向北与海阳徐家店镇联动发展；四是海阳 + 即墨 + 乳山组团，海阳是烟台对接青岛的前沿基地，青烟威经济合作区的枢纽性中心城市，引导其向北极化徐家店镇，向南发展滨海带（图 4）。

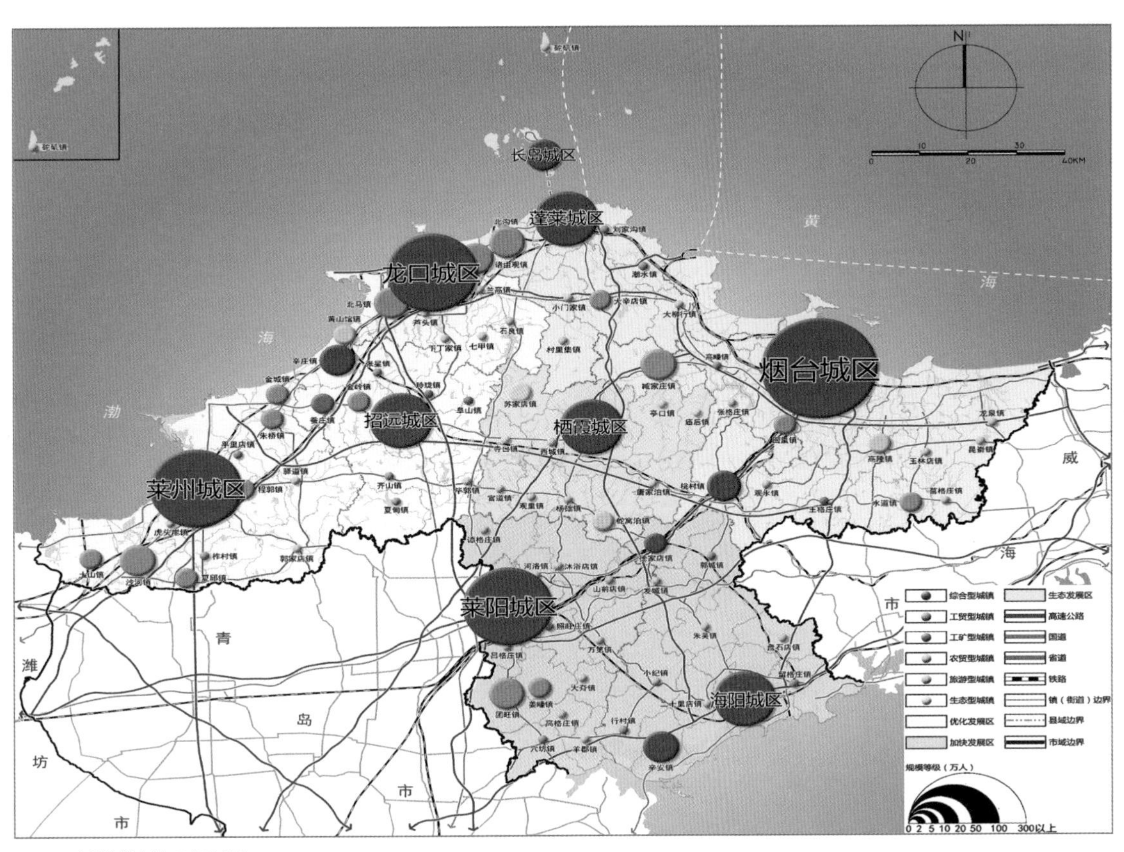

图 4　市域城镇体系规划图
Fig.4 Urban System Plan of the Municipal Territory

3.3 优化滨海带形组团式城市结构

基于自然地形条件所限，以及在历版总体规划的推动下，烟台中心城区的空间发展轨迹由早期的滨海小城逐渐演化为滨海带形组团城市。现状烟台中心城区东西向跨度达到约 70 公里，南北进深仅有 4 ～ 15 公里。未来新的主城区框架纳入蓬莱、长岛一体化统筹，更加拉长了东西向空间跨度，加剧了带形城市特征，届时烟台中心城市东西向陆上跨度将达 100 公里。对于带形城市而言，城市尺度过于拉长往往会带来基础设施建设成本过高、整体性不强、集约度低等不利因素。

烟台新主城区需要考虑优化空间结构，一方面延续并发扬典型的烟台城市空间特征，另一方面也破解带形城市由于尺度过长带来的种种潜在弊端，从而形成更具弹性和高度承载力的空间结构适应未来发展的不确定性。本研究参考借鉴兰州、深圳等典型带形城市的成功案例，对空间组织模式进行理论和实践的研究，采取“优两翼、加纵深、绿间隔、避延绵”的空间优化方式。

“优两翼”为西进扩容与东向提质。向西建议打造蓬莱为综合性城市副中心，形成新的中心控制点加强对周边的辐射，与烟台市区双城联动；向东控制好东部新区（莱山—高新区—牟平—金山港一带），加强烟威协同，打通烟台东向的产业、滨海旅游等合作走廊，对接海上丝绸之路，提升与日韩的交流纽带。通过强化西部蓬莱副中心和东部新城的地位，形成烟台中心城区的两翼，加强服务，降低东西两端对中部核心芝罘区的服务需求，减少交通穿行，削减一部分带状城市的负面影响。“加纵深”为主城区空间适度南拓，利用环渤海高铁烟台南站建设契机，打造南部枢纽综合服务片区，打开城市南向廊道，优化向纵深发展的结构。同时，将栖霞市的桃村镇和臧家庄镇也纳入烟台主城区，并控制回里和桃村节点，加强与烟台南部城镇及青岛之间的联系。同时，城市组团之间嵌入山体、河流、公园等开放空间，控制组团连绵成片（图 5）。

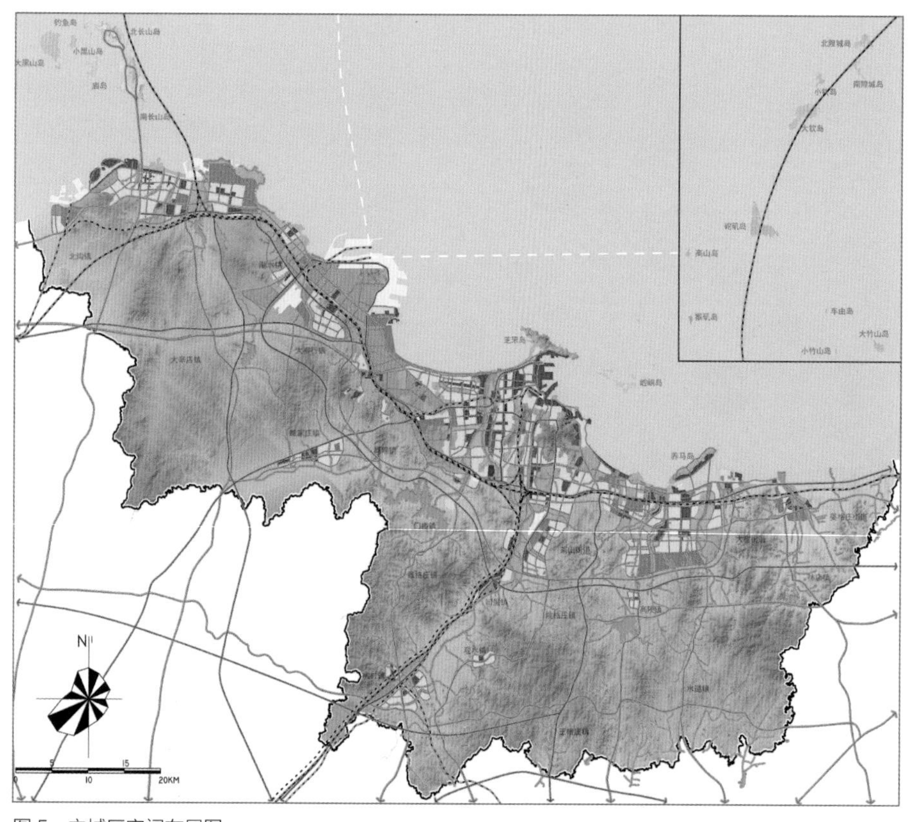

图 5 主城区空间布局图
Fig.5 Spatial Layout of the Main Urban Area

3.4 突出城市特色，实现高品质发展

烟台市的生态本底条件极为优越，被誉为国家首批环境保护模范城市、国家园林城市、国家森林城市和中国最具生态竞争力城市。烟台自古以来的城市营建都遵循了中国传统的大山水形胜格局，城市风貌总体呈现出山、海、岛、城交相辉映的格局特征。此外，2013 年烟台市被评定为国家历史文化名城，拥有海洋文化、葡萄酒文化、开埠文化等代表文化，文化环境特色鲜明，旅游资源丰富。然而，近年来的快速城镇化进程和各区各自为政的开发方式使得部分山海人居环境遭到蚕食和侵占，城市风貌形象逐渐与山海城市特色定位背道而驰，文旅资源发展也存在一系列短板，例如旅游资源碎片化、同质化严重、旅游新业态不成熟且产业融合度不高等。

在充分识别烟台历史人文特色要素和山水格局基础上，战略研究提出保护和修复烟台特色自然要素，运用总体城市设计的理念和方法，发掘城市魅力空间，塑造仙境海岸特色格局，整体引导控制城市结构和形态。首先，对烟台市区和蓬莱之间的开敞地带实行严格管控，避免烟台、蓬莱因相向拓展而连绵成片。一方面预留必要的空港、海港功能拓展区，支持烟台产业经济的发展，另一方面为城市留出自然呼吸的空间及腹地，植入独具特色的绿色服务功能，成为积极聚合烟蓬一体及促进城乡共融的平台载体和社会基础设施，成为烟台的特色地区。其次，对自然特色要素实行严格保护和修复提质，加强森林资源培育和生态修复，恢复河道生态环境，再现烟台“南峰屏立，中丘入海；五指相间，林木荫翳；八河潺潺，湖泊点缀；曲湾延绵，海天一色”的城市风貌。最后，通过进行通廊预控和重点地区引导，将特色要素融入城市，强化五大重点廊道，再塑活力烟台。

同时，立足坚守文旅资源本底、保护与发展并重的原则，整合海岛文化、仙道文化、葡萄酒文化、黄金文化、红色文化等烟台特有的资源禀赋，将现状分散的文旅资源组织成系统，并依托重要旅游线路串联成网，以提高全市文化旅游产业的竞争力。规划确定烟台市域文化旅游系统构建思路为“两心、两区、两带、成网”。其中，“两心”为都市休闲游憩中心和蓬长旅游游憩中心，“两区”为海上仙岛旅游区和生态休闲旅游区，“两带”为仙境海岸旅游带和活力海岸旅游带，“成网”指连接重要的旅游线路。

4 项目运营与组织

本次战略研究由中国城市规划设计研究院领衔，烟台市规划设计研究院、烟台市城市规划编研中心全面配合，北京市社会科学院、中国人民大学等单位参加。

在战略研究的过程中，恰逢国家部委职能调整和规划体制改革的重大变化。在国家开始构建全新的国土空间规划体系背景下，本次战略规划形成的前置性研究起到总纲总领的作用，其核心思想、主要结论和布局方案，已经传承融入了 2019 年 4 月起开始编制的烟台市国土空间总体规划，为烟台全域国土空间的开发利用保护优化指明了方向。从战略研究先行，到国土空间规划中予以深化落实，这种规划传导体系也贯彻符合新时期中央关于空间规划改革提出的“战略引领、刚性管控”总体要求。

海口江东新区总体规划（2018—2035 年）
Master Plan of Jiangdong New Area in Haikou (2018—2035)

执笔人：慕 野

【项目信息】

项目类型：总体规划

项目地点：海口市

委托单位：海口市自然资源和规划局

主要完成人员：胡耀文 慕 野 白 金 张辛悦 陈 欣 王琛芳 郭嘉盛 朱胜跃 曾有文 李文军 王 萌 安志远 刘 鹏 李 玲 杨 硕 于 泽 王 晨 徐 辉 杨晗宇 黄 思 陈佳璐 陈 栋 黄婉玲 张跃恒 陈钟龙 郑 倩

【项目简介】

海口江东新区是海南省委省政府确立的中国（海南）自由贸易试验区的重点先行区域。规划深入贯彻习近平总书记“4 · 13”重要讲话和中央 12 号文件精神，以海南省“三区一中心”的重点展示区为目标，以建设展示中国风范、中国气派、中国形象的亮丽名片为愿景，基于国际方案征集、国家权威机构生态安全专题研究、国内外院士专家集思广益深入论证，形成“1+6+13+16”的规划编制体系，构建江东新区“山水林田湖草”与“产城乡人文”一个生命共同体的大共生格局，形成未来理想城市的“江东模式”。

[Introduction]

Haikou Jiangdong New Area is established as a pilot area for the construction of China (Hainan) Free Trade Zone. The master plan thoroughly implements the spirit of the speech of President Xi Jinping on Apr. 13th and the Document No. 12 of the Central Committee, and strives to build a key demonstration area in Hainan Province to carry out the national strategy of building “a pilot area for deepening reform and opening-up, a pilot area for national ecological civilization, a center for international tourism consumption, and a guarantee area for national major strategic service”. Based on the international scheme collection, the special research on ecological security by national authoritative institutions, and the in-depth argumentation by academicians and experts at home and abroad, a “1+6+13+16” planning system has been established to build a symbiotic pattern of life community characterized by a balance of natural resources and humanistic resources, which provides a “Jiangdong Model” for the construction of ideal cities in the future.

1 项目背景

2018 年 4 月 13 日，习近平总书记在庆祝海南建省办经济特区 30 周年大会上郑重宣布，中央支持海南全岛建设自由贸易试验区，支持海南逐步探索、稳步推进中国特色自由贸易港建设。建设中国（海南）自由贸易试验区是党中央、国务院着眼于国际国内发展大局，深入研究、统筹考虑、科学谋划作出的重大决策，是彰显我国扩大对外开放、积极推动经济全球化决心的重大举措。2018 年 6 月 3 日，海南省委、省政府决定建设海口江东新区，作为建设中国（海南）自由贸易试验区的重点先行区域，作为海南深入贯彻习近平总书记“4·13”重要讲话和中央 12 号文件精神的重要创新示范。

在海南省委、省政府的总体部署下，中规院于 2018 年 5 月组织开展海口江东新区总体规划编制工作。规划秉承“世界眼光、国际标准、海南特色、高点定位”的原则，邀请权威部门开展 16 项地质条件和生态安全的专题研究，高标准开展“海口江东新区概念规划方案国际招标”“海口江东新区起步区城市设计方案国际征集”工作，邀请国内外知名院士、专家和优秀规划团队参加规划工作营，通过集思广益、深入论证，编制形成《海口江东新区总体规划（2018-2035）》（以下简称规划）。

2 总体概况

江东新区位于海口市东部区域，东起东寨港，西至南渡江，北临海岸线，南至绕城高速二期和 212 省道，规划范围 298 平方公里，生态协调区 120 平方公里（图 1）。

规划以“开放创新、绿色发展”为总纲，坚持以人民为中心，坚持新发展理念，坚持高质量发展，将江东新区打造成为中国（海南）自由贸易试验区的集中展示区，定位为“全面深化改革开放试验区的创新区、国家生态文明试验区的展示区、国际旅游消费中心的体验区、国家重大战略服务保障区的示范区”。

图 1　区位图
Fig.1 Location

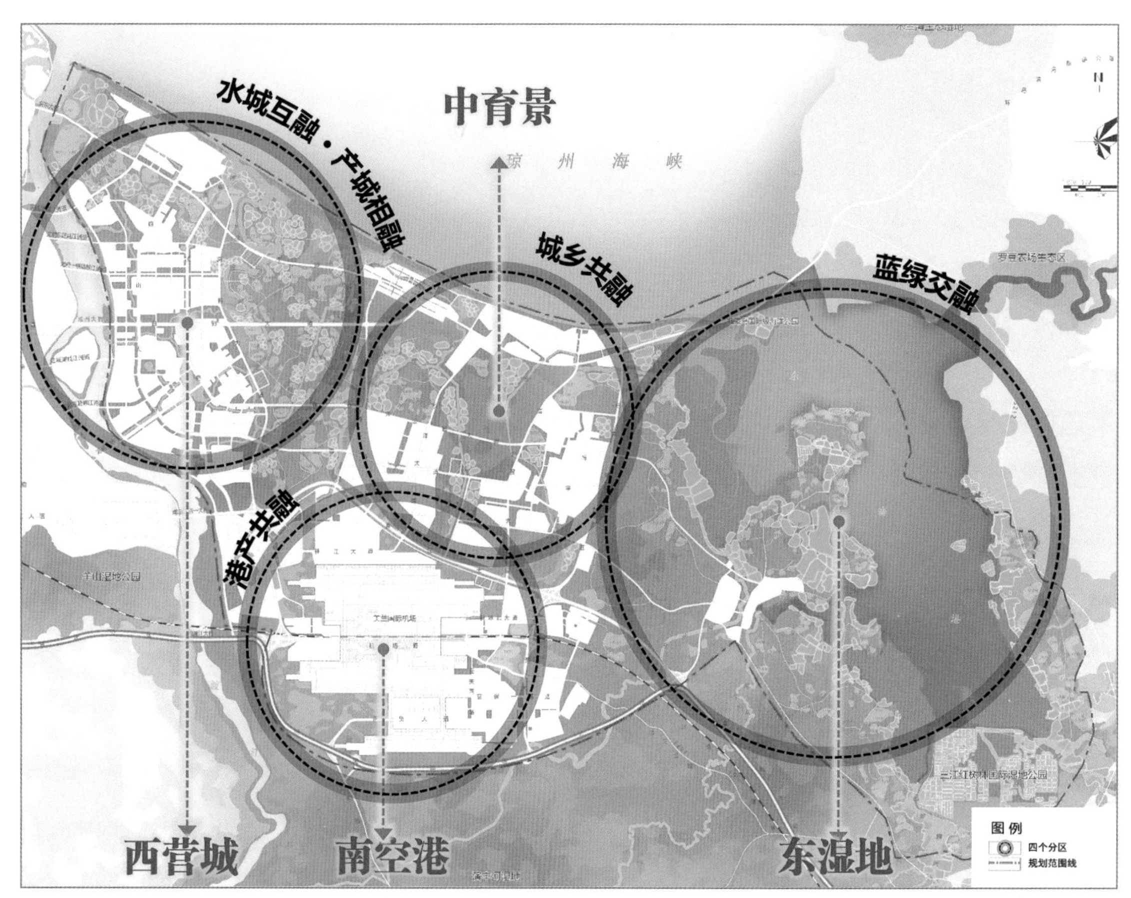

图2 总体格局
Fig.2 Overall Pattern

规划以建设展示中国风范、中国气派、中国形象的亮丽名片为愿景，着力构建“山水林田湖草”与“产城乡人文”一个生命共同体的大共生格局，形成“田做底、水通脉、林为屏；西营城、中育景、南空港、东湿地”的总体格局（图2）。

3 规划内容

规划从生态环境、城市安全、空间布局、城市风貌、产业发展、基础服务等六方面组织研究工作。

3.1 以生态为根本，打造全球卓越的生态环境

规划夯实生态本底，凸显江东新区“一区映两心、三水纳九脉”的生态空间总格局，重点保护东寨港国家级自然保护区、桂林洋国家热带农业公园、滨海河口湿地带，梳理贯通南渡江、琼州海峡、东寨港内湾“三水”及潭览河、迈雅河、振家溪、道孟河、芙蓉河、演丰西河、演丰东河、罗雅河、演州河等“九脉”。开展生态修复，通过植树造林、水系疏浚等，强化对海岸带、泻湖、湿地、红树林以及其他生态空间的保护，确保新区生态系统完整（图3），蓝绿空间占比稳定在70%左右（计算比例时包含协调区范围）。

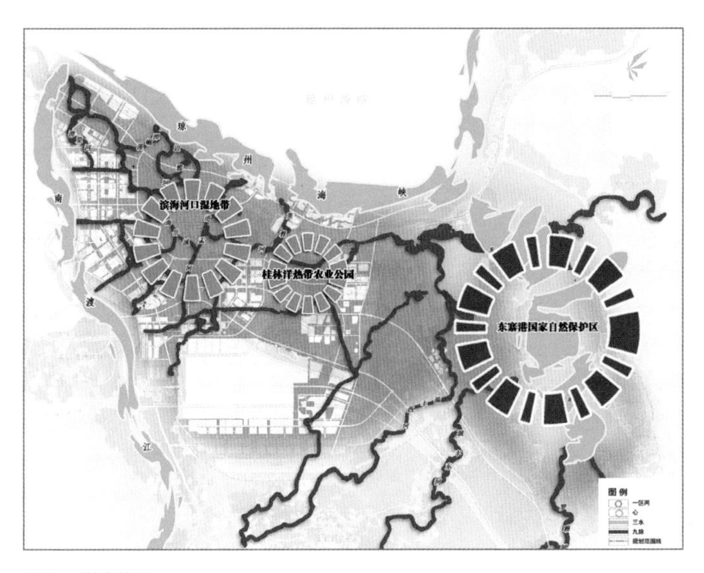

图 3　生态格局
Fig.3 Ecological Pattern

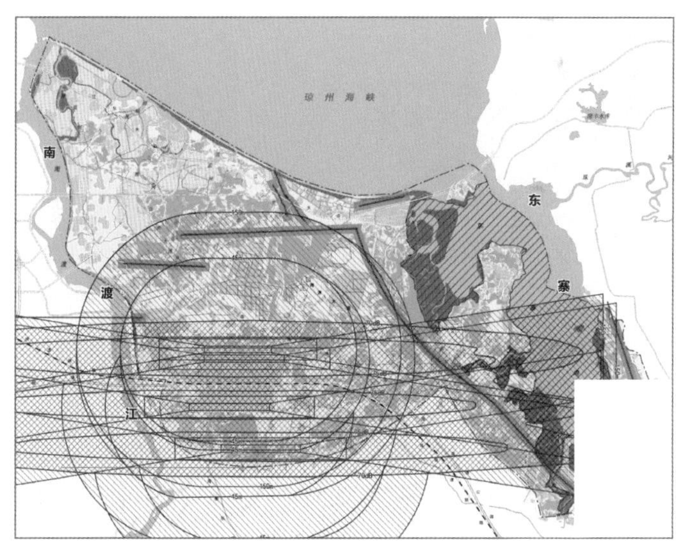

图 4　建设用地综合评价图
Fig.4 Comprehensive Evaluation of Construction Land

3.2 以安全为底线，构建韧性安全的防灾体系

规划以安全为底线，前期组织开展《江东新区水利基础情况调查报告》《海口市江东新区森林及湿地资源现状调查报告》《江东新区海洋环境情况资料汇总》《海口江东新区水质、潮汐情况汇报》《海口江东新区（核心区）地震安全性及场地适宜性评价专题实施方案》等 16 项涉及生态安全的前期研究，重点加强洪涝、台风、地震等灾害的防灾减灾设施建设，全面提升监测预警、预防救援、应急处置等综合防范能力，确保新区在遭受突发城市灾害时能够快速分散风险，具备较强的自我恢复和修复功能（图 4）。

3.3 以理想城市为导向，构建科学合理的空间布局

规划创新蓝绿交融、水城互融、城乡共融、产城相融的组团细胞建设理念，形成“一港双心四组团、十溪汇流百村恬、千顷湿地万亩园”的城乡空间总结构。强化海口临空经济区、滨海生态总部聚集中心、滨江国际活力中心的空间引领，逐步建设国际文化交往组团、国际综合服务组团、国际高教科研组团、国际离岸创新创业组团四个“产、城、乡、水、林、田”一体化融合布局的生态文明组团。恢复并串联现状河流水系，有机衔接城市及乡村，创造十溪汇流、海湖相映、百村振兴的发展图景。以东寨港国际级自然保护区、桂林洋水网田园为核心，优化并重构新区生态空间，创造多样化都市田园（图 5，图 6）。

规划提出“创新单元”布局模式，以生态廊道划分城市空间单元，形成 15 分钟生活圈的空间载体，采用“窄路密网”，营造人性化的混合开放街区。强调产业、服务、生活功能空间的混合布局及三维集成，并创新性的将绿色生境、绿色基础设施，绿色游憩系统，绿色慢行街巷，本土绿色建筑融为一体，实现生态、环境、建筑、景观的共生共融（图 7）。

3.4 以文化为灵魂，塑造地域特色与时代风尚相结合的城市风貌

规划彰显中华文明，追溯“沧海地脉、碧波红林、炎方奇甸”的历史文化脉络，体现“倚江望海、水脉

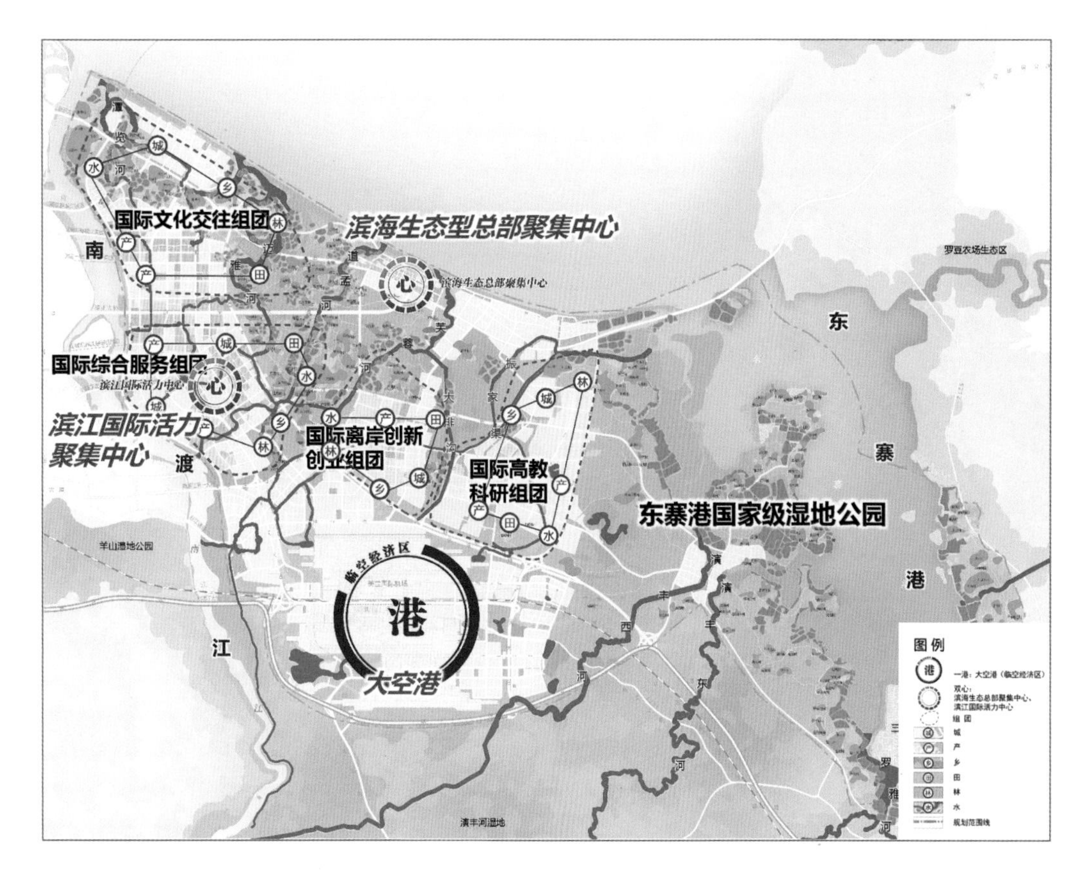

图5 城乡空间总结构
Fig.5 Overall Spatial Structure

图6 用地布局规划图
Fig.6 Land Use Plan

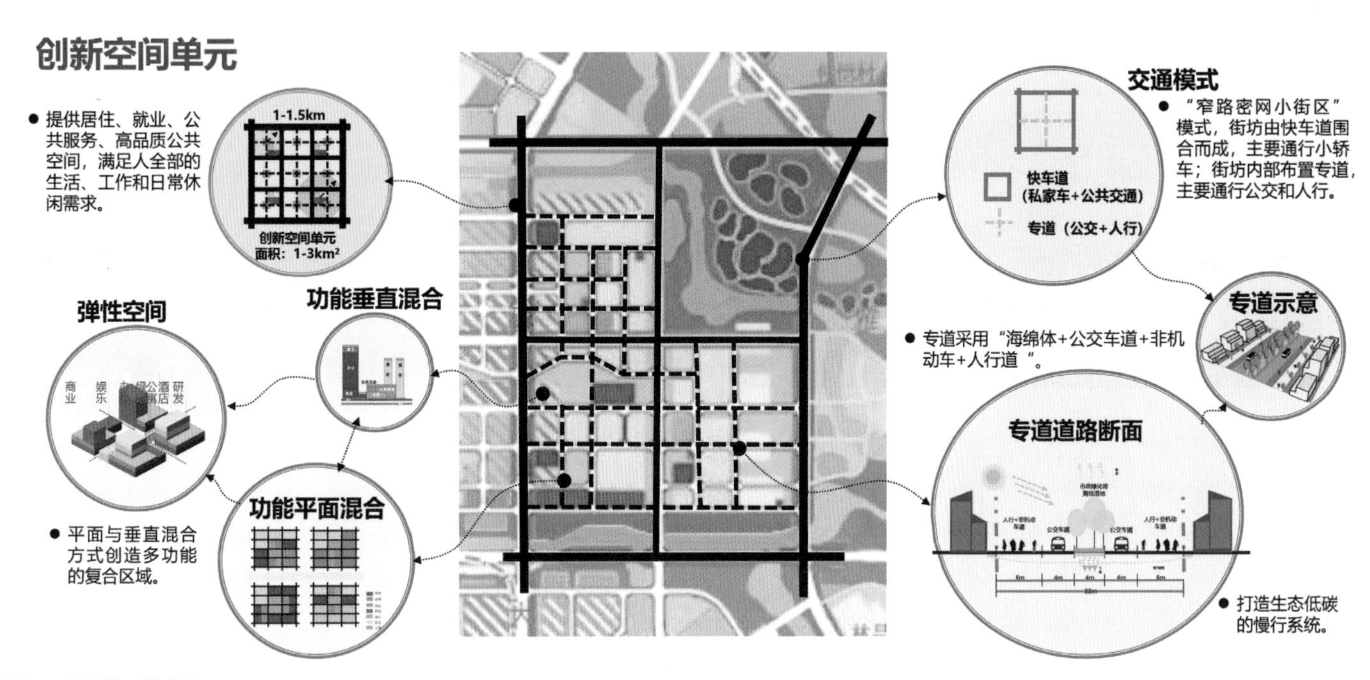

图 7 创新单元模式图
Fig.7 Innovation Unit Pattern

濯然、坊街辐辏、心安吾乡”的风貌内涵，将地域特色与时代风尚相结合，塑造“蓝绿交织、江海相映、林城相依、水城共融”的江东新区城市形象。

规划强调打造有情怀的、符合海南本地文化与气候特征的本土绿色建筑。在新区起步区，借鉴海南本地“前塘后林”的院落模式，建筑组团布局采用前挖塘蓄水、四周环以公园绿地的方式，有效改善小气候，提升人居环境品质。充分考虑台风、遮阳、高温等气候因素，通过底层架空、连廊步行系统、建筑退台、屋顶挑檐等建筑手法及本土化建筑材料，塑造适应地域特征的建筑空间，凸显与当地气候结合紧密的建筑风格（图 8，图 9）。

3.5 以开放为主线，发展国际化的自贸产业体系

规划以开放创新为主线，立足“三区一中心”集中展示区目标，加速联通世界网络，释放中国力量，汇聚全球资源。规划明确建设临空经济区，将自贸产业发展与空港建设相结合，为全岛加快联通全球自贸网络奠定基础。建设滨海生态总部聚集中心，发展总部经济、自贸金融和科技服务，形成中国智慧的展示平台。完善自贸体系，以政策创新为基础，全面优化营商环境，搭建国际交流平台、吸引全球人才与资本聚集，促进创新创业，加速汇聚全球资源（图 10）。

3.6 以人民为中心，提供优质共享的公共服务

规划以国际标准布局世界级水平的公共服务设施，搭建开放创新的全球化产业平台。以起步区超级总部、国际离岸金融服务中心等为节点构建商务商业服务集群，以国际高教科研组团、离岸创新创业服务基地等为节点构建科教创新服务集群，以海南国家会展中心、国际航空物流服务基地等为节点构建临空商贸服务集群，以东寨港和滨海湿地等旅游资源为节点构建生态旅游服务集群。并结合创新单元布局模式，建立“区域—组团—创新单元”分层级、多维度的公共服务中心体系，构建优质共享生活服务网（图 11）。

图 8　城市设计理念图
Fig.8 Urban Design Concept

图 10　总体发展思路
Fig.10 Overall Development Strategy

图 9　起步区城市设计示意图
Fig.9 Urban Design of the Starting Area

图 11　服务设施集群图
Fig.11 Clusters of Service Facilities

规划注重区域交通协同，系统完善美兰空港疏港交通、海澄文一体化交通、南渡江跨江交通。规划区内建设以人为本、绿色低碳的绿色交通体系，形成机动车、轨道交通“双快”交通体系以及人行、公交“双慢”交通体系（图 12，图 13）。

规划坚持“五网”先行，构建安全可靠、绿色低碳、智能灵活的现代化市政基础设施体系。以“未来、低碳、科技”为导向，构建城市物联感知系统，建立数字资产管理体系，提供服务全域智能化应用，全面推动数字城市智慧运营新模式，提供数字共享、全局联动、全时响应的智慧民生服务系统。

4 规划亮点

江东新区总体规划是在中国（海南）特色自由贸易试验区（港）建设重大战略背景下，借鉴国际经验，集聚多名院士大师，在多个国家部委部门群计群策下共同完成的建设蓝本，规划体现出科学性、前瞻性、国际性、时效性。

4.1 前期充分研究论证，体现规划科学性

规划前期邀请国家海洋环境监测中心、中国地质调查局、中国地质科学院、中国水规总院等 14 家权威机构，开展了 16 项针对新区生态水安全、工程地质方面的专题研究，为新区建设提供科学依据，扎牢新区生态与安全底线（表 1）。

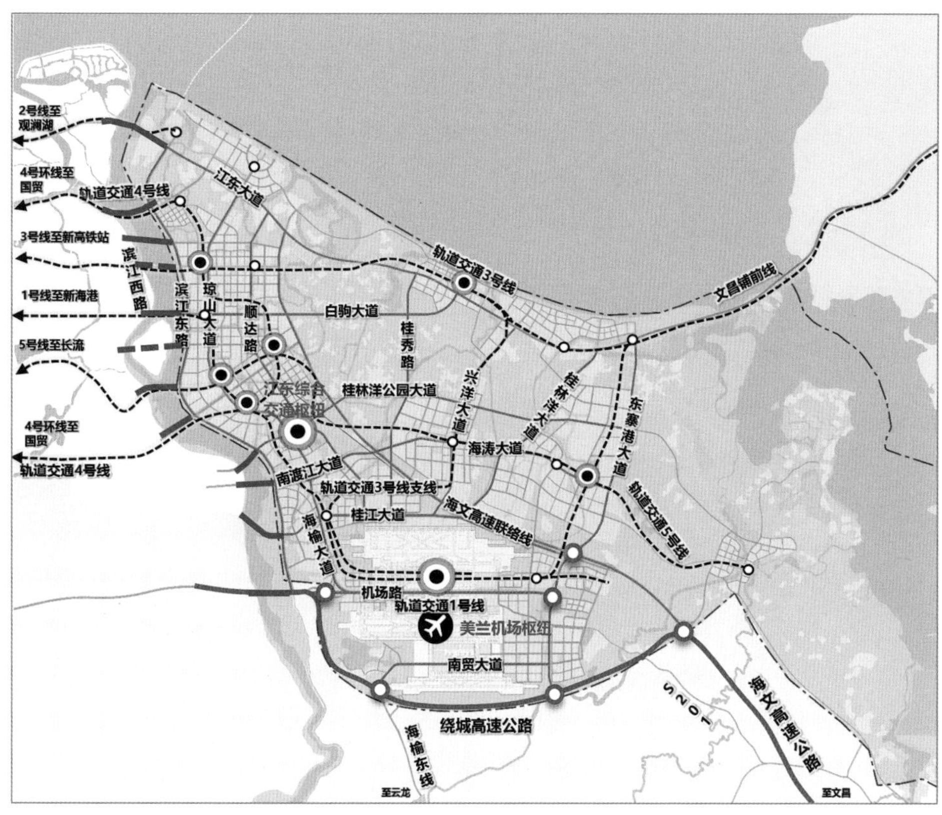

图 12 “双快”交通体系
Fig.12 Fast-Moving Traffic System

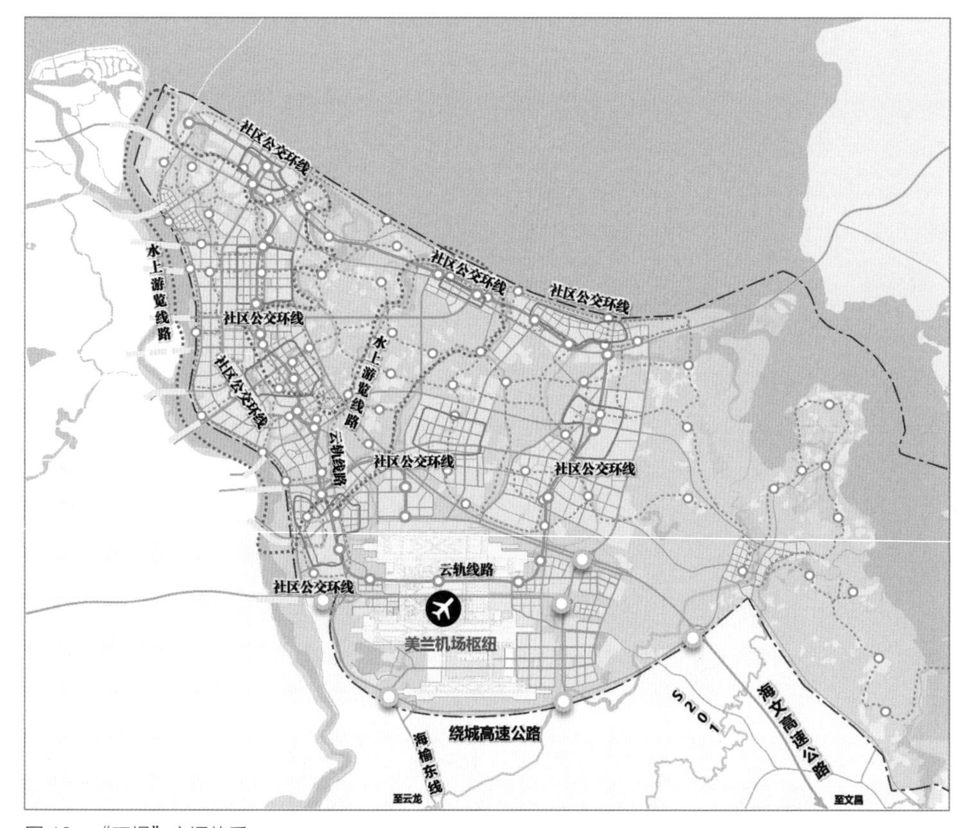

图 13 “双慢”交通体系
Fig.13 Slow-Moving Traffic System

江东新区 16 项专题研究　　表 1

序号	编制单位	编制内容	领衔专家	起止时间
1	水利部水利水电规划设计研究总院	《江东新区水利基础情况调查报告》	杨晴	2018 年 6 月—2018 年 7 月
		《海口江东新区水系布局与空间管控专题研究报告》		2018 年 6 月—2018 年 8 月
		《关于江东新区起步区和临空产业园的水安全评价意见》		2018 年 12 月—2019 年 2 月
2	国家海洋环境监测中心	《江东新区海洋环境情况资料汇总》	付元宾	2018 年 4 月—2018 年 9 月
		《海口江东新区水质、潮汐情况汇报》		2018 年 4 月—2019 年 9 月
3	中国地震灾害防御中心	《海口江东新区（核心区）地震安全性及场地适宜性评价专题实施方案》	李峰	2018 年 9 月—2019 年 9 月
		《江东新区起步区活动断裂精细探测（初步）报告》		2018 年 9 月—2019 年 1 月
4	中国地质科学院地质力学研究所	《琼北地区及邻海活动断裂与地壳稳定性调查报告》	龙长兴	2018 年 7 月—2019 年 1 月
5	中国地质调查局	《支撑服务海口江东新区概念性规划地质研究建议》	薛桂澄 黎清华	2018 年 7 月—2018 年 12 月
6	海南省地质局	《海口江东新区起步区详细规划工程地质勘查报告》		2018 年 7 月—2018 年 12 月
7	海南省水工院	《支撑服务海口江东新区起步区详细规划地质调查报告》		2018 年 7 月—2018 年 12 月
8	海南省地质调查院	《海口江东新区概念性规划地质环境图集及建议》		2018 年 7 月—2018 年 12 月
		《支撑服务海口江东新区起步区详细规划地质环境图集》		2018 年 7 月—2018 年 12 月
9	海南省经研院	《江东新区地质情况资料汇总》	扬奕	2018 年 4 月—2019 年 1 月
10	海南省森林资源监测中心	《海口市江东新区森林及湿地资源现状调查报告》	丁长春 林作武	2018 年 6 月—2018 年 9 月
11	海南省林业科学研究所			

4.2 多方听取专家意见，突出规划前瞻性

规划邀请国内外知名院士、大师为江东新区献计献策。何镜堂、李晓江、崔恺、吴志强、王建国、杨保军、孟建民、程泰宁、刘太格等共同组成专家咨询委员会，多次与省市领导共同探讨新区发展与总部经济区建设事宜（图 14）。

多个国家部委对江东新区建设给予帮助与大力支持。国家发改委、工信部、自资部、住建部、水利部、商务部等十余个部委领导先后赴江东新区现场考察并给予指导意见。

4.3 汇聚全球智慧，体现规划的国际性

2018 年 6 月至 10 月，规划组织《海口江东新区概念规划方案国际招标》全球方案征集，由怡境师有限公司、德国 SBA 等 128 家国内外设计机构组成的 67 个设计团队报名参加，最终在 10 家入围团队中，由李晓江、迈克尔索金、张庭伟等评审专家评选出 1 个优秀方案、2 个优良方案。

（1）优秀方案 B10（单位：深圳市城市规划设计研究院有限公司、毕马威企业咨询（中国）有限公司、怡境师有限公司联合体）以“世界江东、森林都市”为愿景，探索实现自然、交通、营城模式三个方面的突破，从“蓝绿生境、共享网络、细胞城市”三个维度构想一个可传承、零碳高效、弹性有机的未来新城。方案总

图 14 专家咨询会人员示意
Fig.14 Experts of the Advisory Committee

图 15 图投标方案示意
Fig.15 International Scheme Collection

体开发量合适，弹性生长和产城融合理念深入。

（2）优良方案 B08（单位：华南理工大学建筑设计研究院、北京土人城市规划设计股份有限公司联合体）以“江海水城、南海客厅”为总体定位，提出城市与自然指状穿插，水为“黏合剂”的空间构思，特色鲜明，设计手法回应海绵理念、海南本土气候和传统生活。

（3）优良方案 B05（单位：清华大学建筑设计研究院有限公司、北京城建设计发展集团股份有限公司、株式会社日本设计联合体）以“全球自由城”为远景构想，强调空间、人才、生活、交通、旅游等领域的创新，空间组织灵动，组团结构清晰，尊重现有的农村村落，并加以重新利用和组织。

国际方案征集集聚全球智慧，为江东发展提供多样化的方案借鉴。总体规划综合专家意见，对国际方案的优点和亮点进行了统筹吸纳（图 15，表 2）。

《海口江东新区概念规划方案国际招标》入围设计单位　表 2

序号	设计单位
B01	英国查普门泰勒、上海天华建筑设计有限公司、马西亚建筑设计（香港）有限公司联合体
B02	美国帕金斯维尔建筑设计事务所
B03	德国 SBA 设计咨询公司
B04	法国 BDVA、建筑联邦设计联盟联合体
B05	清华大学建筑设计研究院有限公司、北京城建设计发展集团股份有限公司、株式会社日本设计联合体
B06	德国 HPP 国际建筑规划设计有限公司、华东建筑设计研究院有限公司、上海华顿经济管理咨询事务所联合体
B07	新加坡睿城国际发展咨询有限公司、中衡设计集团股份有限公司联合体
B08	华南理工大学建筑设计研究院、北京土人城市规划设计股份有限公司联合体
B09	上海同济城市规划设计研究院
B10	深圳市城市规划设计研究院有限公司、毕马威企业咨询（中国）有限公司、怡境师有限公司联合体

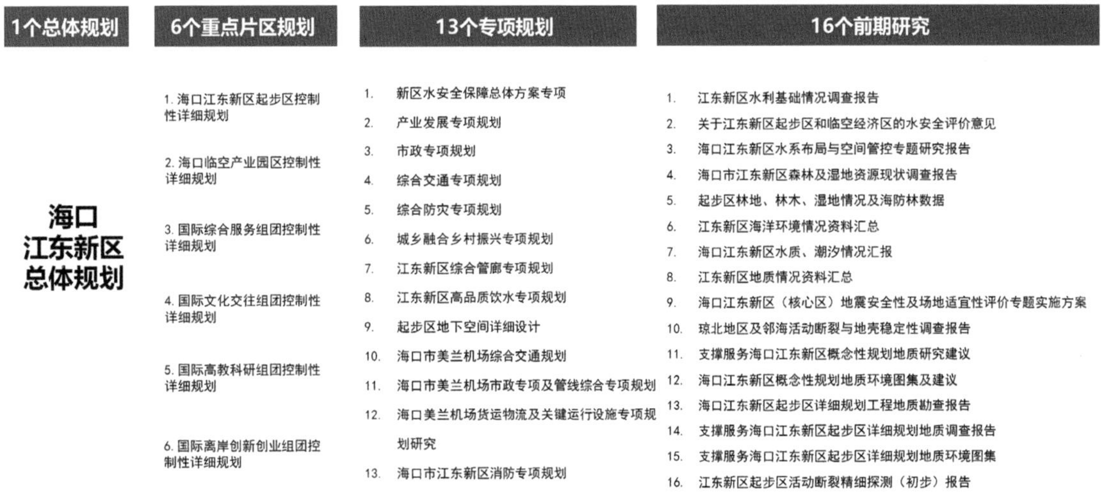

1个总体规划

海口江东新区总体规划

6个重点片区规划

1. 海口江东新区起步区控制性详细规划
2. 海口临空产业园区控制性详细规划
3. 国际综合服务组团控制性详细规划
4. 国际文化交往组团控制性详细规划
5. 国际高教科研组团控制性详细规划
6. 国际离岸创新创业组团控制性详细规划

13个专项规划

1. 新区水安全保障总体方案专项
2. 产业发展专项规划
3. 市政专项规划
4. 综合交通专项规划
5. 综合防灾专项规划
6. 城乡融合乡村振兴专项规划
7. 江东新区综合管廊专项规划
8. 江东新区高品质饮水专项规划
9. 起步区地下空间详细设计
10. 海口市美兰机场综合交通规划
11. 海口市美兰机场市政专项及管线综合专项规划
12. 海口美兰机场货运物流及关键运行设施专项规划研究
13. 海口市江东新区消防专项规划

16个前期研究

1. 江东新区水利基础情况调查报告
2. 关于江东新区起步区和临空经济区的水安全评价意见
3. 海口江东新区水系布局与空间管控专题研究报告
4. 海口市江东新区森林及湿地资源现状调查报告
5. 起步区林地、林木、湿地情况及海防林数据
6. 江东新区海洋环境情况资料汇总
7. 海口江东新区水质、潮汐情况汇报
8. 江东新区地质情况资料汇总
9. 海口江东新区（核心区）地震安全性及场地适宜性评价专题实施方案
10. 琼北地区及邻海活动断裂与地壳稳定性调查报告
11. 支撑服务海口江东新区概念性规划地质研究建议
12. 海口江东新区概念性规划地质环境图集及建议
13. 海口江东新区起步区详细规划工程地质勘查报告
14. 支撑服务海口江东新区起步区详细规划地质调查报告
15. 支撑服务海口江东新区起步区详细规划地质环境图集
16. 江东新区起步区活动断裂精细探测（初步）报告

图 16　江东新区的“1+6+13+16”规划编制体系
Fig.16　“1+6+13+16” Planning System of Haikou Jiangdong New Area

4.4 完善规划体系与决策机制，确保规划的时效性

面向实施，江东新区形成“1+6+13+16”的规划编制体系，即 1 个总体规划 +6 个重点片区控制性详细规划 +13 个重点专项规划 +16 项前期研究。此外，新区还在积极对接中规院未来城市实验室及阿里巴巴，推进江东新区智慧平台建设，委托波菲等国际知名团队编制《重点地区建筑风貌导则》与《先进基础设施建设导则》。强调对接落实近期重点项目，提升总体规划的可实施性，纲举目张，联动互促，确保新区建设健康有序进行（图 16）。

5 规划实施

江东新区按照“两年出形象，三年出功能，七年基本建成”的目标，全力推进五网设施项目，精准开展招商工作，积极探索体制改革。目前重点推进起步区、临空经济区、教育园区等建设，全面加快白驹大道改造及东延长线、文明东越江通道等16个先导性在建项目，稳步推进中国大唐集团、阿里巴巴、苏宁集团等36家意向企业落地。按照“法定机构+市场运作”模式，海口临空经济区管理局已完成商事注册，江东新区管理局设立方案已通过市政府审议，《设立海口空港综合保税区可行性研究报告》已上报审批，已印发《关于支持海口江东新区发展的措施（试行）》，明确9条具体举措，推进江东新区高质量发展。

6 结语

江东新区总体规划的编制是在海南省委省政府的正确领导下，在国家部委和省厅各部门的大力指导下，集院士大师、国内外专家、各专业团队、社会各界集体智慧的共同成果。规划将坚持一张蓝图干到底，打造三分都市七分绿，“真都市”与“真田园”完美融合的绿色之城、未来之城，在全球未来城市的建设探索中，形成可复制、可推广的“江东模式”。

莆田生态绿心保护与利用总体规划（含总体城市设计）
Master Plan for the Protection and Utilization of Putian Ecological Green Heart (Including Overall Urban Design)

执笔人：朱　力　魏阿妮　刘　博　蔡挺凯

【项目信息】

项目类型：生态规划　城市设计

项目地点：莆田市

委托单位：福建省莆田市自然资源局

主要完成人员：朱　力　刘　博　刘　源　蔡挺凯　魏阿妮　任　贵　张　峰　周广宇　刘禹汐　郑振满　杜龙江　陈景新　陈龙贤　林远程　朱　海

【项目简介】

莆田生态绿心的提出具有超凡的城市发展远见。1994 年莆田市首次提出“生态绿心”概念，2008 版莆田市城市总体规划明确了生态绿心是莆田市中心城区“一心三片”的绿色核心。但是 20 多年来，绿心较高的空间价值与相对均质的景观条件、较高的综合价值与低水平利用之间的现实矛盾，缺乏“战略意图 – 结构性规划 – 空间政策管制”的系统发展路径，导致其综合价值未能得到有效发挥。当前我国进入以生态文明建设为抓手的发展转型阶段，绿心再次回归莆田城市发展的整体视野中。规划以绿心的多元价值研判和现实困境识别入手；明确绿心是莆田城市“美丽莆田的人文客厅，环绿都市的生态花园”的总体定位，确定“传承生态与文化高度融合的水利遗产”是绿心保护的主要内容、“激活莆田生态绿心的高质量发展”是绿心利用的主要目标，规划以休闲带作为共享平台激活绿心的活化利用、以村庄特色化推动绿心的整体发展、以旅游路径组织和山水视廊控制推动绿心的特色化营造、以刚弹结合的分区管控保障绿心的可持续发展。总体来说，本次规划通过局部的空间干预，创造触媒带动绿心整体发展，营造“碧水兰丝带、壶山田园情”的空间意象，最终推动绿心成为莆田高质量发展的战略地区。

[Introduction]

The proposal of Putian Ecological Green Heart has an extraordinary vision for urban development. In 1994, Putian municipal government first proposed the concept of “Ecological Green Heart”. The Putian City Master Plan 2008 clearly defined the Ecological Green Heart as “one core and three areas” in the city center of Putian. However, during the last 20 years, the comprehensive value of the Green Heart has not been effectively developed due to the practical contradiction between the high spatial value of the green heart and the relatively homogeneous landscapes, that between the high comprehensive value and the low utilization level, as well as the lack of a systematic development path of “strategic intention – structural planning – spatial policy control”. At present, China has entered the development and transformation stage with the construction of ecological civilization as the its focus. The Green Heart has once again returned to the vision of urban development of Putian. This plan starts with the study on the multiple values of the Green Heart and the recognition of the practical dilemmas, and specifies the overall positioning of the Green Heart as “Demonstration Area of the Humanistic Putian, Ecological Garden of the Green City”. It determines that the main content of protection is “inheriting the Water Heritage with Ecological and Cultural Integration”, and that the main goal of utilization is “activating the high-quality development of the Ecological Green Heart of Putian”. The plan proposes to activate the utilization of the Green Heart by using the leisure belt as a sharing platform, to promote the overall development of the Green Heart by pushing forward the featured development of villages, to promoting the featured development of the Green Heart by building tourism routes and landscape corridors, and to ensure the sustainable development of the Green Heart through both rigid and flexible zoning control methods. In general, through local spatial intervention, the plan aims to create catalysts to drive the overall development of the Green Heart, to build a spatial image with the integration of water, mountain, and countryside landscapes, and finally, to develop the Green Heart into a strategic area with high-quality development in Putian.

1 项目背景

生态绿心是莆田城市空间格局特有的自然禀赋，是主城区中间所镶嵌的面积约 65 平方公里的田园景区（图 1），位于南北洋平原的核心区域，是“荔林水乡、梅妃故里”城市特色的代表性区域，是承担生态调节、防洪排涝等城市功能的重要承载空间，是莆田生态、文化、区位和景观价值高度复合的地区。这里延续着莆田千百年来的历史脉络和文化涵养，也饱含着莆田人民长期以来的生态坚守和价值储备。

从最早 1994 版规划提出的模糊概念，到 2008 版总规保护边界的清晰划定，绿心是秉持生态优先理念而保护的特色地区，如今莆田生态绿心的意义得到莆田市委市政府的高度重视，其保护与利用被真正提上日程。2016 年 1 月 27 日市委市政府专题听取了生态绿心规划前期工作的汇报，提出高起点定位、高标准规划和高水平统筹等具体要求，明确本规划是对绿心保护与发展关系的再平衡，确定由市规划局牵头，水利、环保、国土资源、住建、文化、林业等部门，荔城区政府、涵江区政府配合，开展生态绿心的规划编制工作。

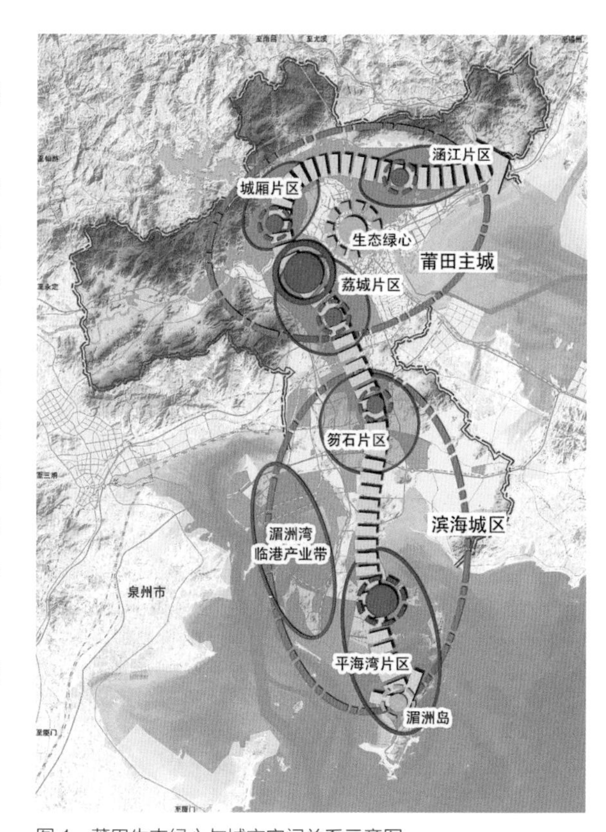

图 1 莆田生态绿心与城市空间关系示意图
Fig.1 Schematic diagram of the relationship between Putian Ecological Green Heart and urban space

2 项目特点与规划思路

生态绿心规划工作从全局性、综合性与不确定性三方面展开。首先，着眼全局，以构建绿心工作空间顶层设计为目标，确定原则，划定路线。其次，充分考虑绿心本身的综合性、复杂性。绿心规划涉及城乡二元发展，是在城市发展维度对农业生产、农民生活和农村生态的探索性干预，同时涉及城乡建设、环保、产业、民生等多方面内容，需要多部门协同联动，是一个综合系统的政策制定与实施过程。最后，生态绿心规划建设是一项中长期工作，具有市场不确定性，需要建构适度弹性灵活的战略框架，确保规划目标的实现与顺利实施。

（1）高起点定位生态绿心，建立战略框架，制定发展路线图。编制绿心保护和利用总体规划。在总体层面对绿心进行功能与形象把控，确定土地、城乡、环境、产业等重点领域发展原则。

（2）明确规划分工，统筹全市各部门相关工作。以指导“生态绿心”实施建设为目标，明确不同规划的角色作用。

（3）明确面向实施的规划管控与引导机制。在编制发挥战略引领与刚性管控作用的总体规划之下，推进重点地区、典型村庄、重要景观、水系统等规划建设工作。

3 主要规划内容

3.1 绿心价值研判：多要素和谐组织的智慧发展模式

绿心集中体现了莆田荔林水乡特色（图 2），是莆田生态环境与城市颜值提升的重要载体，并承担着城市滞洪、排涝等防灾功能，因此其价值不在于单个要素的突出，而在于多要素之间的和谐组织关系和智慧发展模式。

（1）人水和谐的智慧典范

莆田兴化平原的开发以水利活动发轫（图 3），通过向山要水、向海要地，造就了兴化平原的空间格局

图 2　荔林水乡特色风貌图
Fig.2 Characteristics of lychee orchard and water village

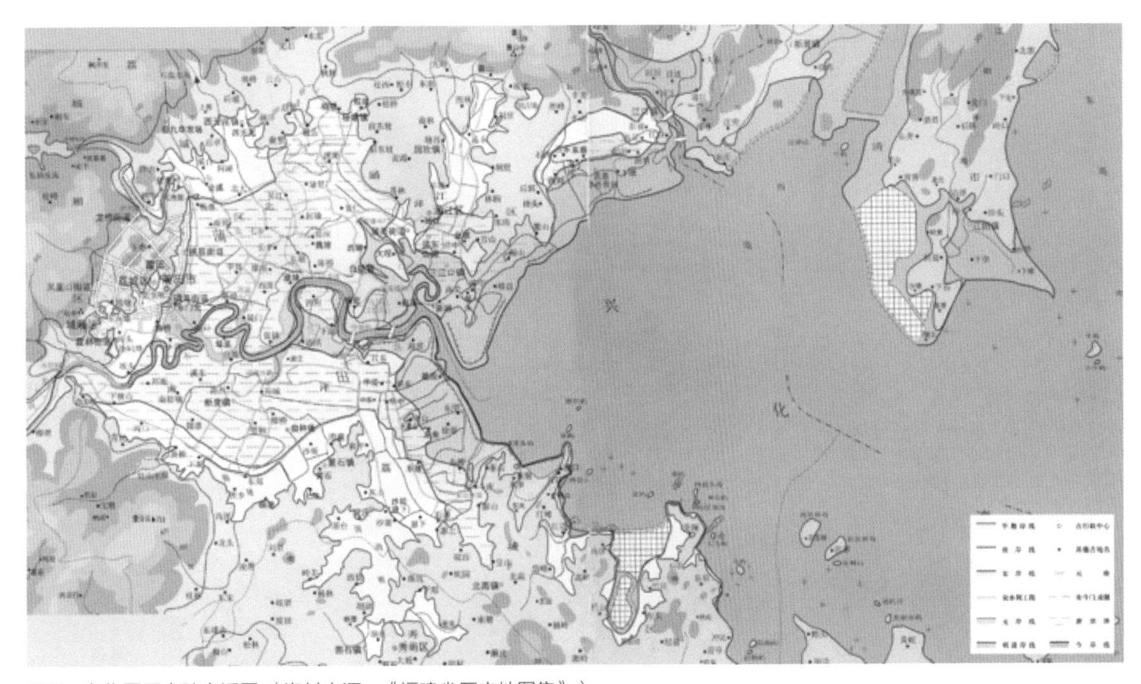

图 3　兴化平原水陆变迁图（资料来源：《福建省历史地图集》）
Fig.3 Map of water and land changes in the Xinghua Plain (Source: Historical Atlas of Fujian Province)

和挡、排、灌、蓄、引、提的综合水利系统。绿心内保存有丰富多元的村水格局，其最大的价值是水利结构及其伴生的文化，实现了社会各群体间的利益分配平衡，形成了稳定的社会组织架构，创造出极富传统特色的七境仪式联盟（图 4，图 5），成为民间传统治理能力的体现。生态绿心是莆田先民留下的大型水利文化遗产，是我国沿海人民适应环境、改造环境的杰出典范。

（2）环绿都市的中央绿肺

绿心位于莆田市荔城、涵江、秀屿三区之间，城区外围囊山、九华山、天马山、凤凰山、壶公山等五山环绕，源于山体的水系通过密布的河网汇聚绿心，形成外围山体与绿心之间的生态联通，使绿心成为塑造莆田山城田海特色空间格局的核心（图 6）。

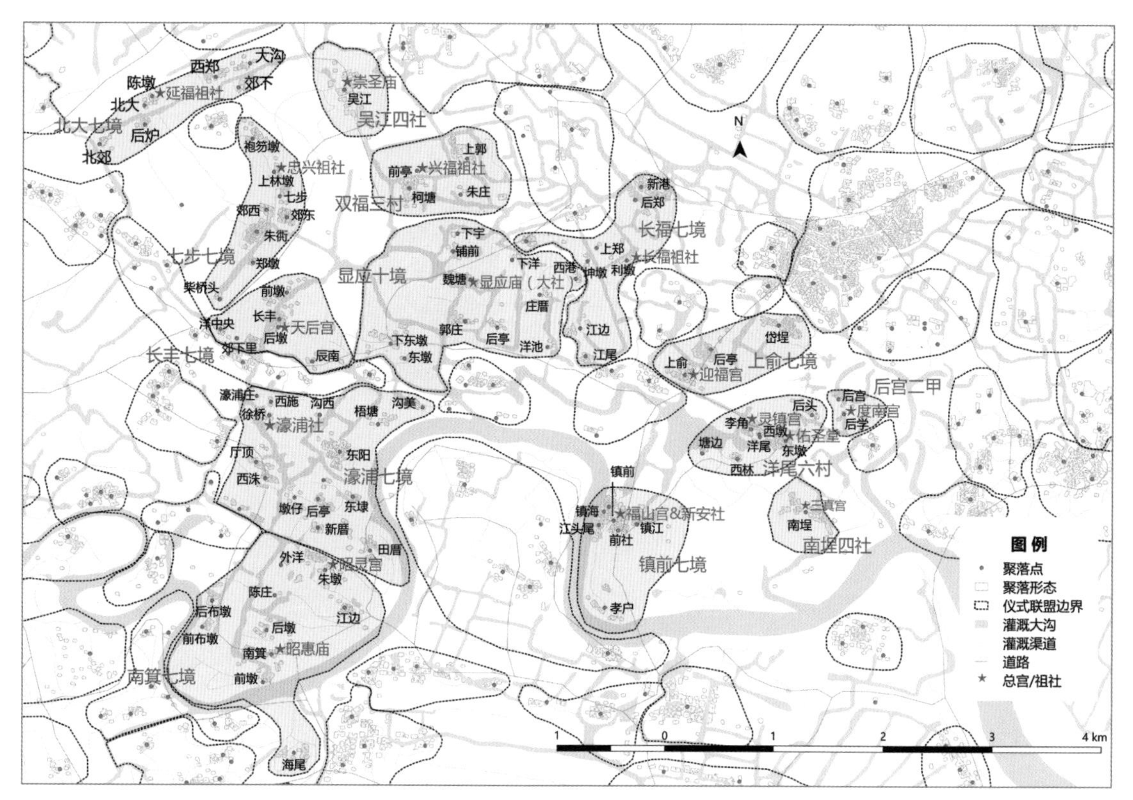

图4 莆田北洋绿心七境仪式联盟分布图（资料来源：郑振满教授研究成果）

Fig.4 Map of Putian Beiyang Green Heart Seven-Border Ceremony Alliance (Source: Professor Zheng Zhenman's research results)

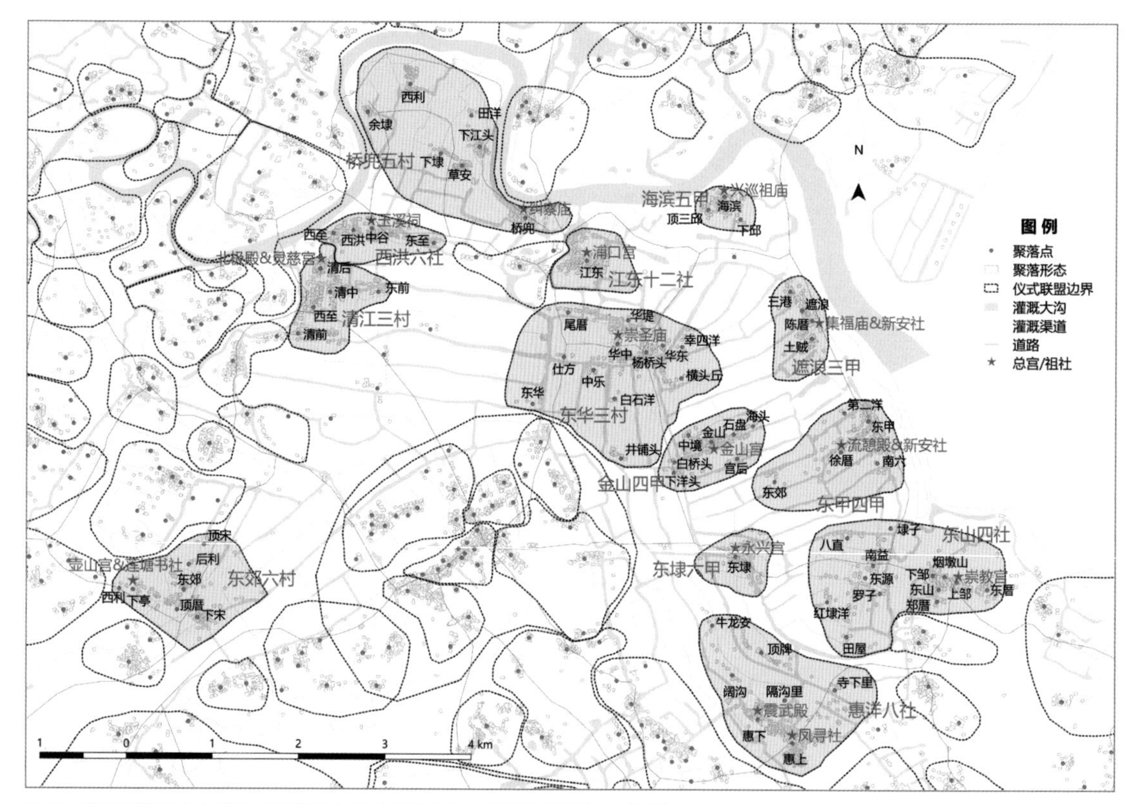

图5 莆田南洋绿心七境仪式联盟分布图（资料来源：郑振满教授研究成果）

Fig.5 Map of Putian Nanyang Green Heart Seven-Border Ceremony Alliance (Source: Professor Zheng Zhenman's research results)

（3）城市发展的特色名片

莆田生态绿心是兴化平原水网密布的圩田区域，拥有优良的生态价值、丰富的历史文化、优美的荔林水乡景观。绿心南北洋平原呈现不同的景观风貌，北洋平原是我国最重要的水荔枝产区，河水波光粼粼、水旁荔林密布、莆仙民居枕河而居，共同构成北洋平原婉约动人的水乡风貌；南洋平原水系笔直、农田规整，农田、水系、村落相得益彰，构成南洋平原优美舒适、视野开阔的田园画卷。

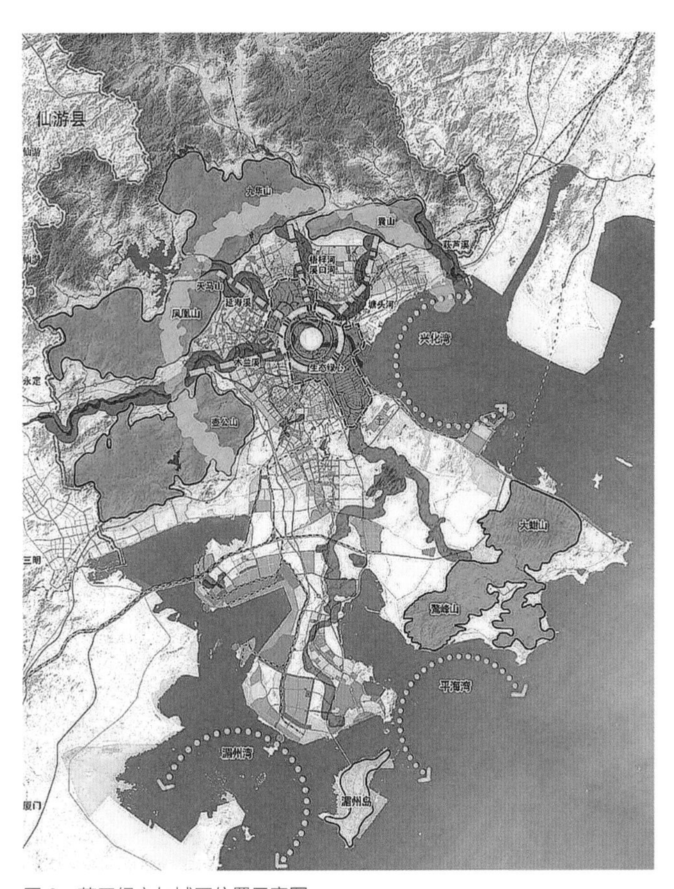

图 6 莆田绿心与城区位置示意图
Fig.6 Location of the Green Heart and the Urban Area in Putian

3.2 绿心问题识别：消极保护的发展困境

由于受到近 20 年来城镇化和工业化的冲击，绿心的人水关系走向衰微，尤其是1960年4月莆田东圳水库竣工通水以来，绿心地区自来水 100% 进村入户，淡水稀缺时代结束。传统人—水—地治理体系逐渐解体，绿心陷入消极发展的困局之中。

（1）水乡环境污染

莆田城市水灾频发，水资源短缺，绿心河网作为下游水系，水资源水环境问题更为突出。加之乡村市政设施的普遍匮乏，村民环保意识的薄弱，导致生活垃圾和污水排入河道，村内的支流水质和水环境变得极差，村庄河道污染严重。

（2）农村人口流失

城镇化带来城乡之间劳动力的自由流动，经济收入决定农业不再是农民的主要谋生手段，绿心 50% 以上的劳动力外出从事非农活动，大量莆田人散布在莆田同乡同业的全国经济网络里，在外从事医疗、珠宝、木材、能源等商业经营，村庄空心化与老龄化问题突出。

（3）村庄建设失控，传统风貌散失

绿心土地利用虽然受到政府的严格管控，但是发展实权依然掌握在村集体和村民手中，以个体为出发点，缺乏全局思维导致村庄出现以下问题：①村庄无序建设。村民受到“进城谋生，回乡盖房”的传统观念影响，传统民居已经演替为无人居住的各色洋楼；②安置房的投机建设。安置房的选址无序和高度失控严重破坏宏观尺度的山水关系，对绿心风貌造成难以逆转的破坏；③工业用地与居住用地混杂。村庄工业对绿心风貌造成一定影响，导致荔林水乡特色走向衰弱。

3.3 绿心定位：美丽莆田的人文客厅，环绿都市的生态花园

高起点定位生态绿心。以农田水网为基底，传统村落为载体，乡土文化为魂，适度引入文化休闲、旅游观光、会议会展等城市功能，将生态绿心建设成为“美丽莆田的人文客厅，环绿都市的中央公园”。未来绿心地区将申报世界灌溉工程遗产和全球重要农业文化遗产，从而实现美丽中国生态样板，莆田多元文化展示

窗口、乡村振兴典范的目标。

3.4 绿心保护：传承生态与文化高度融合的水利智慧

兴化平原是以木兰陂的修建为起点，在兴化湾的滩涂上依托庞大而精密的水利工程逐步形成圩田聚落，是古人留给后世宝贵的水利遗产。绿心发展的首要前提就是保护大型水利遗产的完整性，保护“荔林水乡”景观，使之在城镇化与现代化冲击中得以传承。

（1）修复独特的水网格局

水是生态绿心的骨骼，保护水网格局是绿心可持续发展的基础。网罗密布的水网格局是莆田生态绿心的核心价值所在。绿心内水面率不逊于江南水乡（12%～16%）。但由于河道堵塞、淤泥堆积、水面垃圾、私人搭建、河道养殖等现象常见，导致水系流速变缓，水质变差。针对城区地形地貌、现状建设、历史水系，结合水系相关规划以及水环境改善部分的问题，规划对生态绿心内的河网水系进行优化连通，改善水动力。修复水网分为三类：①消除断头河：因地制宜新开河段，实现多源互补，丰枯调剂。②疏通淤积段：河道清淤、疏通，消除“卡脖子”河段，实现水流畅通。③河道暗改明：有条件河段打开暗渠盖板并根据周边用地条件适当拓宽（图7）。通过整治河道环境，提升两岸风貌，丰富滨水活动，实现荔林水乡景观资源的共享。

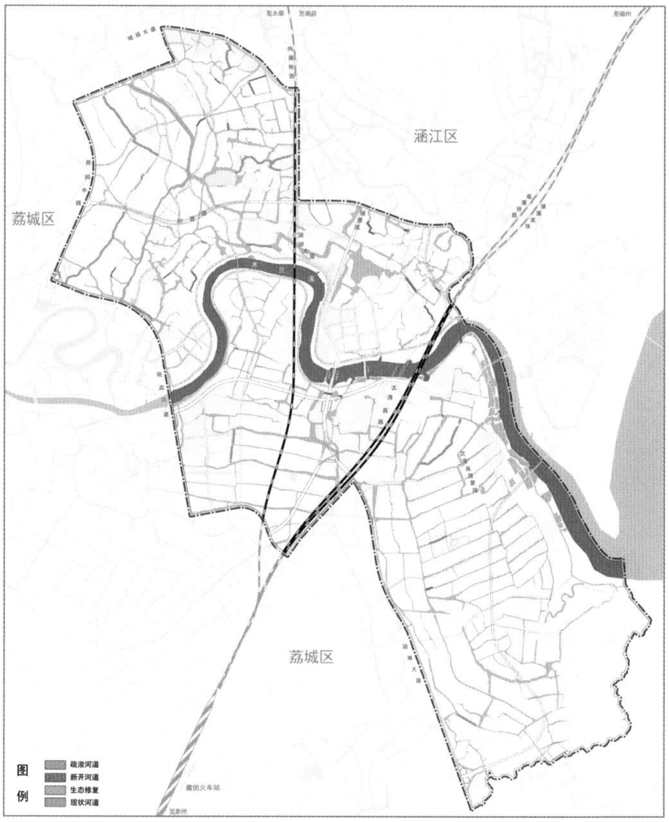

图7　莆田生态绿心水系整治图
Fig.7 Water System Improvement Plan of Putian Ecological Green Heart

（2）保存传统的水工设施

从唐贞观年间开始，在围海造田过程中修筑农业灌溉所需的各类水工设施，这些水工设施诞生于人与自然的艰辛博弈中，如今成为讲述莆田历史的化石，是传统治水智慧的结晶。规划保护在用的南、北洋活态水利遗产，恢复南、北洋堰闸控制系统，包括各级连通水系、末端小湖面、各级陂、坝、陡门、渠道陡闸、涵洞门阀组成的系统水利设施，可酌情恢复部分水闸、陡门的控制作用。建议设立宁海桥纪念馆和镇海堤博物馆，增加旅游观赏功能丰富其使用价值，使水工设施在当代得以保存和活化。

（3）复兴社庙文化空间

兴化平原的先民为了争取淡水资源曾主动结盟，以七境巡游的方式宣告对淡水资源的占有，由此形成人—水—地紧密联系的治理体系，莆田生态绿心地区普遍存在着的所谓“七境仪式联盟”，是负责水利、交通、赋税、治安、教育等公共事务的地域共同体，这些形成于明清的仪式联盟是兴化平原最重要的社会网络，社庙文化空间就是仪式联盟的物质空间载体。

据研究，现在绿心每个村庄平均拥有3.6间庙宇，有的多达18间；而每间庙宇平均供奉4尊神，最多可见35尊神，平均每个村庄14.5尊神。这一宗族联合体，历史上具有一些基层政权的职能，至今在经济、文化领域仍有相当的影响力。生态绿心内部具众多历史悠久的祠堂、宫庙社等公共建筑，村庄建设主要围绕这些公共空间展开，是乡村文化价值的集中体现，在进一步的村庄升级更新中，应有意识地保护好社庙文化空间，结合体育场地、绿地公园、老年活动中心等，将其活化为可供村民休闲的活力场所，通过绿道将社庙空间串联起来，丰富社庙空间的使用价值，形成民间文化展示群落，促进人水关系跨越时空的传承。

3.5 绿心利用：局部干预创造触媒，激活绿心整体发展

（1）以休闲带作为共享平台激活绿心的活化利用

绿心规划北洋构建中央休闲带，南洋打造滨海休闲带，以局部带动整体的方式带动绿心全域发展。绿心北洋地区基于传统风貌完好程度和山水观赏体验，确定城涵河道两侧，白塘路以北约 3 平方公里的高价值核心区。为改变绿心与城区联系较弱，整体封闭的交通问题，规划连通“井”字形道路，以此组织绿心的零散空间，满足游览与村庄交通的双重需求，形成内外极强的互动关系（图 8）。绿心南洋地区以提升海滨景观、人文和渔业资源的利用效率为目标，通过道路加强滨海交通可达性，发掘各村落生态及人文旅游资源，形成南洋平原水利文化遗产的展示序列，推动南洋绿心与城市发展初步接轨。

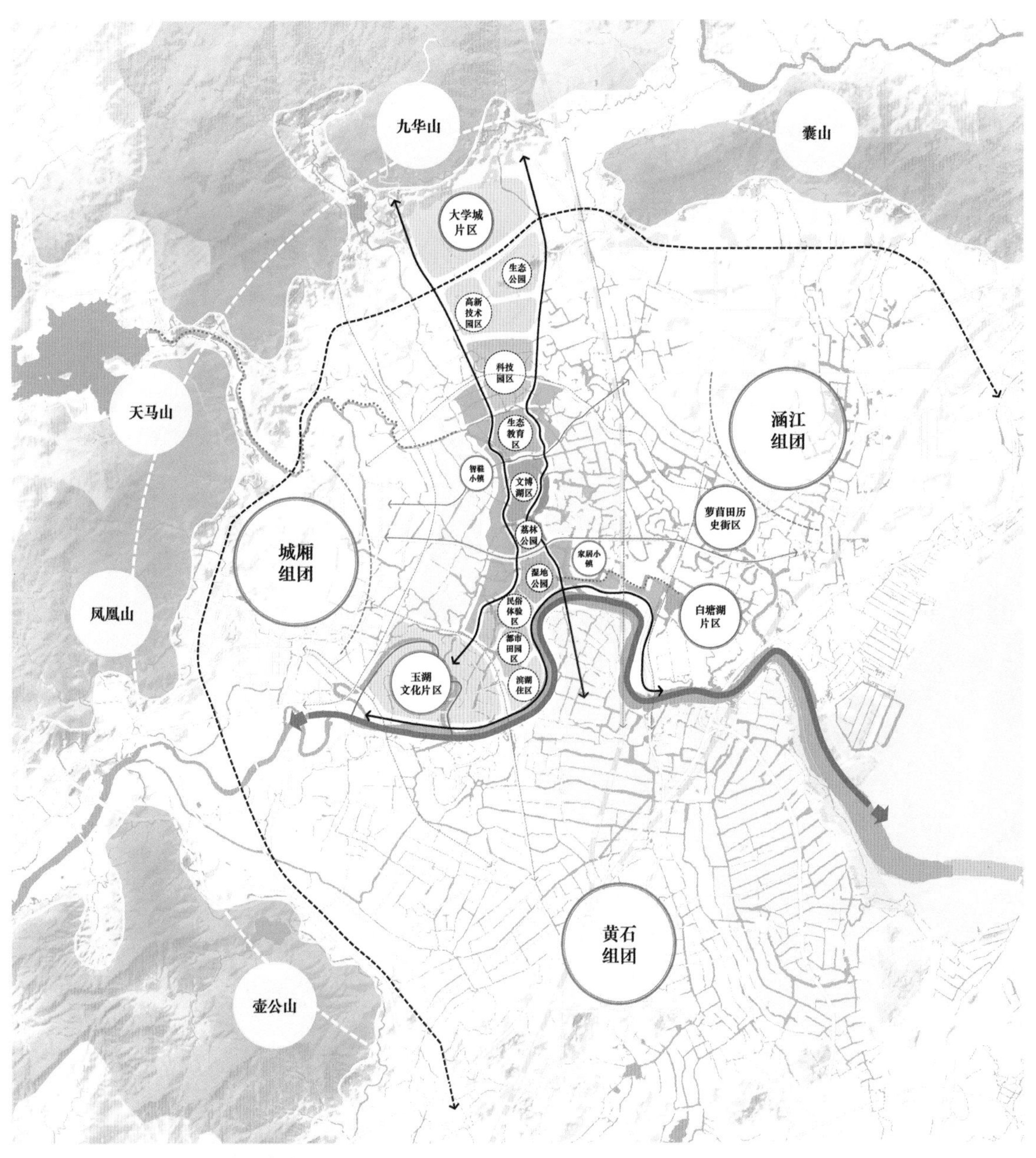

图 8 莆田生态绿心休闲带与区域关系图

Fig.8 Relationship Between the Leisure Belt of Putian Ecological Green Heart and the Region

（2）**以村庄的特色化推动绿心的整体发展**

顺应村庄发展规律和演变趋势，以“自上而下”的政府选点示范与“自下而上”的村庄整体发展相结合，鼓励政府、企业、设计人员、社会组织等多元主体参与村庄振兴，推动绿心的整体发展。根据不同村庄的发展现状、区位条件、资源禀赋等，按照特色保护、优化提升、搬迁撤并、一般保留的发展思路，分类推进乡村振兴。重点培育多个特色村落，优化村庄特色格局、风貌环境、文化体验。如洋尾村，应保护其“逐水而居、环湖而生”的聚落形态和“白塘秋月”的特色景观、“淇水环带”的东阳村、“一河穿村”的吴江村等多个特色村庄，对具有特色产业的七步村和陈桥村升级改造。

（3）**以旅游路径组织和山水视廊控制推动绿心的特色化营造**

①旅游路径组织。绿心高复合价值因水而生，特色资源在近水区域集聚。因此水上游览线路是集中展示荔林水乡魅力、水利遗产价值、社庙人文底蕴、莆仙民居神韵的重要路径。规划开设水上游览主航道和主题游线，如荔林水乡主题游线、进士名村主题游线、田园风光主题游线等；在重要节点设置码头，并对游览过程中重要桥梁位置和风格提出指引（图 9）。

②山水视廊控制。随着城市建设的空间拓展与高度骤增，莆田特色的五山环抱格局面临围堵危机。绿心得益于多年的保护与管控，看山望水的大尺度山水视线廊道仍然保留，经过现场调查确定——绿心是莆田城市山城填海特色风貌的最佳观赏地区。规划为保障莆田城市观山视线廊道的完整，提升城市特色空间风貌，控制北望九华山、南观壶公山的四条山体视线廊道（图 10），对绿心外围的莆阳新城、涵江、玉湖、高铁站片区城市建设提出管控要求，控制视线通廊上的建筑高度、色彩，建筑以小高层和多层为主，避免超高层建筑大规模建设，临近绿心的界面宜体现生态、绿色的新城意向。建议生态廊道布局主题多样的特色公园，

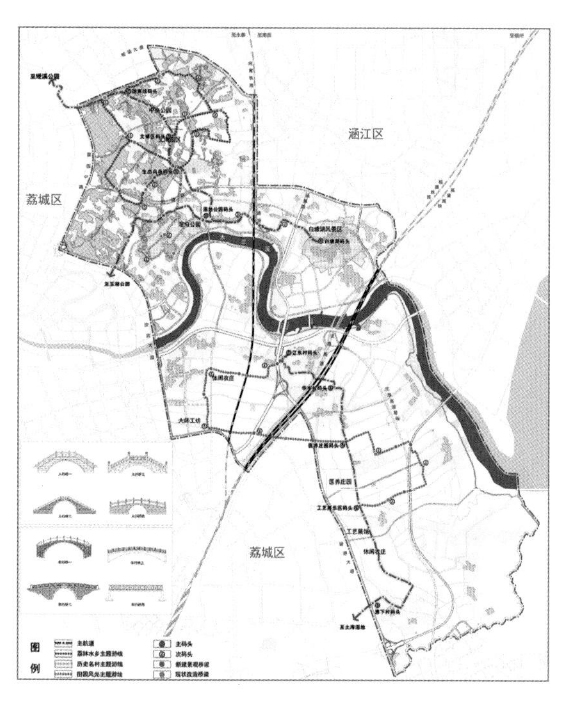

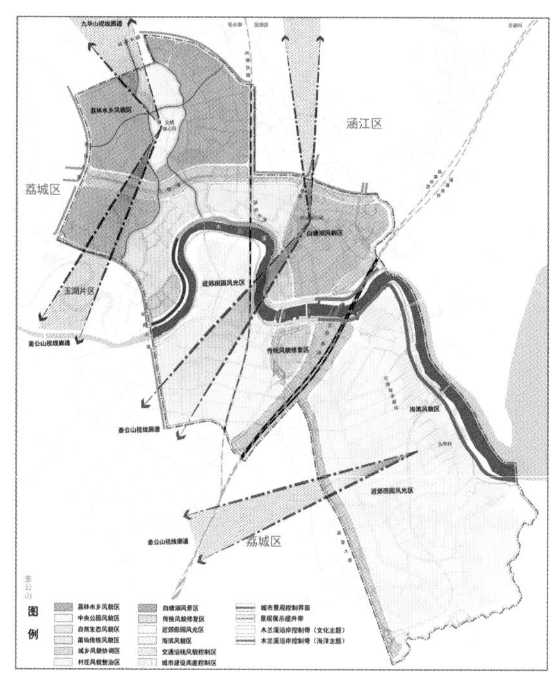

图 9　莆田生态绿心水上游线组织图
Fig.9 Water Tourism Line Plan of Putian Ecological Green Heart

图 10　莆田生态绿心山水视廊控制图
Fig.10 Landscape Corridor Control Plan of Putian Ecological Green Heart

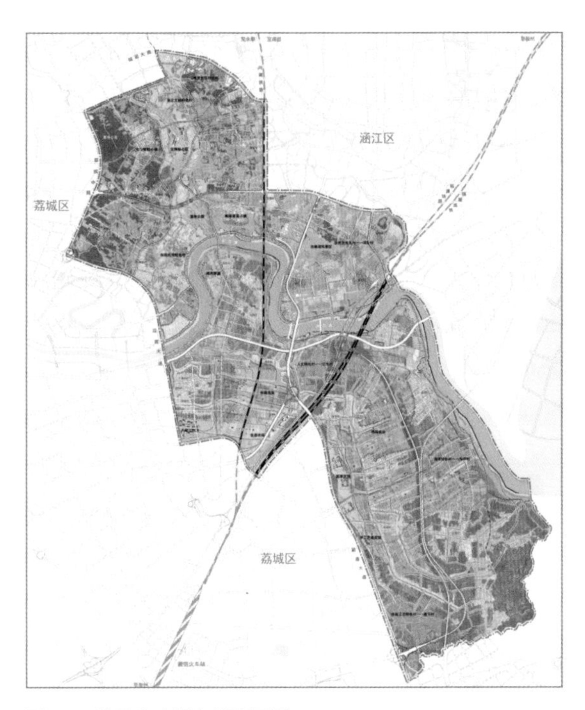

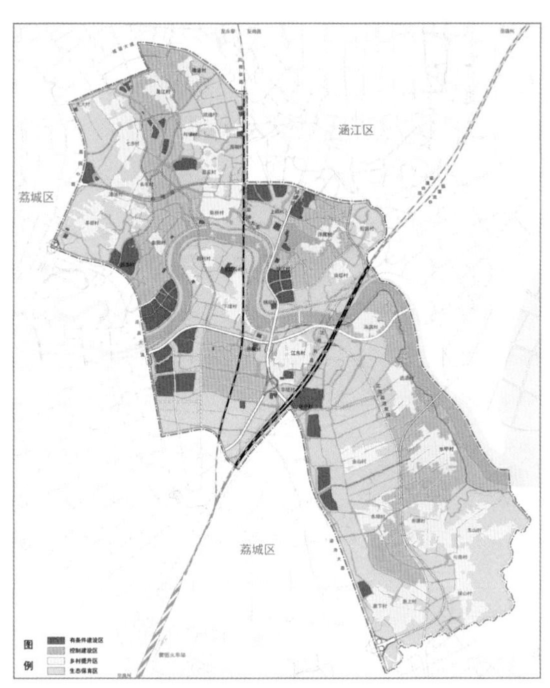

图 11　莆田生态绿心总平面图
Fig.11 General plan of Putian Ecological Green Heart

图 12　莆田生态绿心用地管控图
Fig.12 Putian ecological green heart land management and control map

如滨河公园、街头绿地等，形成丰富的空间体验。

（4）以刚弹结合的分区管控保障绿心的可持续发展

为有效传导规划意图（图 11），指引莆田绿心发展，满足刚性管控与弹性发展的总体需要，规划实行分区管控，划分为引导建设区、限制建设区和禁止建设区（图 12）。

①引导建设区。有条件建设区占比仅 5.7%。该区域是城市功能植入地区。规划要求该区内禁止建设任何将导致绿心污染的项目和有碍景观的项目；规划以保护为前提，不夺自然之美，严格控制各项用地规模、建筑密度、建筑风格，保护绿心特色。

②限制建设区。一方面，该区域是指绿心高价值地区，占比 16.6%，包括中央休闲带、滨海休闲带、生态农庄地区。以水系整治、景观提升为主，严禁任何破坏水体的活动。另一方面，该区域也包括村庄建设地区。加强农村资源环境的保护，保护村庄风貌，开展人居环境治理、垃圾处理、景观改造，有效提升村容村貌。为减少生态绿心一户多宅、民房空置等土地利用效率低下的问题，规划将以 2018 年卫星影像图为准，严格划定村庄建设用地边界，杜绝村庄建设用地继续蔓延的态势。

③禁止建设区。该区域占比高达 51.8%。这是绿心重要的生态空间，以生态环境保护和水网水系整治为主。保证基本农田使用效率前提下，可开展适度的休闲农业开发。

4 难点和创新点

（1）项目难点：莆田生态绿心规划难点在于规划对象是非建设地区，其中城乡建设、文化传承与保护、乡村振兴、水系治理等一系列矛盾，探索均质化、大尺度的非建设地区的开发模式，平衡非建设地区保护与发展的关系，甄别绿心的保护内容，选取抓手明确绿心的利用路径，实现绿心生态、文化和景观等多重价值的保护与利用是绿心规划的技术难点。

（2）创新点：面对生态绿心大尺度、均质化的现实基础和高期待的发展诉求，规划通过高点定位，确定绿心为“美丽莆田的人文客厅、环绿都市的生态花园”，采取化繁为简的思路与手法，对生态绿心 65 平方公里的高价值空间进行识别和选取，创造局部可干预的空间平台，以“井”字形道路改善高价值空间可达性，构建绿心发展格局，取得绿心保护与利用的平衡，促进绿心在专家领衔、政府干预、市场发力、人民参与等多方力量促进下的高质量发展。

5 项目运营组织的方法和经验

（1）“横向联合、垂直整合”的整合式规划。绿心规划与后续实施工作结合，项目以“横向联合、垂直整合、全程跟踪”的模式进行。由中规院作为技术总牵头单位，负责组织、指导、协调绿心相关规划的编制，全过程跟踪“绿心”的规划及开发建设。项目组两年来深扎莆田，开展大量驻场工作，通过项目组成员在地方政府挂职参与项目审查、运作、管控，形成了适应地方精细化运作管理的在地服务模式。

（2）“市场主导、政府引导、公众参与”的过程式规划。调动政府、学界、组建跨区域的创新管理。成立跨区域生态绿心管理委员会，组建生态绿心管理委员会，2020 年 10 月莆田市人大正式颁布实施《莆田生态绿心保护条例》，保障绿心地区的高质量发展。

（3）参与式规划。运用参与式规划的理念，尝试引入台湾社区营造理念，邀请著名专家夏铸九、黄永松等知名专家共谋绿心发展，将规划过程打造成为莆田城市品牌和绿心特色品牌的推广和塑造的实践活动，树立莆田以人为本、社会共建的样板。

北京南中轴地区概念性规划研究及永外—大红门—南苑森林湿地公园详细规划设计方案征集

Study on the Conceptual Planning of Beijing Southern Central Axis Area & Scheme Collection for the Detailed Planning of Yongwai-Dahongmen-Nanyuan Forest Wetland Park

执笔人：任　帅　韩永超

【项目信息】

项目类型：详细规划

项目地点：北京市

委托单位：北京市规划和自然资源委员会

北京市东城区人民政府

北京市丰台区人民政府

北京市规划和自然资源委员会丰台分局

北京市规划和自然资源委员会东城分局

主要完成人员：

主管院领导：杨保军　朱子瑜

项目负责人：刘继华　任　帅　荀春兵

项目参加人：

北京市规划和自然资源委员会：

秦铭键　马彦军　卫宝山

中规院（北京）规划设计有限公司规划设计二所：

韩　冰　李　荣　韩永超　王新峰　曹佳楠　李胜全　王　宁　李　君　魏祥莉　崔家华

中国城市规划设计研究院风景园林和景观研究分院：

韩炳越　刘　华　王　坤　郝　硕　郭榕榕　刘　玲　赵　茜

中国城市规划设计研究院城镇水务与工程研究分院：

司马文卉　胡小凤　王鹏苏　石鹏远

艾奕康环境规划设计（上海）有限公司：

梁钦东　刘泓志　杨　颖　刘丹丹　Hugo Errazuriz　涂　一　钱　睿　赵成刚　甘　琦　张云梦

【项目简介】

2018 年 4 月到 7 月，北京市规自委根据市委、市政府的工作部署，组织开展《北京南中轴地区概念性规划研究及永外—大红门—南苑森林湿地公园详细规划设计方案征集》国际竞标。本次竞标共吸引国内外 26 家设计单位应征，最终选定 5 家中外合作的设计团队参与竞标，其中我院和 AECOM 联合团队的竞标方案以第一名的优异成绩获得专家组全票通过。

本次规划竞标包括南中轴地区概念性规划和核心区详细设计两个层次，项目组立足于大国首都功能提升新视角，深入研究南中轴地区的历史文脉、资源本底和现状问题，借助大数据等新技术应用，通过多专业协作，对南中轴地区展开系统的研究和设计工作。其中概念性规划从落实总规新要求、北京传统中轴空间内涵、首都功能格局完善等方面重新审视南中轴地区的价值使命，创新性地提出了“大国首都新客厅、绿色漫步公园城”的目标愿景，并进一步明确南中轴地区的主要功能和空间布局方案。永外、大红门和南苑森林湿地公园地区的详细设计在深入挖掘场地自然和历史人文资源、详细调查现状建设和用地疏解腾退要求，广泛征求百姓诉求的基础上，提出系统的城市更新和公园设计策略，形成深化的城市设计和景观设计方案，并针对永外遗产公园、大红门御道步行街、南苑森林湿地公园核心区等重要节点提出详细的空间设计意向。

[Introduction]

According to the arrangement of Beijing Municipal Government, the Beijing Municipal Commission of Planning and Natural Resources organized the international competition for the Study on Conceptual Planning of Beijing Southern Central Axis Area & Scheme Collection for the Detailed Planning for Yongwai-Dahongmen- Nanyuan Forest Wetland Park from April to July 2018. There were 26 planning institutions from China and abroad that applied for this project, and 5 of them were selected to participate in the competitive bidding. Finally, the plan proposed by the joint team of CAUPD and AECOM was approved unanimously by 13 experts and won the 1st place.

There are two levels involved in the planning content of this competitive bidding: conceptual planning of the Southern Central Axis Area and detailed planning of the core area. From the perspective of improving the capital function, the plan studied the historical context, current resources, and existing problems of the Southern Central Axis Area, and conducted systematic research and did design work for this area by adopting new techniques and through multi-disciplinary cooperation . The conceptual planning systematically studied the value and mission of the Southern Central Axis Area, innovatively put forward the vision as “a New Hall of the Capital and a City of Green Walkable Park”, and further specified the main function and spatial layout of this area. The detailed planning of Yongwai-Dahongmen-Nanyuan Forest Wetland Park carried out an in-depth study by exploring natural and cultural resources, identifying existing problems, investigating land use requirements, and widely collecting the suggestions of residents and experts. On such a basis, systematic urban renewal schemes and park design strategies were proposed and the detailed urban design and landscape design schemes were formed in the detailed planning. Moreover, detailed spatial design strategies for important nodes such as Yongwai Heritage Park, Dahongmen Royal-way Pedestrian Mall, Nanyuan Forest Wetland Park Core Area were also proposed in this part.

1 项目背景

南中轴地区位于北京中心城区南部，北起南二环、南至南五环、西至京开高速，东至成寿寺路和凉水河，面积约 99 平方公里。历史上，南中轴地区曾是明清皇家苑囿南苑所在地，是北京城市空间格局中的重要组成部分，曾承担过观赏游览、娱乐休闲、生产储备、生态调节、外交门户等重要功能，具有重要的文化和生态价值。改革开放以后，南中轴地区逐渐发展为中国北方最大的服装批发市场集聚区，成为当前中心城区的发展短板和价值洼地，功能业态低端、公共服务失配、基础设施不足、城市品质欠佳等诸多问题日益凸显（图 1，图 2）。

近年来，随着雄安新区和大兴机场等重大项目的落地实施，北京南城迎来了新的发展机遇。北京市委、市政府高度关注北京南城地区的发展，2017 年 7 月 4 日，蔡奇书记到丰台区进行调研，指示要通过国际竞标的方式，统筹考虑、系统谋划南中轴地区的发展蓝图。2018 年 4 月 3 日，为落实蔡书记指示，北京市规自委会同丰台区政府、东城区政府开展《北京南中轴地区概念性规划研究及永外—大红门—南苑森林湿地公园详细规划设计方案征集》国际招标，本次竞标吸引了来自中国、美国、法国、荷兰等 8 个国家及地区的 26 家设计单位应征，最终选定 5 家中外合作的设计团队参与方案竞标工作。2018 年 7 月 19 日，经以何镜堂院士为组长的专家组投票表决，我院和 AECOM 联合团队提交的五号方案以 13 票全票支持获得了本次竞标的第一名。

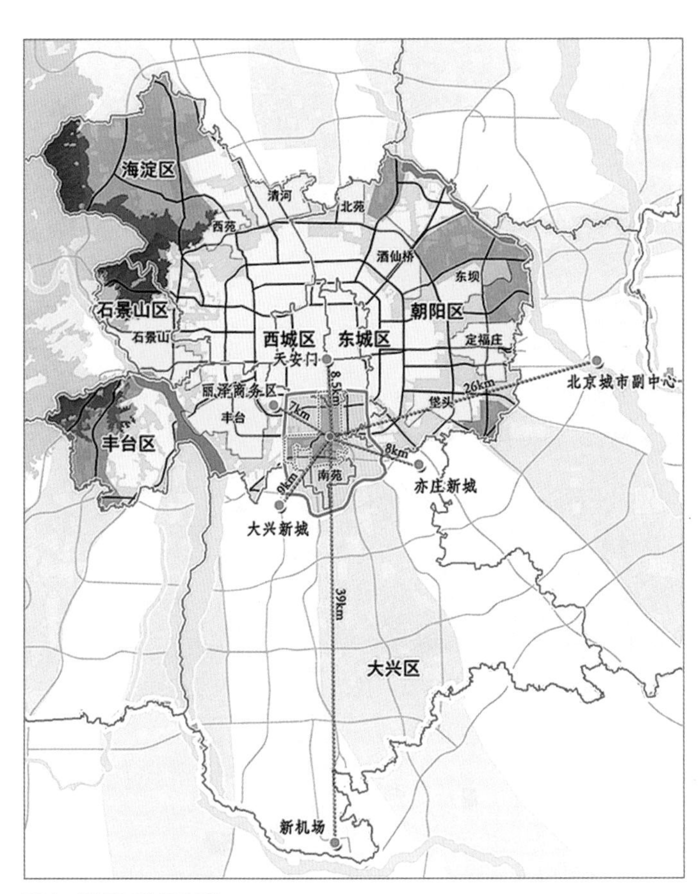

图 1　项目区位示意图
Fig.1 Project Location

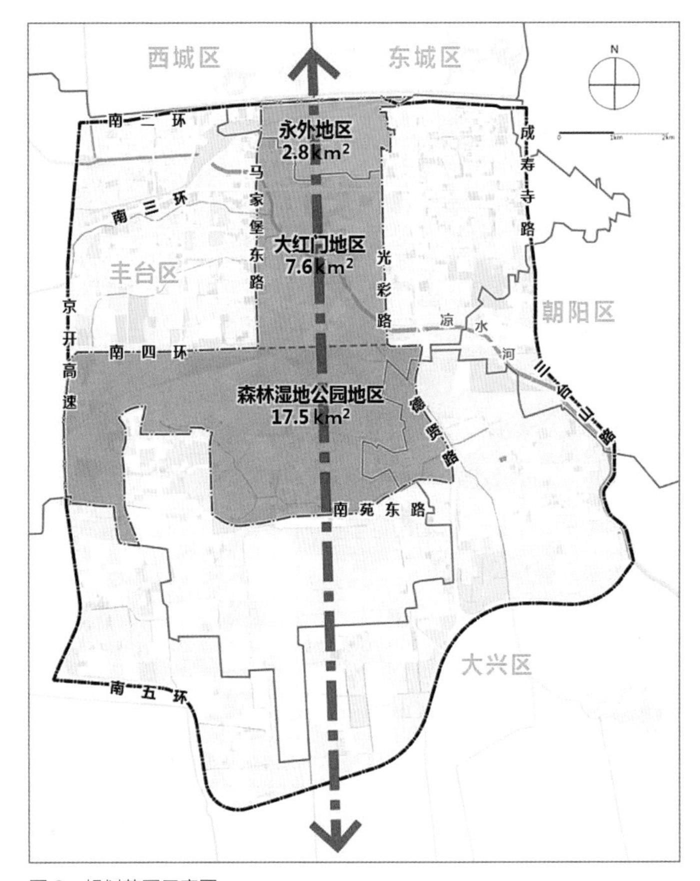

图 2　规划范围示意图
Fig.2 Planning Area

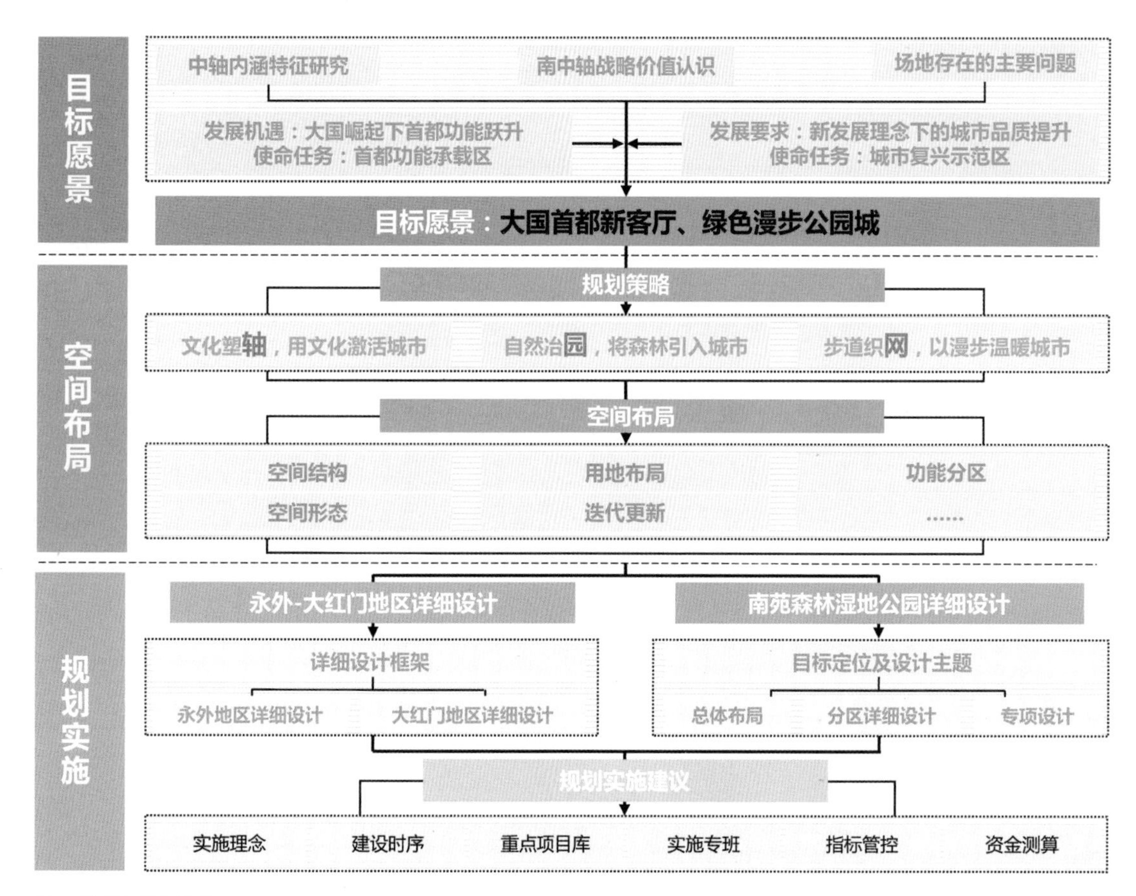

图 3 规划技术路线图
Fig.3 Technical Routes

2 规划思路

本项目主要包括南中轴地区概念性规划研究和永外—大红门—南苑森林湿地公园详细规划设计两部分工作（图 3）。

2.1 概念性规划研究部分

重点从中轴线内涵特征、战略价值和现状核心问题等方面切入，深入研究南中轴地区的发展使命，结合北京市首都功能跃升、中央关于北京城市建设的新理念和新要求，提出南中轴地区“大国首都新客厅、绿色漫步公园城”的目标愿景，并明确了以文化和国际交往为核心的五大功能体系。

规划融合现代和北京都城传统营造理念，以“文化”“生态”和“人民美好生活”为主线，提出三大规划策略：（1）文化塑轴，用文化激活城市；（2）自然治园，将森林引入城市；（3）步道织网，让漫步温暖城市。在用地布局上，沿轴线植入创意商务、文化交流、国际交往等核心功能，四环以北重点挖掘可更新用地，增补绿地和城市服务，四环以南促进生态修复和功能重构，打造融入公园的功能组团，重塑舒朗格局（图 4）。在总体空间布局基础上，明确南中轴地区的功能分区、空间形态和用地迭代更新方案。

最后，规划从多元融合的文化印记、文化驱动的高效经济、多维自然的生态系统、绿色主导的交通出行、疏朗有序的景观风貌、智慧韧性的基础设施等方面明确规划支撑系统；从政策支持、规划管控、项目引导、建设时序四个方面提出规划实施建议。

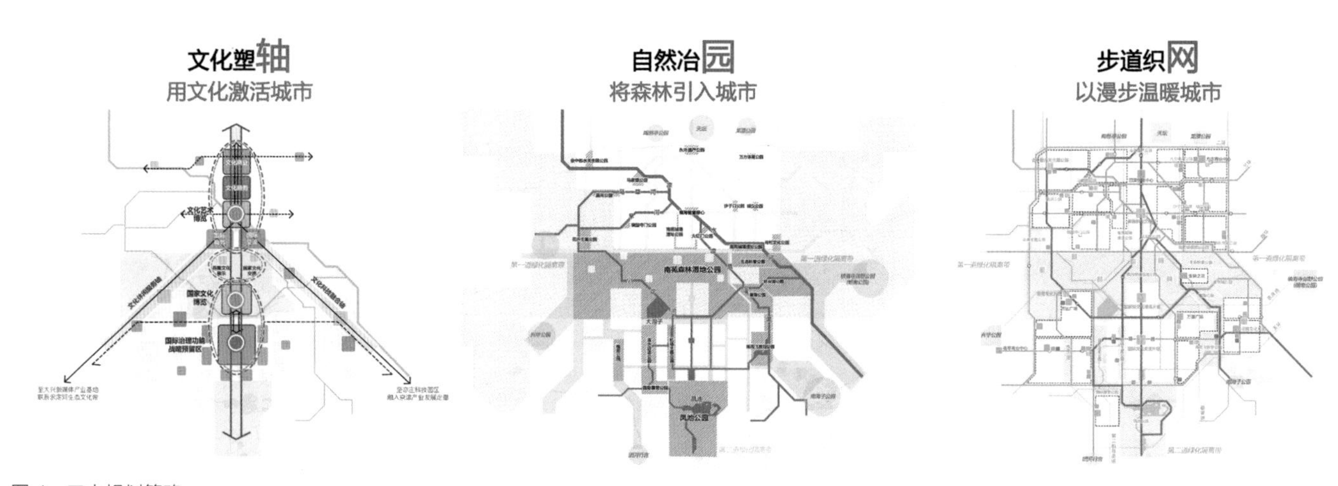

图 4　三大规划策略
Fig.4 Planning Schemes

2.2 核心区详细规划设计部分

永外—大红门地区详细设计：基于现状底账、现状问题梳理，结合民生发展诉求，搭建详细设计框架，就永外—大红门地区整体的空间结构、用地布局、交通组织、绿地及开敞空间、公共服务设施、地下空间、存量建筑等进行系统性规划；分别对永外、大红门地区的总体定位、功能分区进行深入研究，针对永外遗产公园、百荣创意中心、福海智慧绿心、大红门博物馆公园等重要节点进行深化设计；从高度、强度、地下空间、建筑风貌等方面提出规划实施管控方案。

南苑森林湿地公园详细设计：通过梳理现状基本情况，挖掘南苑千年历史文化，系统研究北京生态格局，首先制定公园设计目标和景观风貌，形成“生态为底、文化为魂、功能为本、城园融合”的总体设计思路；其次明确公园各功能分区，对各片区的功能定位、设计主题、重要景区景点进行深化设计；最后对文化、水系、交通、植物、生物多样性等专项系统工程提出具体设计管控要求（图 5）。

3 特点与创新

3.1 面向大国首都跃升的功能安排

大国崛起的背景下，北京应着力提升全球治理参与度、全球文化影响力和全球人才吸引力。南中轴地区作为首都功能优化重组的最大潜力地区，应成为首都功能跃升的重要载体，支撑大国首都功能体系的完善。因此，规划围绕“四个中心”定位，重点建设文化和国际交往功能核心区，成为展示国家文化自信、开展对外交往活动的“新客厅”（图 6）。

结合场地历史印记，以文化为统领由北向南建设传统文化展示、现代文化交流、国家文化博览和国家文化纪念功能区，与老城共同构成首都文化中心“双核”格局，展示大国风采和国家文明成就。结合场地疏解腾退，在大红门地区建设首都商务新区，在和义地区预留国际文化交流功能区，在南苑机场地区战略谋划国际文化交往功能区，面向大兴机场引领中心城区南向扇面崛起，重点承接国际组织、高端智库、国际传媒等全球治理功能，与老城—首都机场方向共同形成首都国际交往中心“两翼”格局（图 7）。

3.2 彰显中国气质的轴线空间设计

北京传统中轴线是中国古代都城中轴线的集大成者。对比西方轴线，北京传统中轴线将“天人合一”“礼序乐和”“美善交汇于中”等中国文化进行集中的空间化表达，使得整个城市沉浸于礼仪、规范和传统审美

图 5 核心区详细设计空间效果图
Fig.5 Airview Map—Urban Design Area

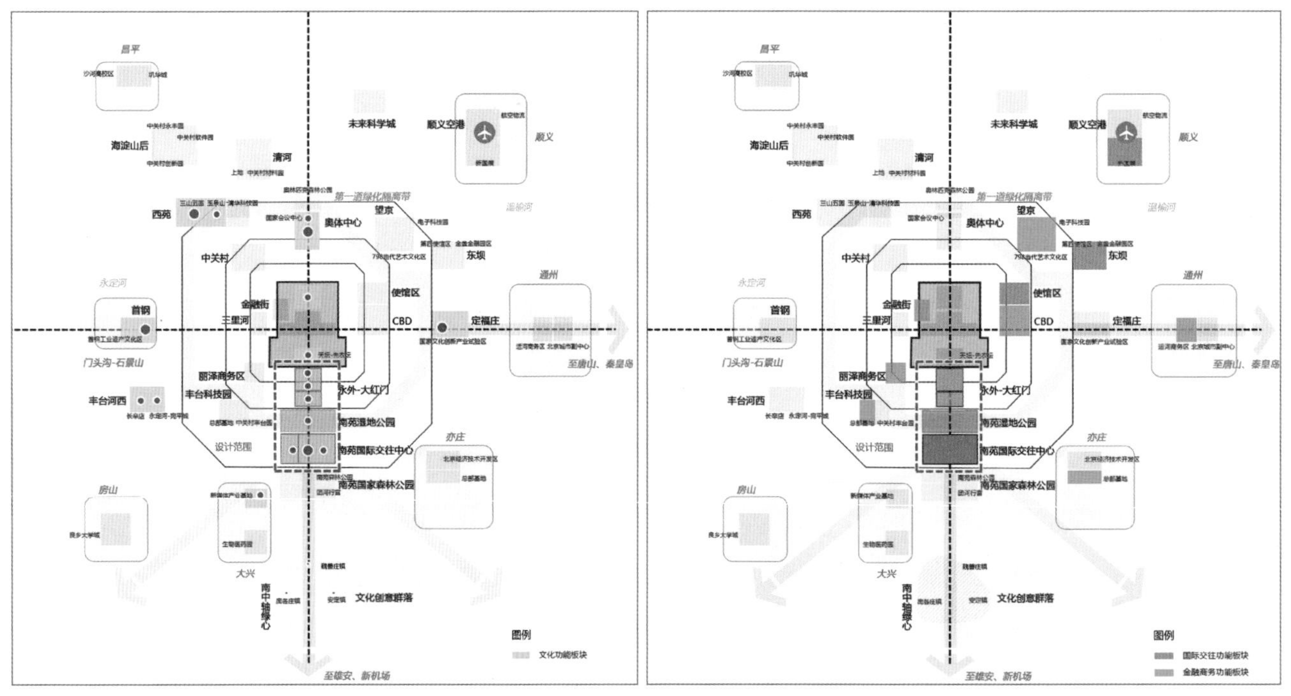

文化中心：由老城和南中轴地区共同构成文化功能布局的“双核”

国际交往中心：由老城—首都机场方向和南中轴—大兴机场方向共同形成“两翼”格局

图 6 北京市文化和国际交往功能规划布局构想图
Fig.6 Cultural and International—Communicational Function Distribution

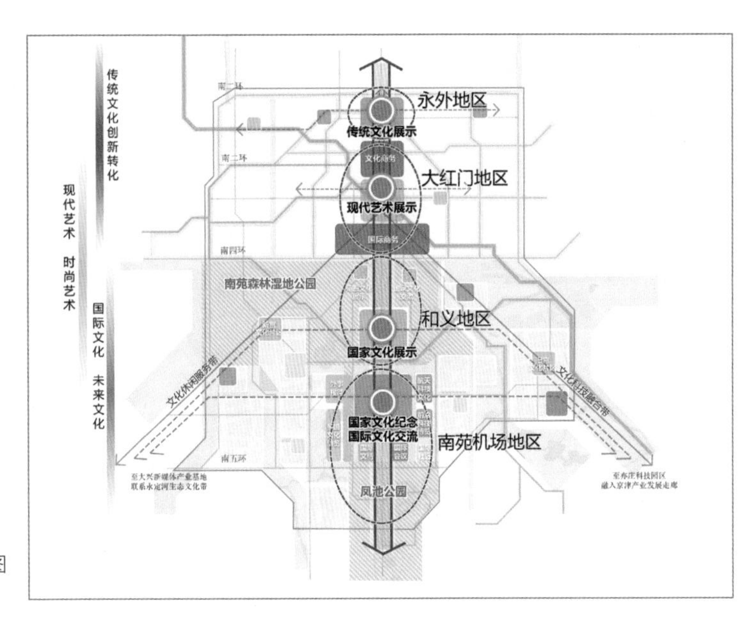

图 7　南中轴地区空间规划图
Fig.7 Spatial Structure

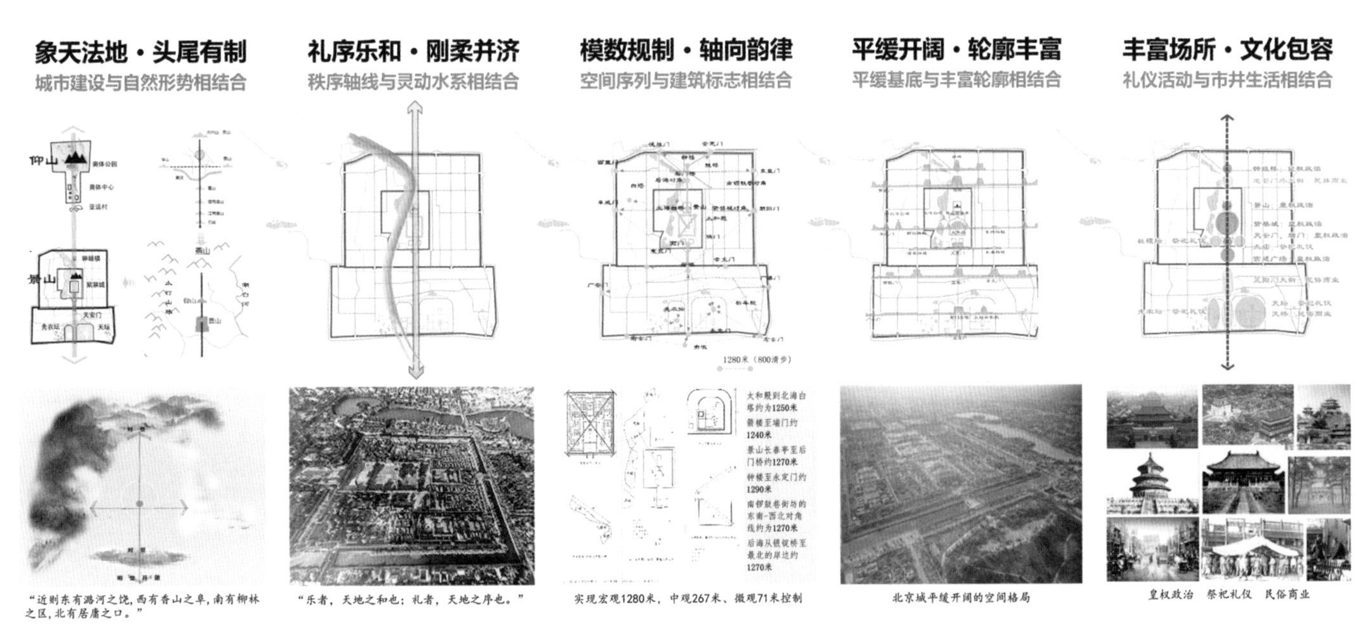

图 8　传统中轴线空间设计手法
Fig.8 Design Techniques of Traditional Axis Space

之中。通过对格局、结构、尺度和视觉标志等空间元素的巧妙布局设计，整体性地表达了“永恒的民族精神、未来的大国气度，现代化的首都形象”。规划传承与借鉴北京传统营城理念，采用“象天法地、天人合一，礼序乐和、刚柔相济，轴向韵律、步移景异，平缓开阔、轮廓丰富，丰富场所、文化包容”的设计手法，以独具中国气质、面向国际的城市风貌展现首都城市建设风范（图 8）。

以“礼序乐和、刚柔并济”为例，在明清北京的都城营造中，有中轴线上礼仪性城楼、宫殿构建而成的秩序礼轴，也有游憩性“六海”“西苑”等构建的灵动乐轴，形成礼乐轴线相辅相成的格局。这一手法在北中轴的空间设计中得以延续，以秩序的中轴大道与灵动的龙形水系结合，形成北中轴的礼乐规制。规划遵循“礼序乐和、刚柔并济”的原则，打造虚实相济、礼仪感与活力性并存的中轴脉络，沿中轴路设计秩序性空间序列为礼轴，循御道串联文物节点和公共空间为乐轴（图 9）。

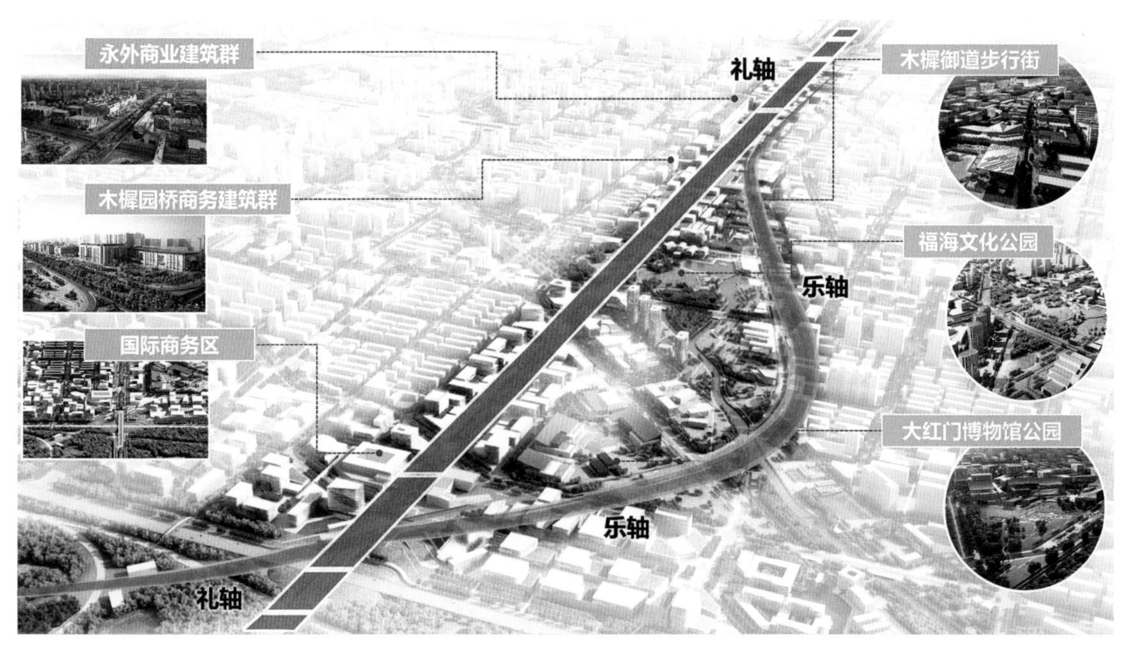

图 9 “礼序乐和、刚柔并济”的设计手法
Fig.9 Design Techniques-Integration of Rigidity and Elasticity

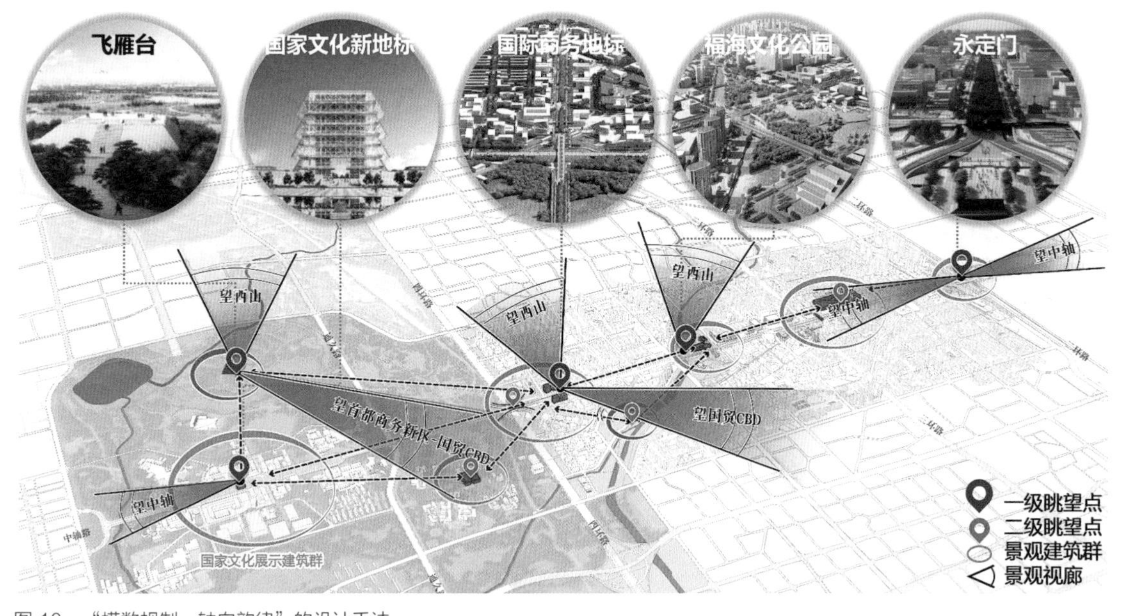

图 10 “模数规制、轴向韵律”的设计手法
Fig.10 Design Techniques-Adoption of Traditional Modulus and Rhythm of Axial Direction

以“模数规制、轴向韵律”为例，模数是中国传统礼文化体系空间化的重要方面，明清北京城在节点和场所营造方面存在着严格的模数规制，常用的模数由 46 元、173 元步、400 清步、800 清步（1280 米）等，其中主要节点建筑多采用 800 清步为模数（张杰，2012）。在南中轴的节点设计中，沿袭传统空间模数，以 1280 米为一级模数，沿轴打造 8 个一级景观节点，包括永外遗产公园、百荣创意中心、福海文化公园、大红门艺术公园、凤池公园等。以 640 米为二级模数，设置国际会议中心等多个二级景观地标，形成虚实相间、主题丰富的轴线韵律（图 10）。

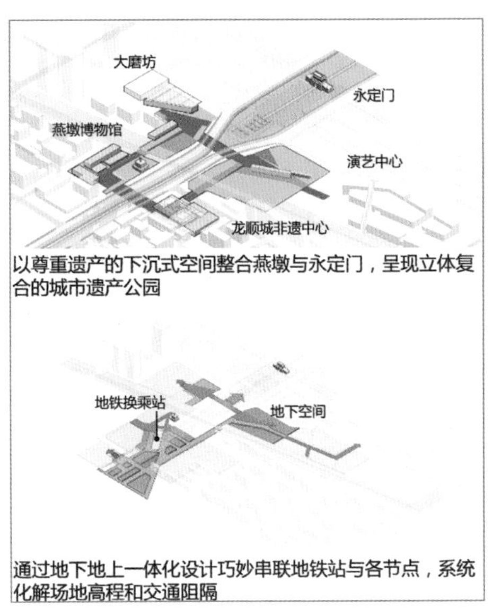

图 11 节点设计效果图——永外遗产公园
Fig.11 Node Design—Yongwai Heritage Park

3.3 传递无界友善精神的场所营造

针对场地内业态低端、文化消退、绿地不足、空间失序等核心问题，规划提出系统的城市更新策略，补足民生短板，提升宜居环境品质，建设以人民为中心的绿色公园城。重点围绕文化印记、生态环境、城市经济、绿色出行、公共服务等五个方面提出规划指标体系。同时，结合现场座谈调查，完善公共服务，增加小微绿地，打造窄路密网示范区，改善百姓生活与出行环境。结合用地疏解腾退，植入高端服务功能、以多样化设计缝合织补城市慢行空间、塑造多样化公共空间、重塑滨水休闲空间，营造无界友善的人文场所。

以永外遗产公园为例，永定门、燕墩曾共守古都中轴南端，如今被铁路和道路隔为孤岛。规划通过立体城市与景观空间串联地铁站与永定门、燕墩等节点；以尊重遗产的巧妙空间设计，建设“立体复合的城市遗产公园”（图 11）。

以大红门博物馆公园为例，规划恢复大红门南苑入口意向，适应性保护利用宫殿遗址、城墙遗迹，建设园林式博物馆聚落，形成活态遗产展示的实践区，打通至南苑公园的漫步通廊，将公园延伸到城市中心区。由此，创造性的重现千年苑囿格局，打造“城市中的苑囿”（图 12）。

3.4 倡导自然和谐理念的公园设计

针对现状生态空间退化、水网湿地萎缩、热岛效应显著等问题，规划通过系统的生态修复策略，打通一、二道绿隔，恢复历史湖泊湿地，预控八条通风廊道，完善区域生态格局，构筑生物踏脚石，改善动植物栖息环境（图 13）。

南苑森林湿地公园以“无界自然 · 千年绿苑”为主题，以文化、生态和活力为主线，恢复重要历史文化印记，打造森林、湿地保育核心，为市民构建主题丰富的生态游憩空间。公园设计方案秉承“万木葱茏、百泉涌流”的历史风貌，因地就势，再现南苑“真野趣、大自然”景观风貌；利用再生水厂，结合雨洪排涝、地下水回灌，形成丰富水网体系，预留弹性水面空间，设置多路净化系统，保留现状大树、林地，营造水域、

图 12　节点设计效果图——大红门博物馆公园
Fig.12 Node Design—Dahongmen Museum

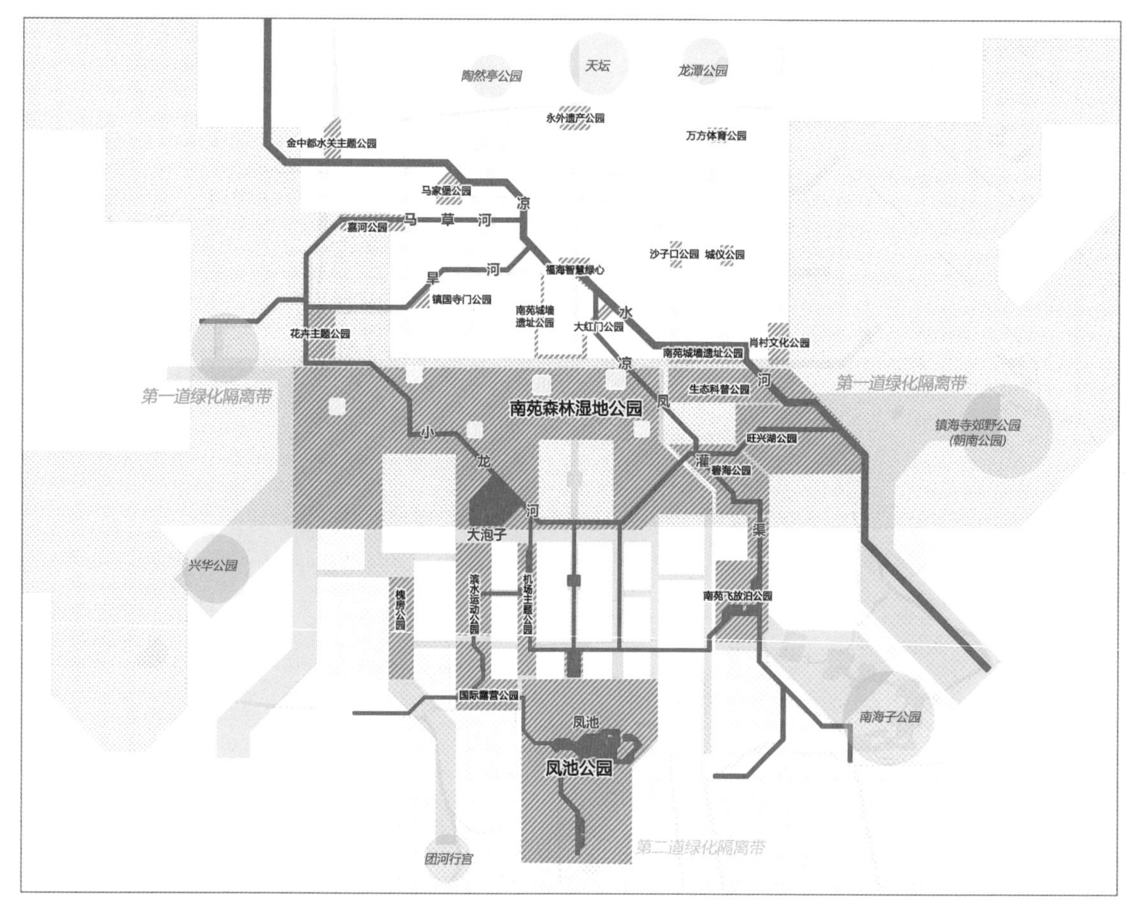

图 13　公园系统规划图
Fig.13 Park System

图 14　南苑森林湿地公园效果图
Fig.14 Airview Map—Nanyuan Wetland Park

灌草、森林、林园 4 类 11 种自然生境，为动物提供多样化栖息场所；恢复一亩泉水系、潘家庙古苑墙、大红门古御道等，重现南苑历史格局；规划 15 公里环形主路串联若干休闲节点，可跑步慢行、森林运动、生态体验，为游客提供高品质的自然体验之旅（图 14）。

3.5 服从战略目标的精明实施策略

尊重现状肌理，落实迭代更新的规划理念。尊重现状用地的产权边界，对建设用地的改造潜力进行系统评估，结合南中轴地区的产业腾退与疏解、棚户区改造、重点项目选址落位，做到腾退一批、实施一批，逐步推动规划功能的落地实施。

近期：重点项目带动、植入发展触媒。落实“中轴申遗”和“疏解整治促提升”两大专项行动要求，结合可改造用地资源和代表南中轴地区未来发展的关键节点，以蓝绿空间为重要抓手，以中轴线景观重塑为重点，优先启动永外遗产公园、福海文化公园、大红门文化公园和南苑森林湿地公园起步区建设，改善南中轴沿线环境品质，并推动南中轴路北端景观改造及通久路、第二机场高速等重要基础设施建设。

中期：公共服务带动、推进系统提质。重点推进中轴路景观改造和沿线主体功能区建设，对凉水河、小龙河等主要水系进行生态修复和景观改造，完善区域轨道线网，推动新宫、旧宫等地区城市修补，推动凤池公园、飞放泊等主题公园建设，连通南北绿廊，打通北京一道绿隔。

远期：重大活动带动、全面提升品质。全面推动南中轴地区规划实施，推进大南苑公园群建设，实现大南苑文化复兴，引领南城功能层级全面提升。通过举办国家级文化博览会、重要国际会议、重大国家庆典和纪念活动等大事件，引领南城复兴，促进北京南北均衡发展和首都功能格局完善（图 15）。

4 项目组织方法与经验

考虑到该项目的重要性、复杂性和时间急迫性，项目组制定了严格的时间计划，并结合项目特点，在杨保军院长和朱子瑜总规划师的带领下，中规院北京公司规划二所作为牵头单位，统合 AECOM 公司、中规院

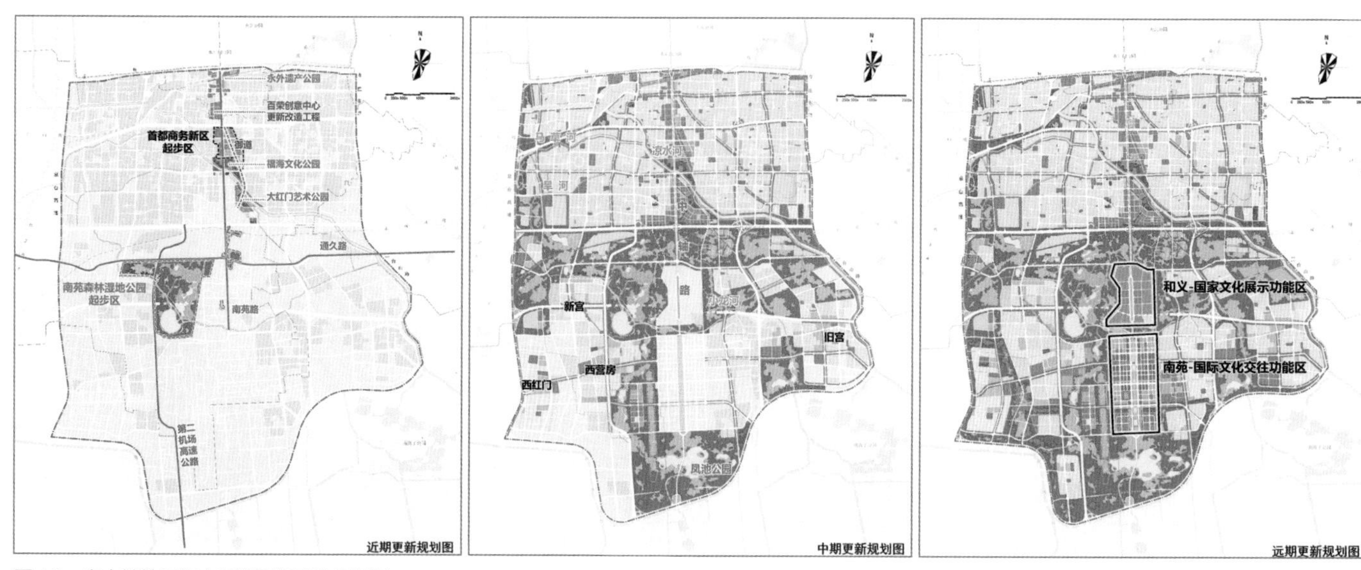

图 15　南中轴地区近中远期更新实施规划图
Fig.15 Time Implementation

风景分院、水务院组建了多个专业小组，通过多视角的研究，发挥多专业协作的能动性，借助新技术工具，对南中轴地区的发展做系统的论证和研究。

多视角研究。首先是自上而下的宏观研究，从中轴线的空间和时间价值、首都功能格局的完善角度入手，战略思考落实总规要求，高起点定位南城功能，引领南城发展从边缘走向核心。其次是自下而上的微观设计，结合市民诉求、针对突出问题制定系统的城市更新和公园设计策略，以人为本，改善南城自然生境和人居环境。

多专业协作。结合项目特点，组织规划、城市设计、生态、交通、景观、建筑等专业人员形成 6 个工作小组，由规划组统筹协调，通过 workshop 方式推动各专业协同作业，相关技术组按需组合，分阶段突破核心问题。

新技术应用。借助大数据研究等技术方法，研判北京功能格局和地区设施缺口，为规划编制提供决策参考。利用区域气象数据，研判南中轴地区的通风廊道预留，完善区域生态结构。融合生态学、景观学等学科知识，提出城市生态栖息地系统构建及修复策略。

中国（海南）自由贸易试验区三亚总部经济区及中央商务区规划纲要及综合方案

Planning and Design of the Sanya Headquarters Economy Zone and the CBD Starting Area, China (Hainan) Free Trade Zone

执笔人：郝凌佳　蔡　昇

【项目信息】

项目类型：城市设计

项目地点：三亚市

委托单位：三亚市自然资源和规划局

主要完成人员：朱子瑜　胡耀文　慕　野　郝凌佳　蔡　昇　胡朝勇　吴丽欣　张哲琳

【项目简介】

三亚总部经济及中央商务区的规划建设是海南省建设自贸区、自贸港的十二个先导性项目之一，具有一定的探索性和引领性。规划贯彻落实国家对海南自贸区港建设的战略要求，在三亚城市“双修”的工作基础上，延续城市更新理念，因地制宜选取中心城区核心地段的存量建设用地，通过织补式设计手法衔接自上而下的功能要求与自下而上的更新诉求；将城市设计控导理念贯穿顶层设计至实施管控，通过精细化城市设计导则，强调地块三维形态的实施管控引导；通过组织国际专家咨询、举办国际方案征集，充分体现“规划统筹，专家引路，多方合作”的多元化，形成面向实施的规划设计综合方案。

[Introduction]

The planning and construction of the Sanya Headquarters Economy Zone and CBD Starting Area is one of the twelve pilot projects of China (Hainan) Free Trade Zone and Free Trade Port, which is meaningful and forward-looking. Effectively implementing the requirements of the strategy of building the China (Hainan) Pilot Free Trade Zone, and based on the work of city betterment and ecological restoration in Sanya, the planning reinforces the concept of city regeneration, selects the stocked construction land at Sanya's central city, and links the requirements of the old city renovation and the city's new function through stitching-like design methods. The urban design concept works through the entire process of the project, and detail urban design guidelines are used to strengthen the control over the construction land. Through the collection of international competition schemes and suggestions of international experts, an implementation-oriented comprehensive planning and design scheme is finally formulated, which fully demonstrates the characteristics of “planning coordination, experts' guidance, and multi-party collaboration”.

1 项目背景

2018 年，习近平总书记在海南建省办经济特区 30 周年大会上发表重要讲话，赋予海南经济特区改革开放新的重大责任和使命，建设自由贸易试验区和中国特色自由贸易港，发挥自身优势，大胆探索创新，着力打造全面深化改革开放试验区、国家生态文明试验区、国际旅游消费中心、国家重大战略服务保障区，争创新时代中国特色社会主义生动范例。这是海南发展新的重大历史机遇，海南，又一次站到了时代的前沿。

为贯彻落实中央要求，海南省委、省政府提出率先在海口和三亚以世界一流标准打造海南自由贸易区(港)总部经济区。三亚市委、市政府紧扣全省自贸区（港）建设要求，研究部署贯彻落实工作，委托中规院为统筹牵头单位，启动三亚总部经济及中央商务区的规划建设，并作为海南省建设自贸区自贸港的十二个先导性项目之一，展现三亚责任担当。

2 规划思路

三亚是全国瞩目的著名热带海滨风景旅游度假城市，面对全省建设自贸区港、三亚建设总部经济区的重大战略部署，中规院分两阶段开展工作，第一阶段从全市一盘棋角度，编制面向自贸区港建设的全市总部经济规划纲要，研究总体定位与规划原则，分阶段分时序统筹总部经济区建设；第二阶段以规划纲要为指导，确定总部经济启动区，开展面向实施的详细设计。整个工作过程体现以下特点：

2.1 因地制宜，以存量更新理念，选址布局总部经济区

从三亚背山面海、用地狭长、腹地纵深短，城市发展空间有限的用地制约考虑，以及三亚多年在城市核心区坚持城市更新以及棚户区改造的扎实基础，规划没有复制传统“新城、新区”的中央商务区建设模式，而是结合三亚山海资源禀赋和城市布局特色，延续城市双修，利用核心区的存量建设用地和棚户区改造用地，布局相关产业功能，建设一个从城市既有骨架上生长出来的特色总部经济区。

2.2 特色引领，以城市资源禀赋，明确功能与产业配置方向，错位发展

从全省同城化、全市一盘棋角度出发，利用三亚旅游城市的功能基础与产业优势，在全省“三区一中心”总体战略定位下，凸显三亚在国际旅游消费中心、生态文明试验区以及国家深海南繁科技创新等战略部署中的重要担当，进而提出三亚总部经济区建设国际化的区域总部集聚区和国际旅游消费中心的引领区的功能定位，并重点完善自由贸易服务、国际邮轮母港及国际游艇港配套服务和文化艺术综合消费以及国际人才服务配套等功能，突出三亚作为国际滨海旅游城市的特色吸引力。

2.3 工作组织，以“规划统筹，专家引路，多方合作”的模式，形成综合实施方案

中规院作为规划统筹牵头单位，在整个规划工作过程中，先通过组织国际专家研讨会，对全市自贸区港建设规划纲要研讨开展咨询，并充分吸纳专家建议完善规划纲要；再开展总部经济启动区国际方案征集活动，融合各家设计亮点，形成面向实施的综合方案。先后共有数十位国内外城市规划建设领域的院士、专家的建议，以及上百家全球规划设计机构的优秀理念。

3 主要规划内容

规划分为规划纲要和综合方案两个层面。规划纲要系统谋划全市总部经济及中央商务区的总体布局、确定建设时序和首期启动区实施单元，并对营商环境、产业发展、交通体系、公共服务、基础支撑等提出规划指导；综合方案面向近期实施，在启动区凤凰海岸、月川、东岸、海罗四个实施单元共计 439.23 公顷规划范围内，结合国际方案征集的设计亮点和专家意见，形成具有操作性的设计方案及管控要求。

3.1 规划纲要：以“一心两翼、三区多点”引领全市总体布局

紧扣全省建设自由贸易试验区和中国特色自由贸易港的总体发展要求，围绕全省“三区一中心”的总体定位和建设总部经济及中央商务区的有关要求，突出三亚发展优势，体现“一市、三区”的三亚担当：打造自贸环境建设先行区；创建全国生态文明示范市；建设国际旅游消费中心引领区以及深度融入海洋强国、“一

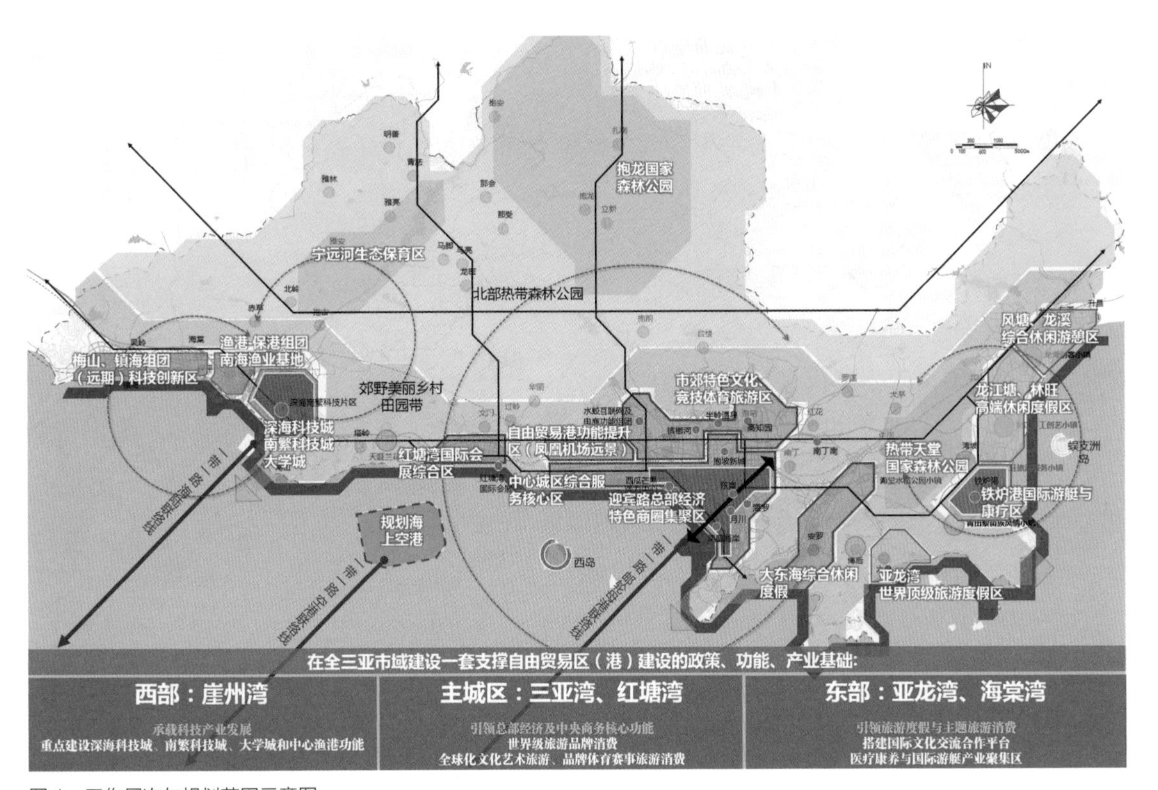

图 1　工作层次与规划范围示意图
Fig.1 Planning Area and Overall Spatial Layout of Sanya

带一路”建设、军民融合发展等重大战略的承载区。

以相关上位规划为基础，深化优化形成“一心两翼、三区多点”的全市布局结构。“一心”：以大三亚湾为主中心。承载引领总部经济及中央商务的核心功能，发展世界级旅游品牌消费和全球化文化艺术旅游、品牌体育赛事旅游消费。“两翼”：以海棠湾和崖州湾为东西两翼。东翼海棠湾重点发展旅游度假与主题旅游消费、搭建国际文化交流合作平台和医疗康养与国际游艇产业聚集区。“三区”：大三亚湾建设以“大型消费商圈 + 总部商务办公”为引领的总部经济核心区；海棠湾建设一站式国际休闲旅游度假目的地功能区；崖州湾布局深海科技城、南繁科技城和大学城，形成科技产业集聚区和南海保障功能区。“多点”：在城区外围沿绕城高速，布局市郊特色文化、竞技体育旅游、高端休闲度假等特色功能组团（图 1）。

3.2 综合方案：以“特色特性，新旧联动，高效高值，安全绿建，智慧弹性”的理念精细布局首期实施单元

选择位于三亚主城核心区迎宾路两侧的凤凰海岸、月川、东岸、海罗四个实施单元，作为三亚总部经济及中央商务启动区。四个实施单元均为三亚市近年通过棚户区改造梳理出的存量建设用地，周边是已经发展较为完备的老城区。启动区规划设计以完善自贸功能、提升城市品质为重点，采取“盘活存量、产城融合、新旧联动”的理念统筹功能布局；将生态文明建设贯穿建设全过程，秉承“城区就是景区，编织山、海、河、城、岸、岛”的理念设计空间；以人民城市为人民的思想为主旨，秉承“绿色智慧、快路慢网、韧性安全”的理念布局基础设施和公共服务设施。总体体现“特色特性，新旧联动，高效高值，安全绿建，智慧弹性”的精细布局理念。

4 项目特点

特点一：有别于总部经济区“新城新区”的传统模式，以存量更新的思路，通过织补式设计手法衔接自上而下的功能要求与自下而下的更新诉求。

三亚是典型的滨海带状组团结构的城市，背山面海，城市用地狭长、腹地纵深短，发展空间有限，常年的粗放式建设使城市核心区高度失序、生态破碎、配套欠缺。面对自贸区、自贸港建设带来总部经济及中央商务的功能要求与现状发展条件的制约，以及自下而上的城市更新诉求，规划采用织补式设计手法，选取中心城区核心地段的四处存量建设用地为触媒，带动核心旧城区联动发展、提质升级。

（1）以“盘活存量、产城融合、新旧联动”的原则统筹功能布局

以“大型消费商圈＋总部经济”为引领，着力构建“商务轴、滨海带、山水廊，四组团、多节点”的总体格局，带动中心城区城市空间与产业功能的整体优化与提升。将总部经济及中央商务区的功能与国际邮轮母港、国际游艇港的特色旅游消费、海滨文化艺术体验、本土风情滨水商业街区等功能融合，并配套国际人才社区服务、高水平的教育、医疗服务，形成一个渗透到城市中的具有 24 小时活力的城市核心（图 2）。

以符合国际标准的优质公共服务支撑启动区的产业布局与生活服务，构建区域共享的公共服务设施网络。凤凰海岸单元规划多样旅游服务配套，游客集散中心、交通集散、消费服务中心、国际邮轮母港和游艇码头服务、休闲餐饮、文化艺术地标等，支撑旅游人群、商务人群、本地居民的全方位服务需求。月川单元规划商务配套及商业服务设施，包括支撑总部商务办公的国际人才公寓、社区服务、零售商业服务以及月川国际文化步行商业街区。东岸单元以总部办公、综合消费和生态体验为主，规划支撑总部办公的国际人才公寓，配套高端社区服务及学校和幼儿园（图 3）。海罗单元布局国际人才社区和花园总部，重点配套服务高端人才的国际医院、国际学校、文化服务中心、国际商业等。

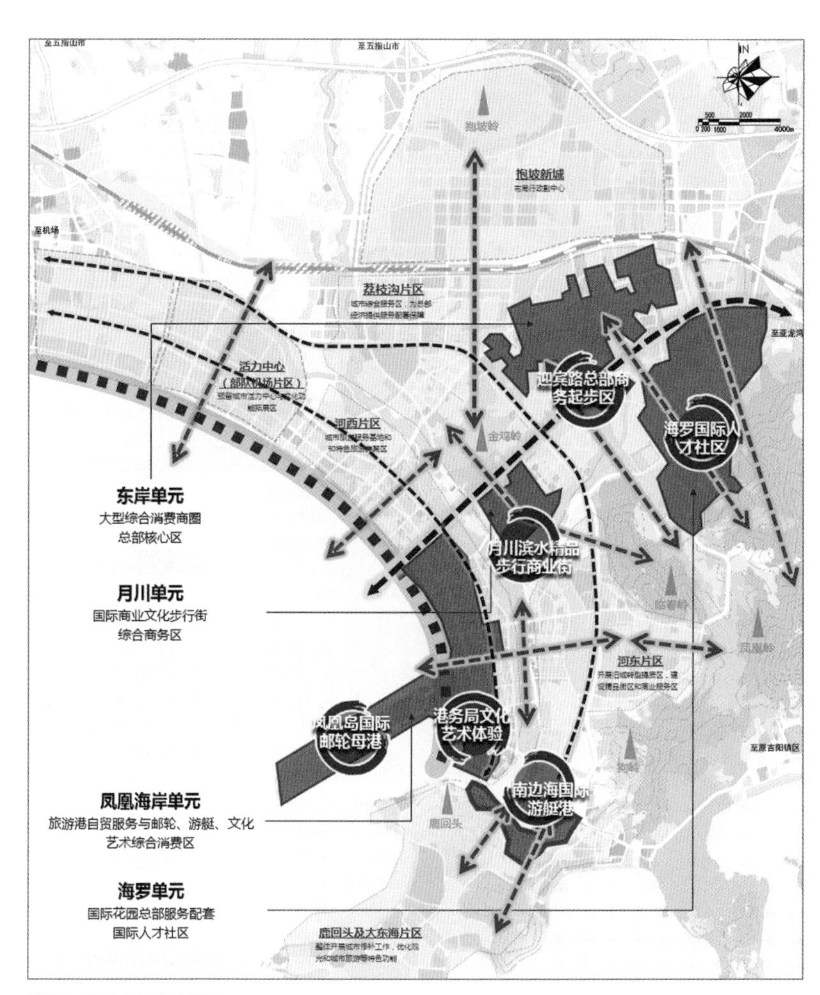

图 2 启动区空间结构
Fig.2 Spatial Structure of the Startup Zone

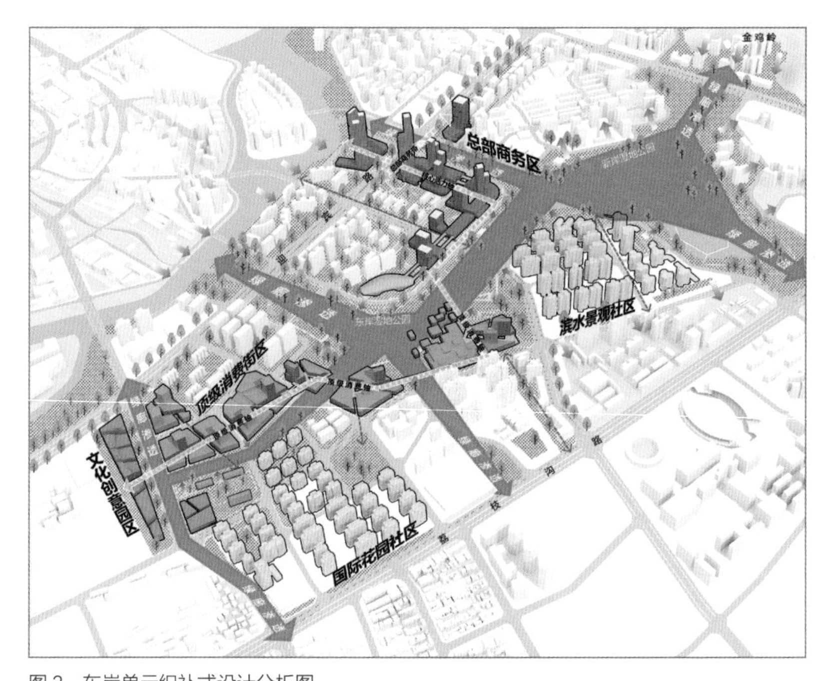

图 3 东岸单元织补式设计分析图
Fig.3 Spatial Structure of Dongan District

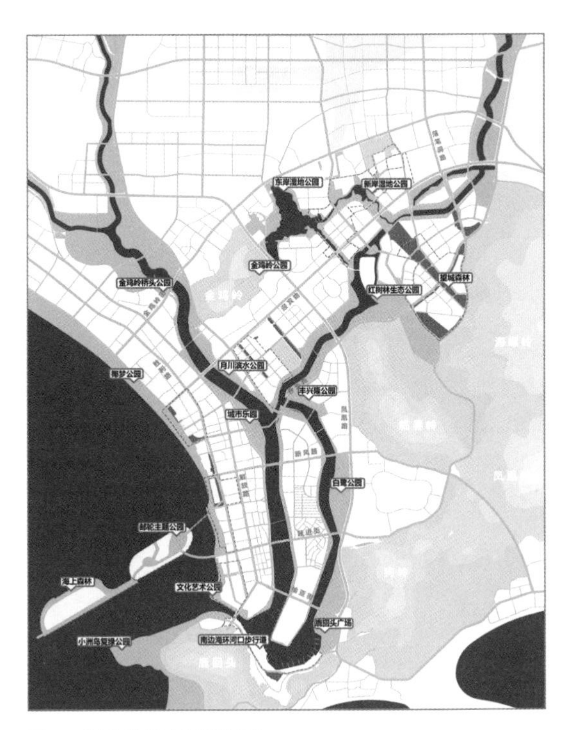

图 4　城市蓝绿空间规划图
Fig.4 Greenland and Water Systems

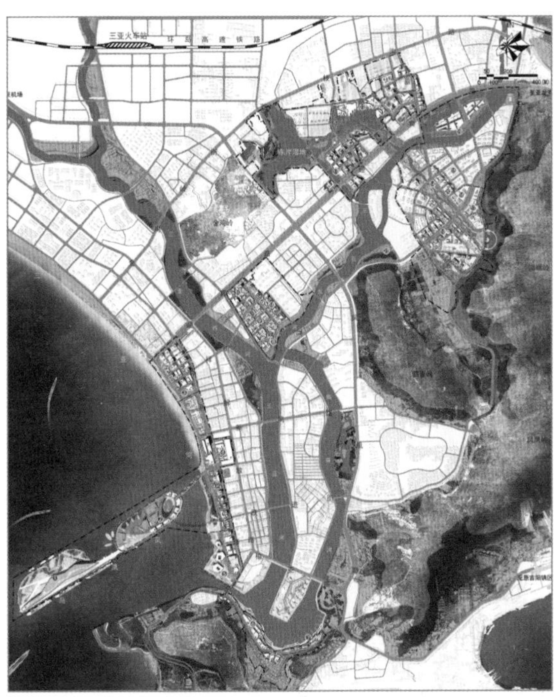

图 5　城市设计总平面图
Fig.5 Master Plan

（2）以“城区就是景区，编织山、海、河、城、岸、岛”的原则设计空间

从对城市蓝绿网络织补的角度，方案构建林荫道、城市森林公园、滨水公园、街区花园相互交织的绿地景观系统，将更新单元融入山、海、河、城、岸、岛大格局网络。从对现状天际线的修补和城市风貌整体提升的角度，确定更新单元高度形态，明确高层地标建筑和大型公共地标建筑的位置，形成空间方案（图 4）。

构建三亚湾滨海岸线和迎宾路国际商务轴线的“T”形空间骨架，形成滨海岸线开敞舒缓，总部商务界面沿迎宾路腹地纵深的总体格局。其中，凤凰海岸单元由贯通三亚湾及南边海环河口的滨海活力带，串联滨水功能片区；东岸单元围绕湿地公园组织休闲消费轴和总部商务带，组织内部空间；月川单元由连通金鸡岭与三亚河的中央景观轴，串联商务与精品商业街区；海罗单元由连通海螺岭与东岸单元的中央绿带，构建休闲绿网，链接社区与配套服务（图 5）。

在总体高度上，控制凤凰海岸滨水岸线的建筑高度，与周边现状建筑高度协调，沿迎宾路国际商务办公轴，组织城市地标，总体形成滨海一线建筑高度与开发强度适宜，腹地集聚较高层地标建筑组团的空间形态。重视三亚湾滨海天际线的打造，梳理“海、城、山”关系，塑造高低错落、起伏有序、景观优美的城市天际线。注重协调新建建筑与现状建筑高度关系，塑造尺度宜人，高品质的城市滨海空间。

启动区与三亚总体风貌协调，以浅色调、深阴影、通透轻巧、简洁现代为主要的风貌特色，展现“渺渺清波映落霞，巍巍海门迎客家”特色风采（图 6）。

通过精品游线串联“两河四岸”，展现“城区就是景区”的特色形象，重点打造帆影港湾、缤纷海岸、海上森林、鹿回俯瞰、无界绿洲、湿地森林特色节点，并融入三亚全市旅游度假体系。

图6　清波映城：从鹿回头看效果（上）、帆影港湾：国际游艇港效果（下）
Fig.6 Aerial View from Luhuitou Park (above) and Nanbianhai Harbor Waterfront Plaza (below)

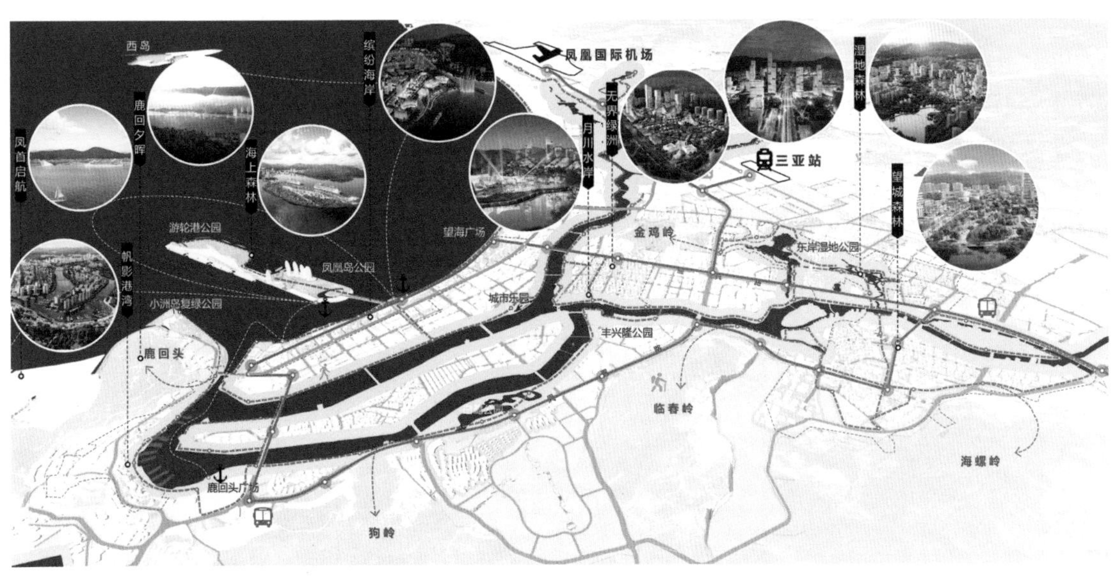

图 7　精品公共空间规划图
Fig.7 Public Space Plan

（3）以“绿色智慧、快路慢网、韧性安全”的原则布局基础设施

构建区域性方便快捷的通勤动线和舒适精致的慢行网络。提高启动区的机动性和可达性，构建大运量公交、慢行旅游公交、水上巴士、微循环公交、软轨一体化的“陆岛”交通新体系，体现陆海一体的交通衔接。慢行系统在“两河四岸、国际游艇港、椰梦长廊”全部覆盖，让三亚成为全国最适合行走的城市。在山、海、河、城、岸、岛之间，设置连续的景观慢行道，形成包括森林休闲、滨水休闲、人文体验等多样主题的 30 分钟多样主题休闲领域圈。

面对总部办公将带来的大规模人流和交通压力，方案在老城现有主干路骨架的基础上，加密次支路网，将开发建设量最大的功能组团布局在城市道路条件良好、有条件增加支路网的片区，降低尽端交通等交通条件不利单元的开发量，减轻交通组织压力。方案强调公共交通，通过构建多元化的公共交通网络，调整交通出行结构，在规划中落实公交场站、水上巴士码头，并预留未来轨道交通的衔接口。

规划体现集约高效的土地使用理念，充分利用地下空间。采用地下行车通道连通主要商业办公地块，实现停车共享；地下空间相互联络形成网络系统。以配建式地下空间开发为主，发展商业和停车作为地面空间的延伸和补充；结合建筑地基基础埋深的技术合理性和建筑地下空间功能与使用特点进行开发深度控制（图 8）。

特点二：将城市设计控导理念贯穿顶层设计至实施管控。

如何让设计方案有效指导实施，规划以城市设计控导的理念从技术层面和管理层面共同着力。

（1）精细化城市设计导则，强调城市设计控导对地块三维形态的管控引导

将方案转译为设计管控语言，通过平面引导重点明确内部公共空间、标志节点位置和地块内高层建筑区、退台建筑区，特色界面及贴线率等要求；通过三维示意表达片区整体空间形态、与周边建筑关系以及重要的空间标志点，并对建筑风格、体量、形态、色彩等关键内容给予引导（图 8）。

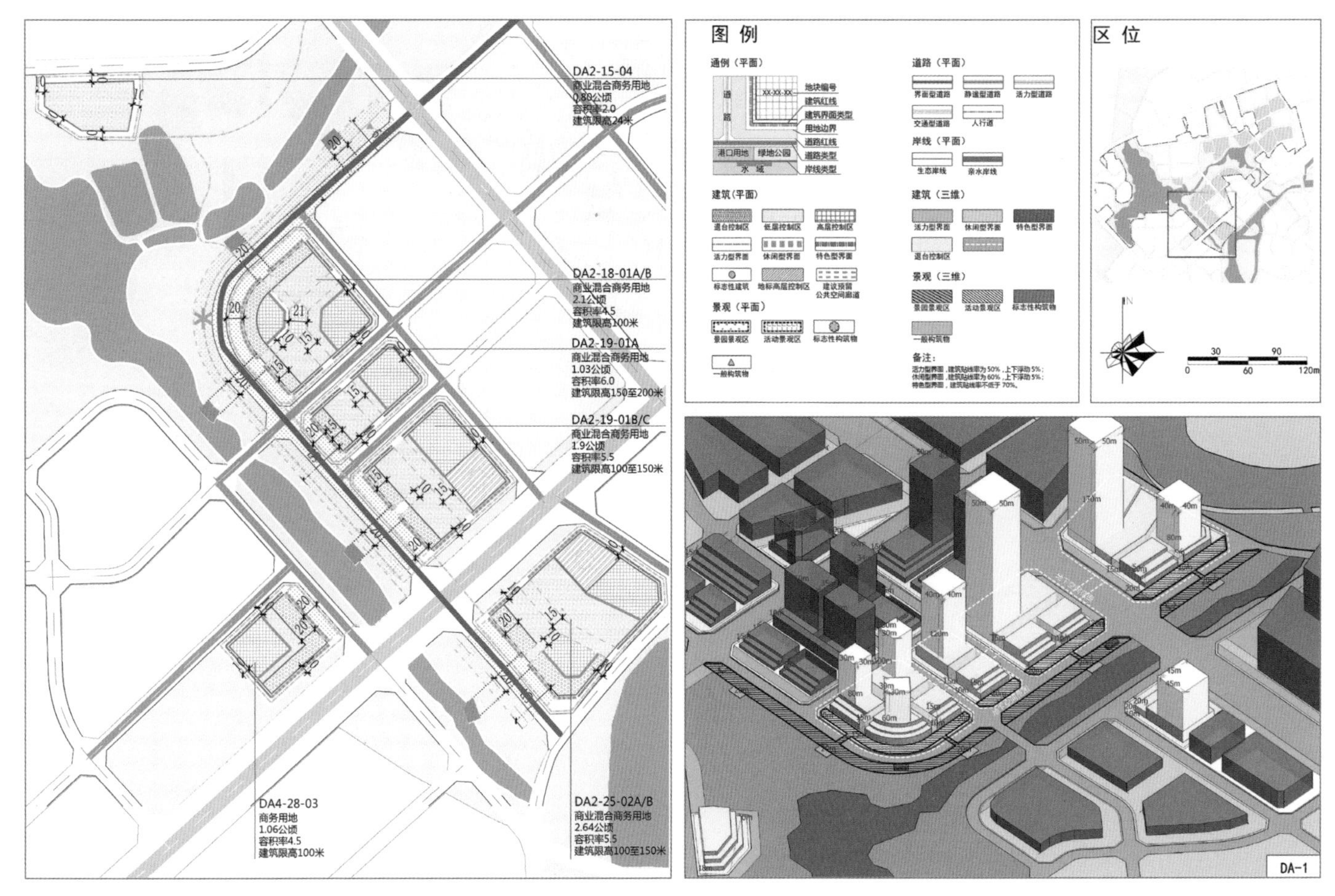

图 8　首期实施地块城市设计导则
Fig.8 Urban Design Guideline for Phase 1 Plot

（2）协助政府及主管部门完善相关的法律规定，落实设计意图

在项目编制期间，协助政府拟定《三亚市建筑设计预审管理办法（草案）》等系列管理法规，确保规划管控与建筑设计的有效衔接，推动从传统二维图则指标管控向三维空间精细化管控的科学转型。同时，项目组将参与城市设计核心地段的建筑项目预审工作组，从源头提升实施建筑设计方案水平，强化城市设计意图在具体项目实施中的管控作用。

特点三：全过程技术支持体现规划设计者的角色转变。

可借鉴可复制的工作组织模式

创新工作模式，以技术支撑单位的角色谋划并参与政府工作框架制、项目前期研究、规划纲要、国际专家咨询、国际方案征集、方案综合、精细化城市设计管控的全过程，由单一规划设计者角色拓展为“策划者、组织者、协调者”等多重角色的担当。共组织召开 2 次国际专家研讨会、1 次国际专家评审会；方案征集吸引全球 138 家设计单位报名，最后六家入围；项目全过程凝聚了 4 位院士、30 位顶级专家智慧，充分体现“规划统筹，专家引路，多方合作”的多元化。

以技术支撑单位的角色参与地方重大项目的规划设计工作，充分发挥统筹作用，吸取众家之长，为最终项目的科学性、特色性和落地性提供更好的支撑，是一种可借鉴可复制的工作组织模式。

5 小结

本次规划是 2018 年海南宣布探索建设中国特色自由贸易港后，具有探索性和引领性的规划设计项目，目前，首期启动区已开工建设。在工作模式上突出全过程技术支持和角色转变；在技术手法上强调织补式设计修补城市功能、空间及配套等实际问题；在落地实施层面将衔接实施的城市设计导则结合地方管理法规，推动城市“规、建、管”各环节的协调统一。

中关村延庆园长城脚下的创新家园概念规划方案征集
Conceptual Planning of Innovation Center at the Foot of the Great Wall, Zhongguancun Hi-Tech Industrial Park, Yanqing District, Beijing

执笔人：冯 晶 刘梦娇

【项目信息】

项目类型：概念规划

项目地点：北京市延庆区

委托单位：北京中关村延庆园建设发展有限公司

主要完成人员：

主管所长：于 伟

主管主任工程师：周 勇

项目负责人：冯 晶 安 悦

项目参加人：张绍风 王亚婧 李慧宁 莫晶晶 阚晓丹

【项目简介】

北京打造全国科技创新中心，中关村作为创新“国家队”，承担着促进首都在全国率先形成创新驱动发展格局的重大责任。中关村延庆园是中关村与北京远郊区县的第一次全面合作，该园区的建设和冬奥会、园博会并称为地区发展的三大引擎。

项目组在中关村发展集团组织的全球方案征集中获胜。规划重点思考产城融合、创新发展的示范型园区建设模式，通过解读新人群、新经济对空间的新需求，谋划更精准、精明的园区发展路径，探索一种大都市郊区型开发区向科技产业园区转型的可能性。

规划以构建“精明发展的创新社区”为目标，以打造“中国创新新地标、绿色人文新典范”为愿景，确定创新家园的总体定位为“全球创新高地，京北人文家园”。基于“战略与规划、管理与运营、建筑与活力、研究与标准、趋势与引领”五个维度，宏观上放大区域视野，延续长城文脉，统筹资源“构建创新生态系统”；中观上聚焦社区本质，增强社区活力，回归常识构建“创新市镇”；微观上关注人本需求，营造宜居魅力，促进创新人群集聚。总体上，实现传统工业园区向创新市镇的升级转换，最终形成积极链接中关村创新资源、有效发挥地处长城脚下环境优势的综合性创新园区。

[Introduction]

In the process of building a national science and technology innovation center in Beijing, Zhongguancun, as the “National Team” in innovation, plays a significant role in making Beijing a pioneer in forming an innovation-driven development pattern in China. Yanqing Hi-Tech Industrial Park, Zhongguancun, is the first comprehensive cooperation between Zhongguancun and a suburban district of Beijing. The construction of this park, together with the 2022 Olympic Winter Games and the International Garden Expo, is regarded as the three engines to drive the regional development.

The project team won the global program collection organized by the Zhongguancun Development Group. Aiming at building an innovation-oriented mode of the demonstration zone that integrates industry and city to realize a balanced development, this scheme, by interpreting the emerging needs of new residents and the new economy, proposes a more targeted and suitable development path, and explores the possibility to transfer the site from a development zone in the metropolitan suburb to a scientific industrial park.

The planning is aimed to build “an innovation community with smart development”, with “building a new Chinese innovation landmark and a new model of green humanity” as its vision. The innovation center is generally positioned as a “global innovation hub, and humanistic homeland in northern Beijing". From five dimensions, the planning proposes from the macro perspective to carry forward the Great Wall culture and to integrate resources to establish an "innovation ecosystem"; from the mesoscopic perspective, the planning focuses on the nature of the community and improves the vitality of the community to build an "innovation town"; from the micro perspective, the planning pays attention to human needs and improve the livability of the area to promote the concentration of the innovative people. In general, the planning aims to realize the transformation from a traditional industrial park to an innovation new town, and finally to a comprehensive innovation park that can actively link the innovation resources provided by Zhongguancun and effectively exert the regional advantage of being adjacent to the world-famous Badaling Great Wall.

1 项目背景

全球已经进入互联互通与创新发展时代。中关村作为国务院批复的国家自主创新示范区，在北京全域布局，实施一区多园战略。在此背景下，延庆园作为中关村“一区十六园”之一，重点包含八达岭经济技术开发区、康庄产业园和延庆经济技术开发区三个园区；其中，创新家园主要指八达岭经济开发区，紧邻康庄镇，现状为经多年发展仍举步维艰的八达岭工业区。规划通过全球方案征集，旨在寻求积极链接中关村创新资源、有效发挥园区地处长城脚下环境优势的规划方案，建立营建“创新家园”的空间框架和起点（图1）。

2 规划构思

以落实中关村总体发展部署和要求为目标，针对三大项目难点展开方案构思。

难点一：创新产业外溢要求与自身规律不同步。北京科技创新产业尚未发育到主动溢出并进入远郊区的

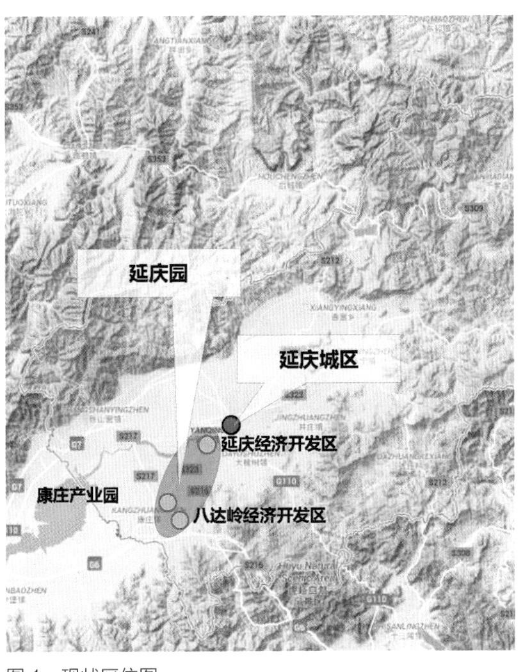

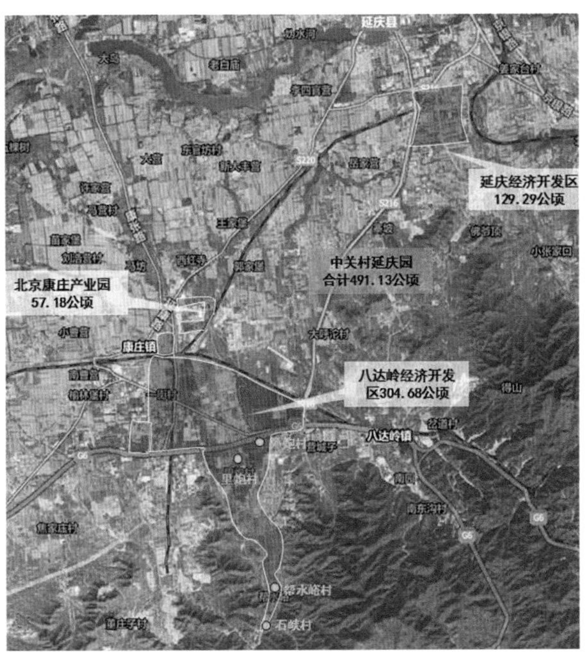

图1　现状区位图
Fig.1 Current Location

发展阶段，供给与需求存在落差；现状产城布局分散，八达岭园区空间独立，远离中心城区和周边创新资源，产业发展缺少依托，科创产业尤其艰难。

难点二：传统工业园区与创新园区空间模式存差距。现状路网、用地均属传统工业区模式，与高科技创新园区需求落差较大，全面转型发展任务艰巨。

难点三：现状空间环境与创新人群需求不匹配。建设一流的创新园区，需要以“人”为核心。良好的生态人文环境、高品质的生活配套服务、丰富的交往空间是核心需求。

3 项目特点和创新点

规划以贯彻“创新、协调、绿色、开放、共享”理念，坚持“一优三高”，构建“三生”共融发展格局。在技术路线上，重点从链接区域资源、聚焦社区本质和微观环境取胜三个层面破题。

3.1 放大区域视野，统筹资源做大事

延庆园“一园三区”定位互补，但空间分散，难以形成互动。

第一，吸引科创产业到郊区，仅靠优美的自然环境是不够的，需要在更大区域尺度上智力资源、服务设施的整合支撑。基于延庆园“一园三区”总体格局形成“三轴三带双集聚”的区域空间结构。三轴为延庆新城与康庄 - 八达岭镇两镇之间的联系轴；三带是由南到北形成的三条生态景观带，包括南部长城生态景观带、中部蔬菜林果生态带和妫水河生态景观带；双集聚是在多个城镇和产业组团基础上，形成延庆和康庄 - 八达岭两个综合发展集聚区（图 2）。

第二，主动扩大研究视野，提出“构建完整创新生态系统”的思路。创新生态系统由产学研体系和创新环境两部分构成，产学研体系是指建立技术创新在上、中、下游的对接与耦合，健全“产—学—研”体系建设。创新环境是指加强创新产业生长环境的培育和建设，包括制度环境、服务环境、设施环境、生态环境和交通环境等（图 3）。

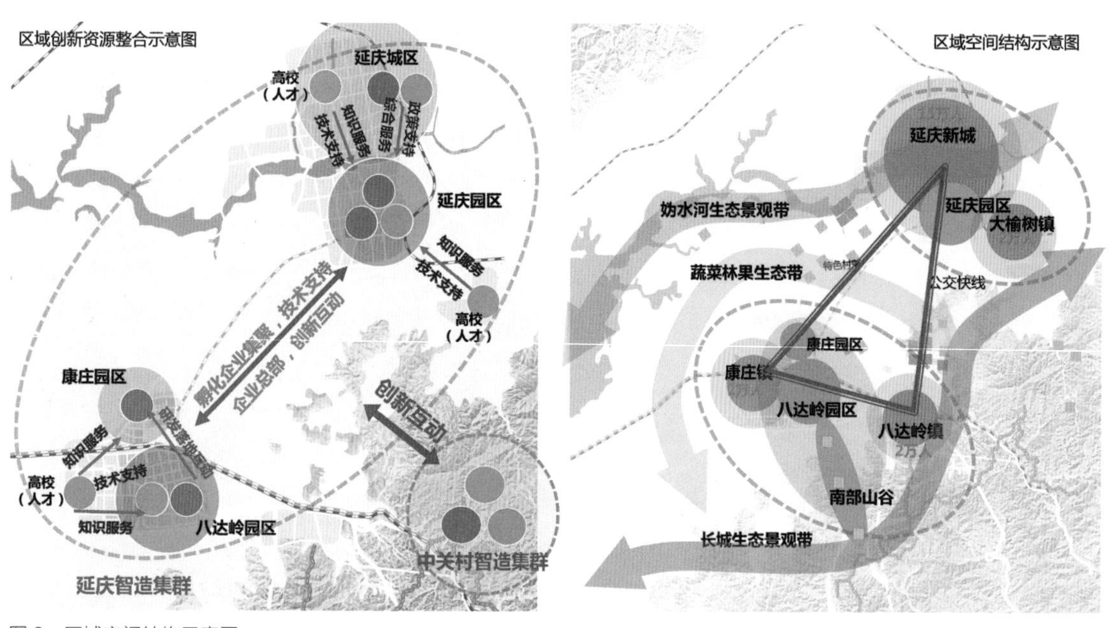

图 2　区域空间结构示意图
Fig.2 Regional Spatial Structure

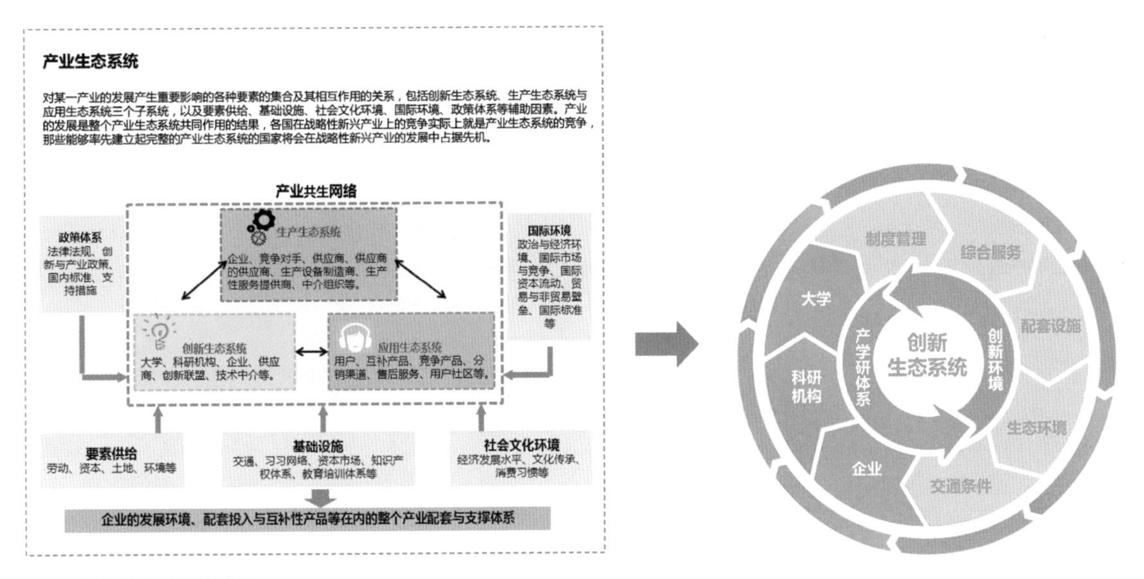

图 3　创新生态系统构成图
Fig.3 Innovation Ecosystem

第三，从“合、促、联、串、融”五个层面着手，即整合产学研资源、促进产城一体发展、连接重要交通节点、串联区域主要景观、融入区域生态格，在更大尺度上对各类创新资源和发展要素进行统筹。

整合产学研资源。依托大学园区，整合区域高校资源，健全产学研一体的知识创新体系建设。通过“校区、园区、社区”三区融合，形成区域创新发展的新动力。校区从教学型向研究性、创业型大学转变；园区从生产型向创新型园区转变；社区从传统的居住空间向创客型、非正式创新空间转变。

促进产城一体发展。加强产城融合，促进城乡统筹，优化职住平衡。综合配套是由城区、园区、镇区共建共享，通过完善多类型、全方位的配套服务设施建设，吸引并留住人才。重点依托延庆新城和康庄 - 八达岭镇两个联合发展集聚区，形成两个城镇创新生活服务圈。主要配置四类生活和生产的服务设施：教育培训服务、医疗商业服务、创新孵化配套与休闲创意平台。

连接重要交通节点。远郊特征使人不能频繁往返北京城区，梳理对外交通、设计公交专线，通过多元交通组织，促进三区交通一体，实现绿色出行、便捷通勤。

串联区域主要景观。以自行车骑游为主要交通方式，串联周边丰富的生态和人文景观资源，设计绿色游览线路，打造“区景合一”的国际旅游休闲名区。通过不同交通方式的便捷接驳促进景区串联。

融入区域生态格局。挖掘地处长城脚下环境优势，识别野鸭湖湿地、榆林堡等生态文化资源，构建生态廊道，融入区域“山水林田城”自然生态体系。依山理水，依托生态和人文资源，实现“园景合一”；划定廊道，融入区域生态系统；突出特色，维护区域田园山水风貌格局（图 4）。

3.2 聚焦社区本质，回归常识营市镇

（1）提炼和总结创新园区建设模式与空间特征

以分析国内外创新园区的建设经验，探索创新园区发展模式作为规划设计的出发点，总结出综合型园区成为目前科技园区建设的主流范式，其建设模式突出表现为七个特征：

发展单元——规模集聚，由简单的依托街道和楼宇向整体街区开发转变，并成为多个大型发展单元的集聚地；

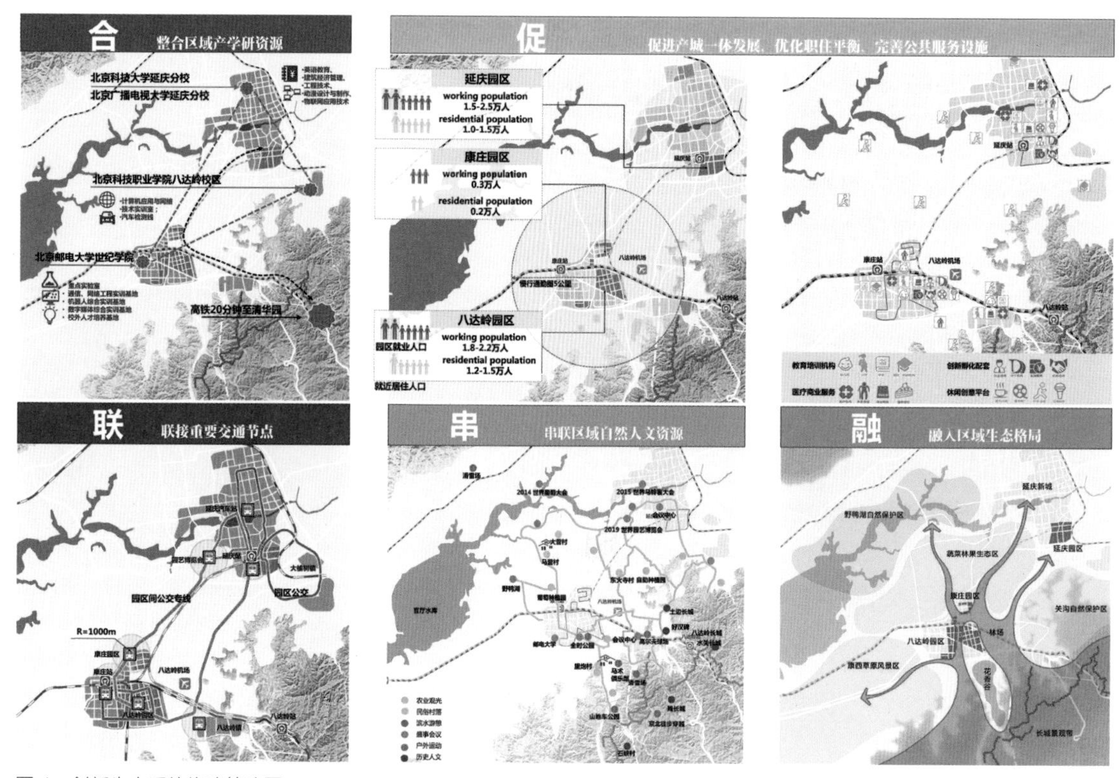

图 4 创新生态系统构建策略图

Fig.4 Innovation Ecosystem Construction Strategy

功能配置——多元服务，包括办公、居住、商业金融、休闲娱乐等，更加注重营造足够吸引人才的物质空间环境，营造美的自然、舒适方便的生活；

建设标准——绿色智能，建筑尤为强调绿色和智能的应用；

运营模式——创新升级，由卖地、卖房向以租代售、提供环境和服务转变；

制度环境——逐步高效，拥有精明而强有力的管理运营制度环境，到位而有效率的服务能力；

产业环境——产学研互动，逐步凸显出吸引人的产业环境，研究和产业得以充分互动；

文化环境——归属感，丰富的文化活动，重视场所归属感的体现（图 5）。

（2）探索创新园区共性规律，以精明社区理念构建创新市镇

纵观国内外成功的郊区型创新园区，为创新人才提供社区归属、营建宜人尺度的活力市镇是共性规律。八达岭园区坐拥长城文化，规模与传统市镇相仿，Smart Community 即“精明发展的创新社区”，成为创新家园的目标愿景。“精明社区”（SMART）理念包含“战略与规划、管理与运营、建筑与活力、研究与标准、趋势与引领”五个维度，五维融合正是本次城市设计方案的核心技术认识（图 6）。

（3）提出空间四策，多元视角谋定园区空间格局

围绕新市镇规律组织空间系统。注重生态、文化、活力、产业四大要素的空间需求，结合用地条件和区域环境特征，从“长城文脉、社区中心、街巷网络、活力市镇”四个角度出发，形成空间布局的四项核心设计对策。

延长城文脉——从八达岭方向依托水系、铁路，延伸三条生态文化廊道进入园区，是公共空间主体；

定社区中心——确立一主一副双中心，发挥媒介作用，引领全区发展；

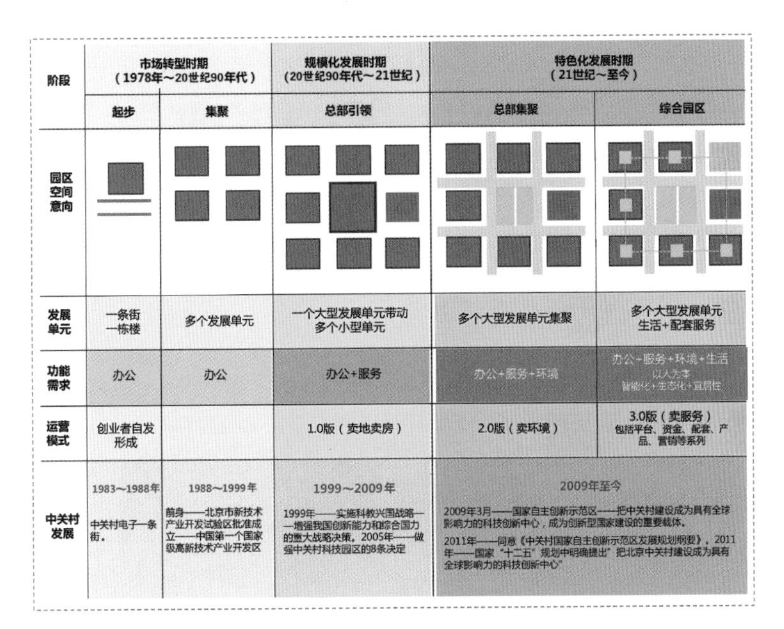

阶段	市场转型时期（1978年～20世纪90年代）		规模化发展时期（20世纪90年代～21世纪）	特色化发展时期（21世纪～至今）	
	起步	集聚	总部引领	总部集聚	综合园区
园区空间意向					
发展单元	一条街 一栋楼	多个发展单元	一个大型发展单元带动多个小型单元	多个大型发展单元集聚	多个大型发展单元 生活+配套服务
功能需求	办公	办公	办公+服务	办公+服务+环境	办公+服务+环境+生活 以人为本 智能化+生态化+宜居性
运营模式	创业者自发形成		1.0版（卖地卖房）	2.0版（卖环境）	3.0版（卖服务） 包括平台、资金、配套、产品、营销等系列
中关村发展	1983～1988年 中关村电子一条街。	1988～1999年 前身——北京市新技术产业开发试验区批准成立——中国第一个国家级高新技术产业开发区	1999～2009年 1999年——实施科教兴国战略——增强我国创新能力和综合国力的重大战略决策。2005年——做强中关村科技园区的8条决定	2009年至今 2009年3月——国家自主创新示范区——把中关村建设成为具有全球影响力的科技创新中心，成为创新型国家建设的重要载体。 2011年——同意《中关村国家自主创新示范区发展规划纲要》，2011年——国家“十二五”规划中明确提出”把北京中关村建设成为具有全球影响力的科技创新中心”	

图 5　创新园区空间演变模式图

Fig.5 Spatial Evolution of the Innovation Park

图 6　精明社区框架图

Fig.6 SMART Community Framework

织街巷网络——改路为街，依绿为巷，沿绿脉组织人群活动和慢行交通；

营活力市镇——依托社区中心、邻里中心，营造活力空间和创新氛围（图 7，图 8）。

（4）通过七项空间优化提质建议，实现传统工业园区向创新园区的空间转换

在空间架构上，进一步凸显创新园区的空间特质，重点提出七项优化建议。

用地功能——适度综合，突出活力。考虑创新型高科技园区的“适度综合”的用地特征，将单一制造业园区职能向复合化功能转化，培育科技研发、商业金融、文化等功能，总体构建富有活力的创新社区；

空间结构——统筹区域，强化重点。加强园区的中心、轴线和层次，构建中心与活力轴带，建立南北向长城文化联系景观带；

绿地景观——系统构建，营造氛围。构建绿地与开敞空间系统，为创意人才聚集提供生态环境和开敞空间，营造创新氛围；

公共设施——提升服务，完善设施。强调对园区使用者的“舒适关怀”，按照构建社区需求，增加商业、商务、教育、医疗、文化表演等综合服务设施；

职住平衡——宜居社区，吸引人才。从留住人才的角度出发，营建智能型、创新型社区，为科技人才提供优良的居住环境；

混合用地——复合高效，促进交流。打破固有界限，通过功能混合创造交往空间；

道路交通——优化路网，突出慢行。加大次干路和支路网密度，道路与绿脉结合，构建慢行系统（图 9）。

3.3 关注微观环境，宜居魅力聚人群

（1）解析人才需求，识别创新社区特征，构建街、巷、院三级公共空间体系

“社区模式、人性尺度、空间共享、舒适关怀”是国际创新社区的共性特征，也是规划公共空间设计的

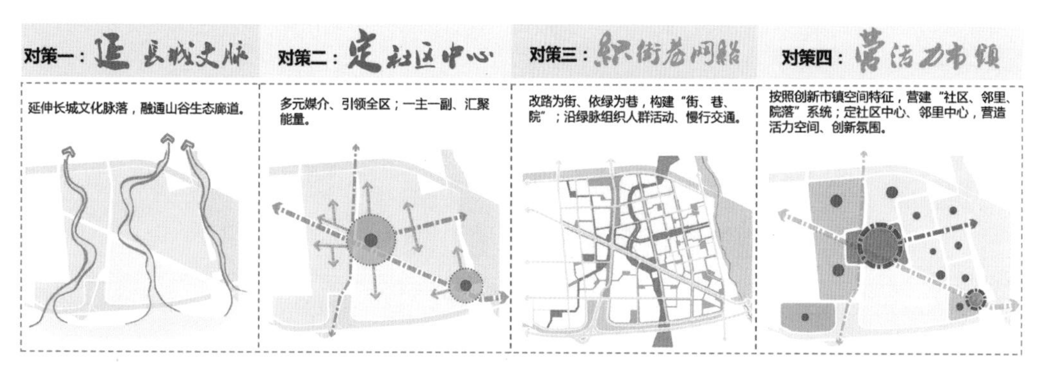

图 7　空间布局四策图
Fig.7 Spatial Layout Strategy

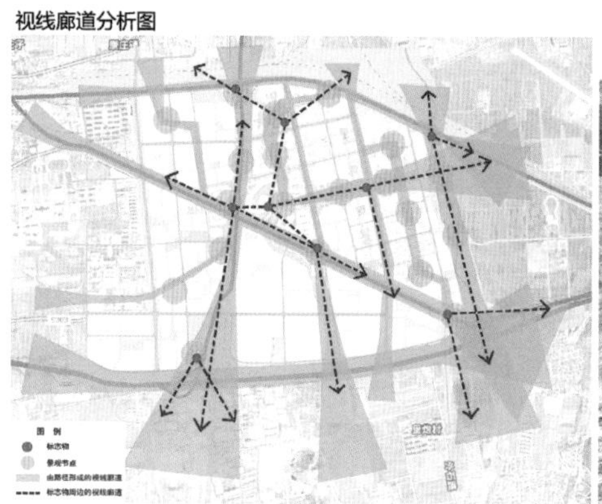

图 8　园区与长城视线关系图
Fig.8 Relationship between the Innovation Park and the Great Wall

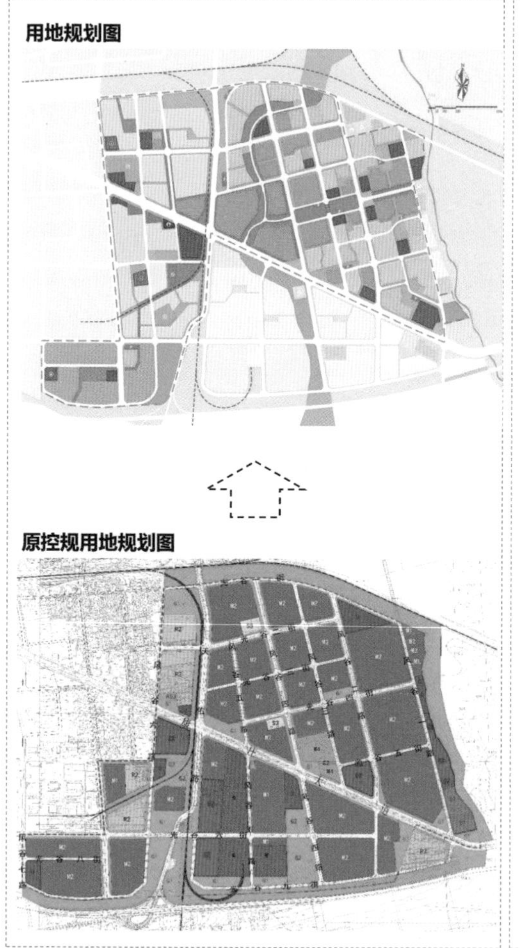

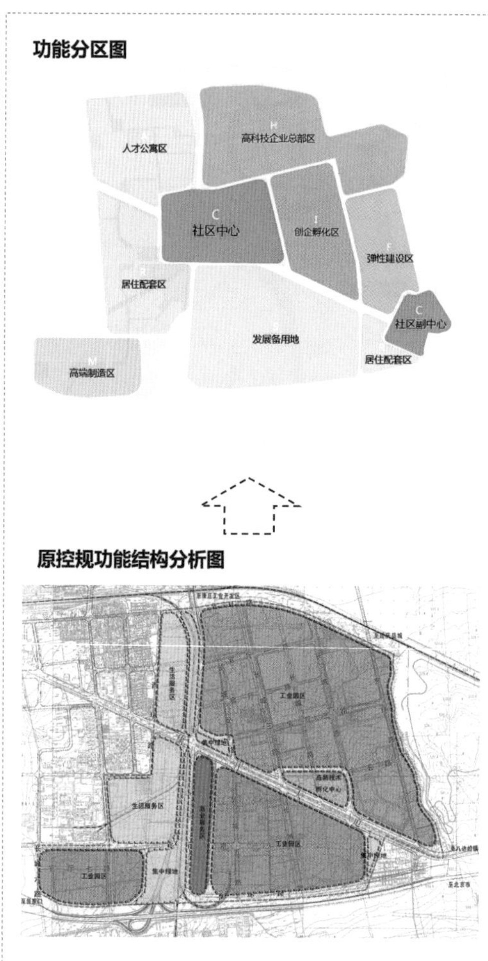

图 9　空间格局优化与用地调整
Fig.9 Spatial Structure Optimization and Land Use Adjustment

核心理念。高度关注院落、邻里的公共空间设计，街道和绿地均为公共空间，构建“街、巷、院”体系，改路为街，依绿为巷，编织出多层级绿脉、慢行网络（图 10 ～图 12）。

图 10　公共空间要素分析图
Fig.10 Public Space Element Analysis

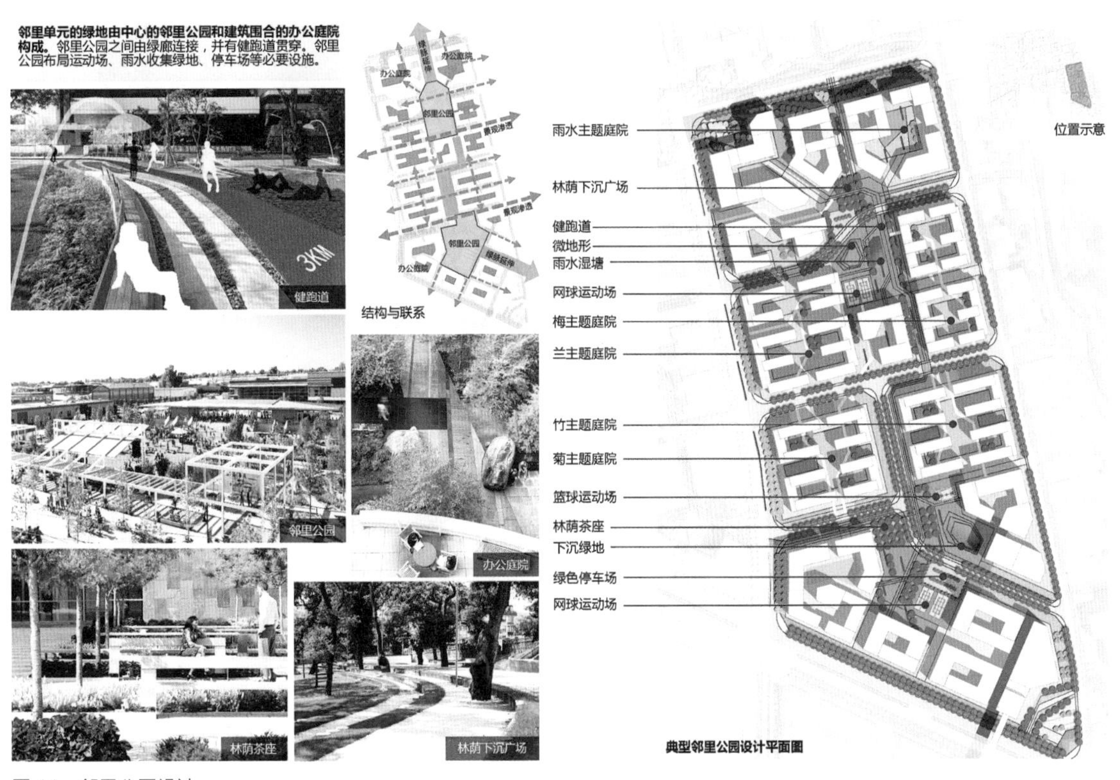

图 11　邻里公园设计
Fig.11 Neighborhood Park Design

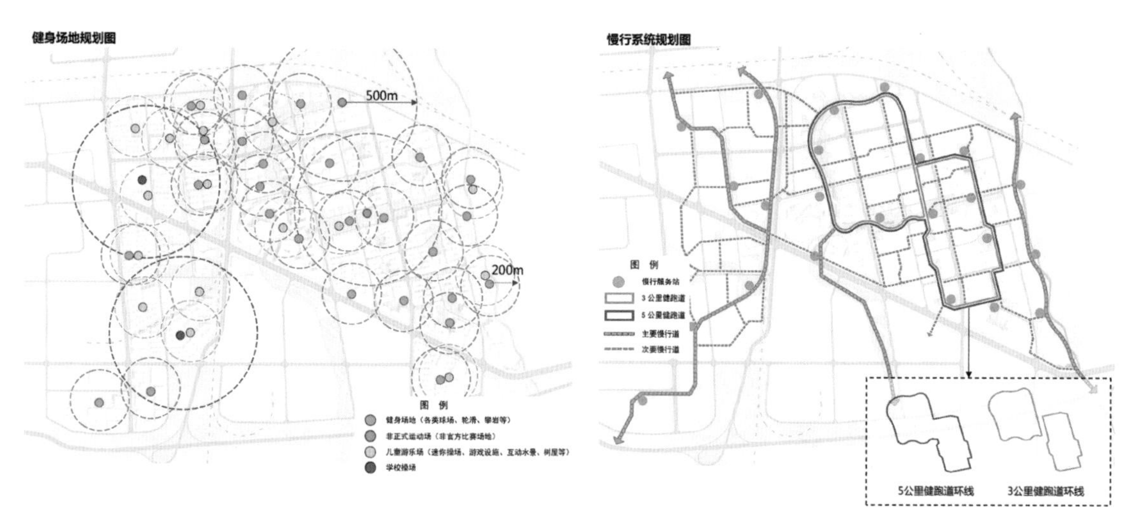

图 12　健身场地与慢行系统规划图
Fig.12 The Fitness Fields and Slow Traffic Plan

图 13　启动区核心理念图
Fig.13 Start-up Area Concept

（2）**融入东方传统理念，城市设计手法设计启动区方案**

运用老子“有之以为利，无之以为用”的东方空间哲学，形成启动区设计的核心概念。规划确定以“公共空间供给”和“创新创意场所营造”为方案设计的核心，通过具体建筑围合开敞空间，形成凝聚活力的地区（图 13）。

在“有与无”因果互动中，形成启动区的功能结构为：“一核三片”，即一个活力核心——四季广场，三个功能片区——服务综合体、创企中心（研发）、创客工场（研发）（图 14）。

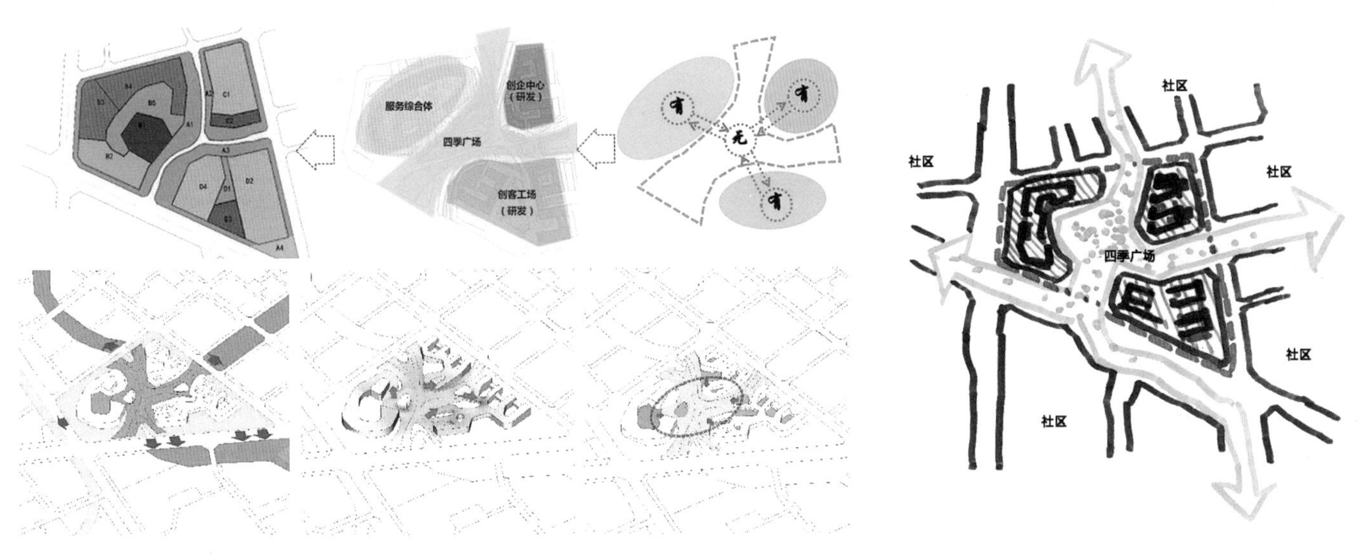

图 14　启动区空间示意图
Fig.14 Space of the Starting Area

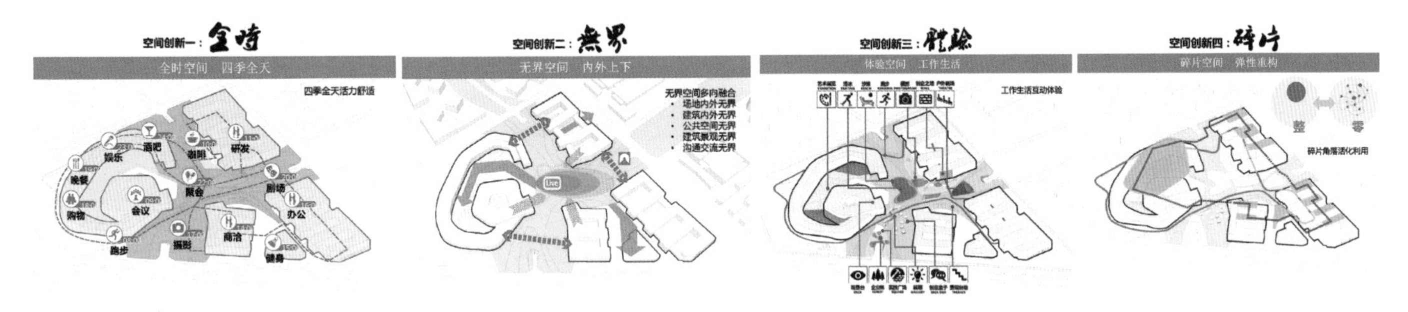

图 15　启动区空间创新模式图
Fig.15 Spatial Innovation of the Starting Area

探索“建筑、人群、活动”融合的设计策略，启动以“四季广场”为核心的地标综合体建筑功能动态组合，以满足不同的空间使用需求为目标，按照“空间创新”的高度进行多元融合，尝试创造“四季全天活力舒适、无界空间多向融合、工作生活互动体验、碎片角落活化利用”的场所方案，实现以点带面、激活全园的媒介作用（图 15 ～图 17）。

4 项目运营组织的方法和经验

4.1 城市设计“平台”

城市设计是贯穿前期定位、开发建设、运营服务全过程的一个重要平台。多元利益诉求、企业合作与博弈、文化生态资源体现、开发效率、对企业和人群的服务等都通过城市设计平台讨论与协调。

4.2 面向实施的开发者逻辑

弹性灵活的开发控制建议。走紧凑集约路径，建设中等开发强度园区，总容积率控制在 0.7 ～ 0.8 之间。

采取综合开发模式。“园区统筹管理 + 开发商开发 / 企业自建 + 开发销售 + 自持租赁”相结合进行整体运营。开发模式主要分为三类：包括一级土地开发出让、二级开发建成销售（包括标准和定制的厂房、总部办公、商业等）、二级开发自持租赁（包括孵化器、公共服务平台、酒店公寓等）。

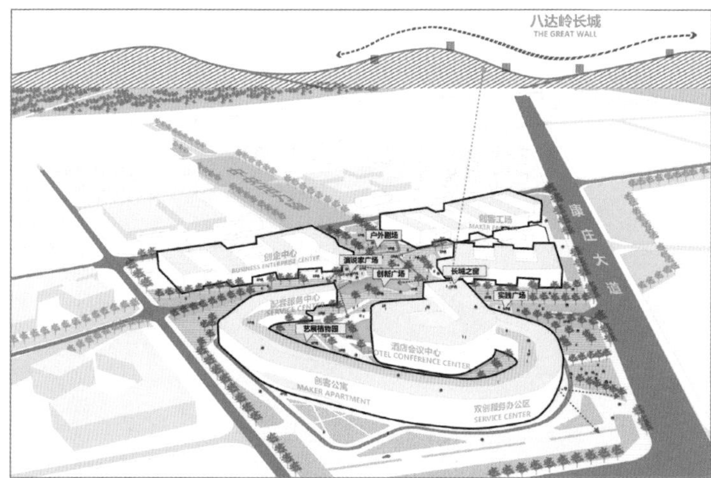

图 16 启动区鸟瞰图
Fig.16 Aerial View of the Starting Area

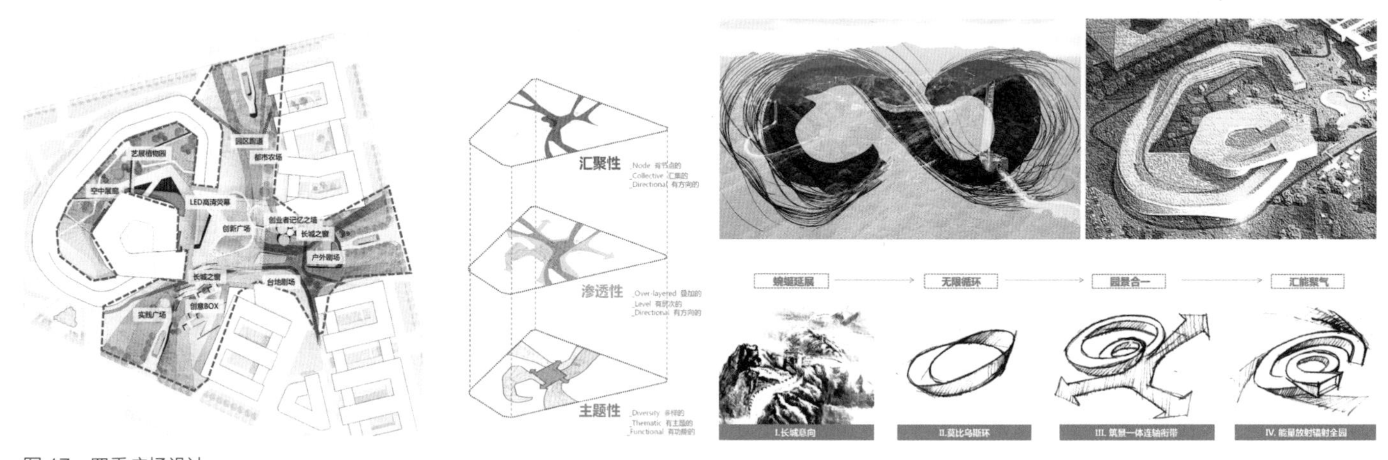

图 17 四季广场设计
Fig.17 Design of the Four Seasons Square

创新的土地利用制度。政企合作，探索更为弹性的土地利用制度，通过政策设计探索土地用途混合化、使用年限弹性化，乃至产业用地的“以租代售”模式。

经济分析动态化和长期化。由于园区规模较大，未来发展不可预计性较大，因此建议将经济测算动态化和长期化，与规划设计方案进行伴随互动，根据经济测算要求对方案进行必要的调整和维护。在后续工程实施过程中，也应将提供动态的经济测算服务为相关决策提供参考（图 18 ～图 22）。

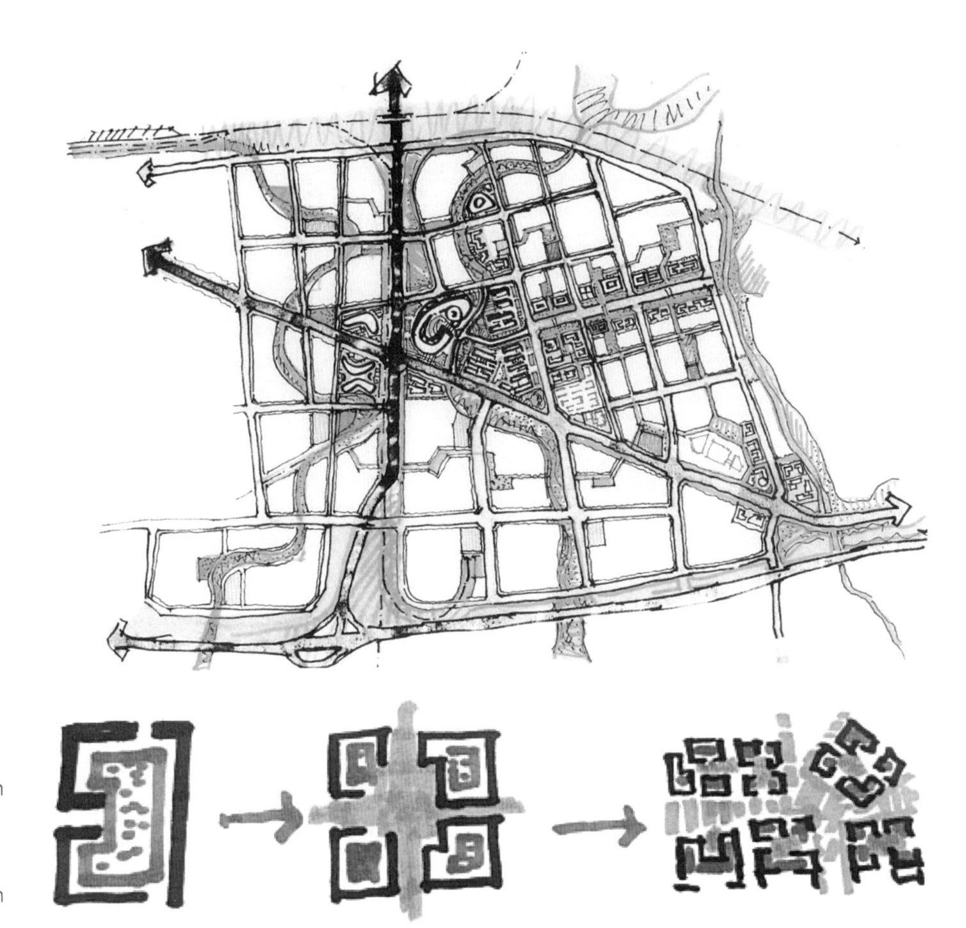

图 18　城市设计方案手稿
Fig.18 Manuscript of the Urban Design Scheme

图 19　城市设计方案手稿
Fig.19 Manuscript of the Urban Design Scheme

图 20　城市设计总图
Fig.20 Urban Design Master Plan

图 21　总体鸟瞰图 1
Fig.21 Overall Aerial View

图 22　总体鸟瞰图 2
Fig.22 Overall Aerial View

综合环境整治——三角池片区（一期）项目
Comprehensive Environmental Renovation of Sanjiaochi Area (Phase 1) Project

执笔人：周 勇

【项目信息】

项目类型：城市更新

项目地点：海口市

委托单位：海口旅游文化投资控股集团有限公司

主要完成人员：

主管院领导：王 凯 张 菁

项目总协调：周 勇 胡耀文

项目参加人：

中规院（北京）规划设计有限公司建筑设计所：

所级管理：周 勇 郑 进 方 向

项目组成员：何晓君 房 亮 耿幼明 张福臣 戴 鹭 杨 婧 万 操 刘自春 秦 斌 王丹江 胡金辉 申彬利 张 迪 鲁 坤 孙书同 王 冶 吴 晔 莫晶晶

中国城市规划设计研究院园林景观工程设计所：

所级管理：王忠杰 束晨阳

项目组成员：马浩然 盖若玫 舒斌龙 牛铜钢 刘东梅 刘宁京 高倩倩 徐丹丹 赵 恺 张 悦 郝 钰 魏 柳 鲁莉萍 周 瑾

中国城市规划设计研究院交通工程设计研究所：

所级管理：周 乐 李 晗

项目组成员：陈 仲 张子涵 王 洋 杨紫煜 郭轶博

中国城市规划设计研究院深圳分院照明中心：

所级管理：梁 峥

项目组成员：鲁晓祥 刘 缨

中国城市规划设计研究院水环境治理所：

所级管理：王 晨

项目组成员：赖文蔚 胡 筱 杨 柳 胡应均

【项目简介】

综合环境整治——三角池片区（一期）项目是海口城市更新工作首批落地实施的综合性示范项目，是海南建省办经济特区 30 周年精品工程。项目坚持以人民为中心作为出发点和落脚点，充分体现新时代特征、展现特区精神、延续城市记忆，打造市民满意工程，实现“看得见山、望得见水、记得住乡愁”的美好愿景。

项目建设以城市品质提升为引领，兼顾市容市貌、交通治堵、文化复兴、城市增绿、水体治理，融入海绵城市生态建设理念，打造具有城市发展特色的记忆带，大力提升城市品位、品质和颜值，不断增强百姓的幸福感和获得感。规划设计工作主要包括三个方面：第一是描绘了“最海口”的片区发展愿景，向本地百姓和外地游客提供“最海口”的市井文化体验；第二是勾勒了两个亮点，即场所和记忆。除了传统认识上城市更新“重塑环境场所”的“规定动作”，项目团队还出色完成了“重现记忆场景”的“加分动作”，最终实现“环境品质更好，精神记忆常新”的三角池更新；第三是搭建了实施、宣贯和管理三个平台，创新“全程陪伴”的技术服务方式，及时化解各方的矛盾和冲突，保证项目按时、保质、足量落地实施。

涉及有形的环境空间和无形的场所精神，三角池的工作内容非常庞杂。从项目的甄选策划、规划设计，到最终实施见效的全过程，项目技术团队几乎所有的工作都遵循着“最大公约数与最优解”“减法与加法”的基本原则，可以说是相较于传统城市更新工作的最大创新。

[Introduction]

The Comprehensive Environmental Renovation – Sanjiaochi Area (Phase 1) Project is one of the first comprehensive urban renewal demonstration projects in Haikou, and also a quality project for the 30th anniversary of the establishment of Hainan Province Special Economic Zone. Being people-oriented, this project aims to fully reflect the characteristics of the new era, demonstrate the spirit of the special economic zone, continue city memories, build satisfactory projects, and create a sense of belonging of the people.

Taking the improvement of city quality as the first priority, this project also focuses on city image, traffic control, cultural rejuvenation, urban greening, and water purification. The project adopts the ecological construction concept of sponge city, builds a memory belt with the characteristics of urban development, and promotes the quality and appearance of the city, so as to enhance people's sense of well-being and gain. The planning and design work mainly includes three aspects. The first is to depict the vision of the “Typical Haikou” area, providing cultural experience tourism route for the local and the tourists. The second is to emphasize the sense of the place and memory: in addition to the tradition urban renewal method of “reshaping the place”, the project team spend more time on “reproducing the scenes in the memory”. The third is to establish three platforms of construction, publicity, and management, innovate the service method of “full-time companionship”, solve the conflicts between different stakeholders in a timely manner, so as to ensure that the project can be completed on time with high quality.

This project is very complicated as it involves the creation of a tangible environmental space and an intangible spiritual space. From site selection and planning compilation to the final implementation, the team follows the basic principles of “maximum common divisor and optimal solution” and “subtraction and addition”. These principles are the most important innovative ideas in this project compared to other urban renewal projects.

1 项目概况

综合环境整治——三角池片区（一期）项目（以下简称“三角池项目”）是海口城市更新工作首批落地实施的综合性示范项目之一。项目位于海口市中心城区组团，总规划用地面积约 9.65 公顷。规划设计工作包括建筑风貌整治、环境景观提升、交通道路改造、城市夜景亮化、水体生态治理五个方面。其中，建筑风貌整治涉及 75 栋、组，总计约 9.4 万平方米；环境景观提升工作，美化岸线 1.6 公里，增加广场面积 1.7 万平方米；改造道路长度约 1.17 公里，路面面积合计约 4.44 万平方米，增加各类道路照明设施近 400 套；水体生态治理工作涉及水域面积合计 7.5 万平方米，夜景亮化方面，改造建筑界面 5.4 万平方米，亮化岸线 1.6 千米。

项目于 2017 年 10 月开工建设，至 2018 年 4 月竣工，在中国城市规划设计研究院的统一领导下，北京公司建筑设计所协同院内 5 个院所、49 人组成联合项目组，不间断驻场 254 天，累计投入 1137 人 / 日（图 1）。

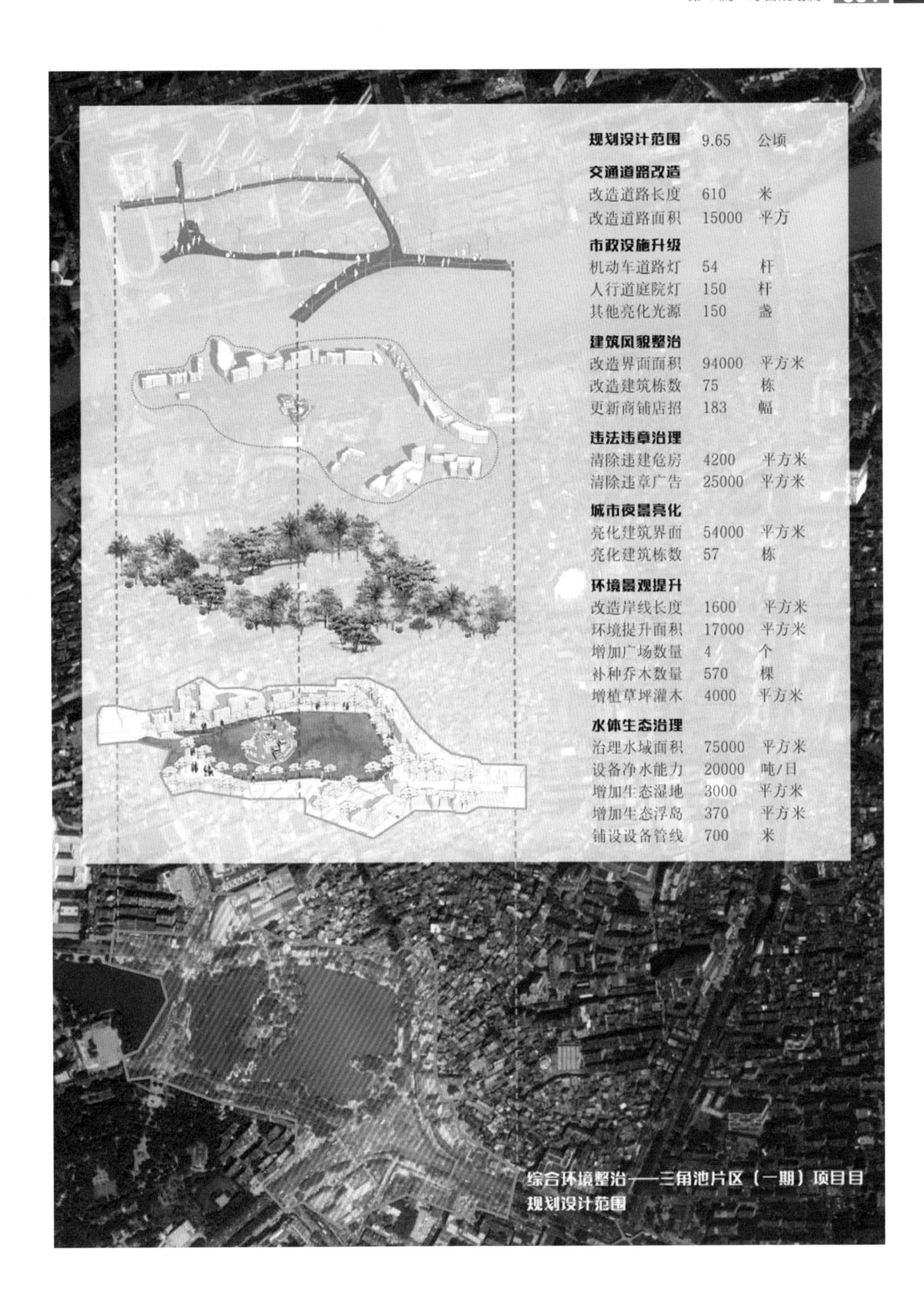

图 1 项目概况
Fig.1 Project Profile

图 2　三角池片区鸟瞰图
Fig.2 Aerial View of Sanjiaochi Area

2 三角池殇

“三角池”取意自原先位于博爱南路—海秀东路—海府路交叉口中心的三角形水池。1950 年的人民公园扩建工程，通过东湖开挖和西湖清淤，一园两湖的蓝绿空间格局就此形成。由于其独特的区位条件和优越的自然本底，加之海口四季宜人的气候特征，一直以来都是本地市民户外休闲娱乐活动的好去处；同时，三角池见证了一众闯海人的奋斗足迹，很多接受问卷调查的受访者都对项目表现出了极大的关注。可以说，三角池片区是一个兼具典型性、认同性、代表性的记忆容器、精神场所和休闲客厅（图 2）。

然而，这样一个“海口之眸”“城市绿肺”，却因为“城市病”的困扰而暗淡失色、日渐蒙尘。风貌杂芜、特色缺失、水体黑臭、生态脆弱、城园难融、交通滞乏、文脉难续、功能缺失等一系列城市病症，如此密集地盘踞在三角池的城市空间之中，并非偶然，也绝非个案。这些现实困境，实际上是三角池片区在粗放的城市建设发展模式下，轻视人本价值、生态价值和文化价值，野蛮生长过后亟需补交的学费，综合性、复杂性突出，应系统谋划、多举并治、精耕细作。

3 技术重点

基于对三角池的资源禀赋、现实困境的充分解读和深刻认识，项目技术工作主要聚焦三方面内容。

首先是描绘了“最海口”的片区发展愿景。三角池片区坐拥一园两湖，环境本底优越，生活服务设施便利，身处此地能真切地感受到老城独有的慢生活活力与氛围，加上其独有的闯海精神和乡愁记忆，三角池片区完全可以依托优越的环境资源、多样的服务设施、特殊的文脉积淀，以及在老百姓心目中的那份认同，向本地百姓和外地游客提供“最海口”的市井文化体验，延续“最海口”的闯海乡愁记忆（图 3）。

其次是勾勒了两个技术亮点，即场所和记忆。除了传统认识上城市更新“重塑环境场所”的“规定动作”，三角池的规划设计尝试从人的主观感受出发，构建特色、生态、完整、人性的空间场所体系。通过绘特色风貌、引蓝绿入城、营夜景流光三大策略，对三角池的空间要素进行精细设计与品质提升，塑造有魅力、有活力、

图 3　三角池片区的发展愿景
Fig.3 Development Vision of Sanjiaochi Area

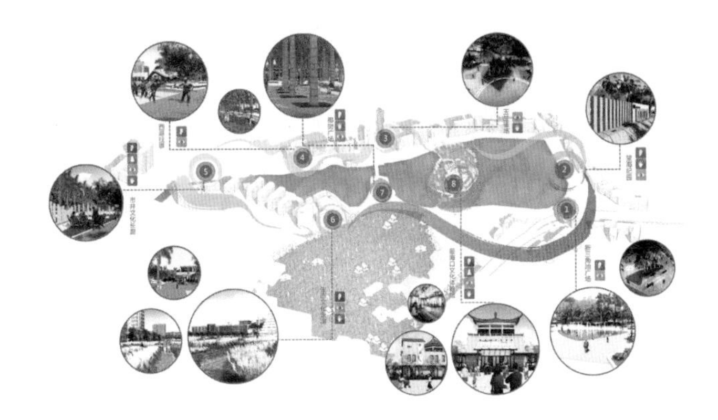

图 4　“最海口”文化体验路线
Fig.4 “Typical HaiKou” Cultural Experience Route

图 5　三个平台
Fig.5 Three Platforms

有风度、有温度的人性化场所。此外，规划设计还出色完成了“重现记忆场景”的“加分动作”，策划“最海口”文化体验路线，串联多个主题记忆场所，重现三角池的市井文化，最终实现“环境品质更好，精神记忆常新”的三角池更新（图 4，图 5）。

最后是在决策机构和职能部门、建设单位和施工单位、社区群众和社会公众三个群体之间搭建了管理、实施和宣贯三个平台，创新“全程陪伴”的技术服务方式，让各方的诉求在平台上充分发声、沟通协商、合理解决，保证各项工作的民主性、公正性和透明性，推动项目有序开展及时化解各方的矛盾和冲突，使项目能够按时、保质、足量落地实施。

4 技术创新

涉及有形的环境空间和无形的场所精神，三角池的工作内容非常庞杂，可以说是一项“不可能完成的任务”。在有限的时间、空间内高质量地完成这些工作，从项目的甄选策划、规划设计，到最终实施见效的全过程，综合技术团队的所有工作都遵循着“最大公约数与最优解”“减法与加法”的基本原则。

4.1 目标导向的最大公约数

中心城区的“双修”工作，任何时候都不能忽视“人”的因素。这就要求专业技术人员以更广阔的视野和格局，跳脱出琐碎表象和局部利益，聚焦主要矛盾，保障公共利益，提出系统性、综合性、针对性的解决思路，进而积极争取各方的共识，求目标导向的最大公约数。基于实施平台的住宅防盗网问题的解决历程，即是最好的例证之一（图 6）。

项目实施临近一半的时候，施工单位按计划着手住宅防盗网的拆除与更换工作，却遭遇了社区群众的阻挠，甚至导致施工进度一度陷于停滞。虽然之前参加过设计方案宣讲会，但对于需要更换防盗网的住户来说，三角梅和竹叶特色图案的艺术型防盗网绝对是个新鲜事儿，所以自然对其安全性、耐久性心存疑虑，宁愿将就破烂锈蚀的旧防盗网，也不愿意换新的，任凭社区工作人员如何解释也无济于事。对于这一棘手的问题，现场工作组在社区街道办的大力支持和帮助下，第一时间与施工单位、建设单位逐户查看防盗网的安装和使用情况，面对面详细解释防盗网的设计规范、材料规格、安全性能、耐久性能等一系列住户关心的问题。此外，组织社区群众代表召开防盗网设计方案专题沟通会，就防盗网相关的热点问题逐一详细解答，并耐心听取方案的合理化建议。与此同时，与施工单位充分对接，在综合考量材料及时间成本的基础上，共同制定切实可行的防盗网优化方案。

项目技术团队在施工单位和社区群众之间搭建实施平台，由点及面逐渐赢得两方的信任、理解与支持，既保证了社区群众合理的权益，又确保施工工作的顺利开展，就是在求目标导向的最大公约数。

图 6　防盗网问题的解决过程即是“最大公约数”的求解过程
Fig.6 Solving the Problem of Anti-Theft Net is the Solution of the “Maximum Common Divisor”

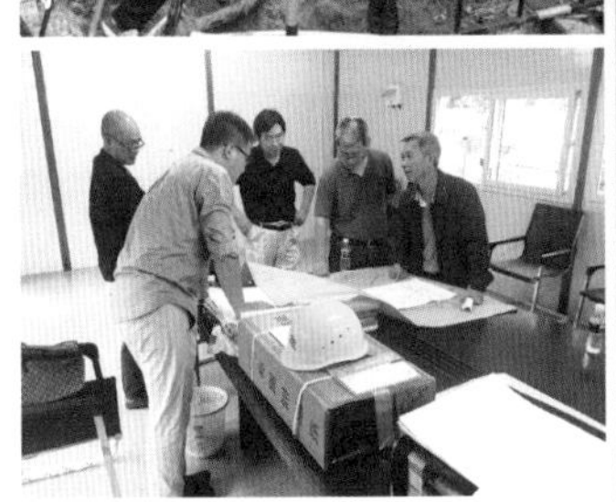

图 7 钟楼是技术人员求专业“最优解”的生动案例
Fig.7 The Bell Tower as a Vivid Case of Seeking the “Best Solution”

4.2 问题导向的最优解

求目标导向的最大公约数，绝不是说规划设计师凡事要盲目妥协。对于关键问题、难点问题，专业技术人员一定要权衡利弊、守住底线，求专业上即问题导向的“最优解”。在与百姓生活关系最密切、空间场所使用最频繁、反馈效果最直观的中心城区，更加需要专业技术人员心怀各方利益诉求的“最大公约数”，针对每一个具体的问题，凭借认真负责的职业素养、执着专注的匠人精神和高超精湛的专业水平，找到解决具体问题的“最优解”。三角池项目中的钟楼保卫战，就是项目技术团队克服重重困难，积极沟通各方，反复打磨设计方案的生动案例（图 7）。

现代妇女儿童医院位于博爱南路 - 海秀东路 - 海府路交叉口东北角，正对新三角池广场。作为路口重要的背景建筑，其临街一侧的观光电梯形象粗陋、造型笨重，是建筑风貌整治工作的重点之一。此外，作为三角池片区重要的交通枢纽和开放空间，异形路口在城市设计层面需要一个统领性的标志物。因此，建筑风貌整治方案利用现状观光电梯的高耸体量，将其改造为新南洋风格的钟楼，夜间配合灯光渲染，成为路口城市空间的点睛之笔。然而，这样一个创意十足的想法，如果没有项目技术团队搭建的实施平台，以及海量的沟通、协调工作，恐怕到现在还只是个纸面上的概念方案。

由于中心城区城建基础资料的严重缺失，方案设计团队一直未获得现代妇女儿童医院的原始土建图纸资料。直到钟楼钢柱基槽开挖时，才发现观光电梯原设计过于保守，基础尺寸过大，加上旁边许多未知的地下管线，导致新的钢柱基础无处立足。工程进度因此放缓，楼内业主也因脚手架影响采光，极易引发入室盗窃犯罪等问题而频繁投诉，要求拆除脚手架。迫于工期压力，施工单位也建议取消钟楼方案，简单处理。项目主管总工立即飞赴海口，会同驻场同志，并与施工单位、勘察单位反复研讨，分析各种潜在问题与可能的解决方案，夯实方案可行性，最终巧妙地解决了的这一技术难题。此外，项目团队积极争取区政府的支持，加强施工现场的治安巡访，有效遏制入室盗窃等犯罪活动。联合社区街道办，项目团队同步组织业主代表现场技术宣讲，对照方案图纸向大家详细介绍钟塔的设计理念、特色亮点，尽可能获得业主的理解和支持。

4.3 空间做减法

有限的空间资源与庞杂的利益诉求之间的矛盾是中心城区无法回避的现实问题，最直接的体现是城市公共空间资源的无度侵占，正如三角池片区现状中大量存在的违法建设、违章广告问题。与之形成鲜明对比的是城市公共空间的低效利用，东西湖沿岸的消极空间、博爱南路 - 海秀东路 - 海府路交口中的闲置空间，等等，比比皆是。

对于前者，城市“双修”工作应对这些侵占公共空间、侵犯公共利益、侵害公共安全的问题坚决予以纠正，清除城市有机体的这些有害的组织冗余，还原城市公共空间的本真面貌和基本秩序，可以看成是在做空间的“减法”。一个典型的例子是现状沿街商业界面，广告几乎糊满了建筑，店面颜色、材质千变万化，建筑风貌整治工作相应清理了违章广告、统一了建筑色彩。据统计，三角池项目共计拆除违建危房 4200 平方米，清理违章广告 2.5 万平方米。

对于空间低效利用的问题，景观环境设计将这些空间资源进行梳理整合后，改造成景观广场，将更多的空间资源还给城市、还给行人，可以说也是在做减法。三角池路口的改造就是一个最好的例证，改造前的路口超大且异形，空间利用效率极低，大而无当，尤其对于行动不便的行人，过马路非常麻烦。针对这一问题，路口改造方案将原有三叉异形路口变为规矩的丁字路口，从而大幅缩减了空间尺度，缩短了行人及非机动车的过街距离；在道路节点处采用较小的转弯半径，有效降低机动车转弯车速，减小其对慢行交通的侵扰，保障行人及自行车的交通安全。路口改造方案对边角料空间整合后，空间资源再分配时强调“以民为本”，三角池广场便是这样一个从原来的道路空间中挤压、腾退出来的城市广场。广场位于人民公园东门外，丁字路口的西北角，设计特色铺装对广场边界进行限定，利用特色景墙围合的种植池划分了若干主题空间，配以椰林、三角梅等不同层次的植物，塑造了一个特色鲜明、简洁大方的城市公共空间。靠近东湖的一侧视线良好，林荫廊架和休息座椅设置于此，打造一个临水纳凉、眺望湖景的休憩游赏场所。此外，东西湖沿岸在改造前有很多类似的“边角料空间”，日常的状态是杂草丛生，藏污纳垢，也是各种不文明行为的温床。景观环境设计将这些消极空间重新分配组合，变成滨湖广场和步道，也是在做空间的减法（图 8）。

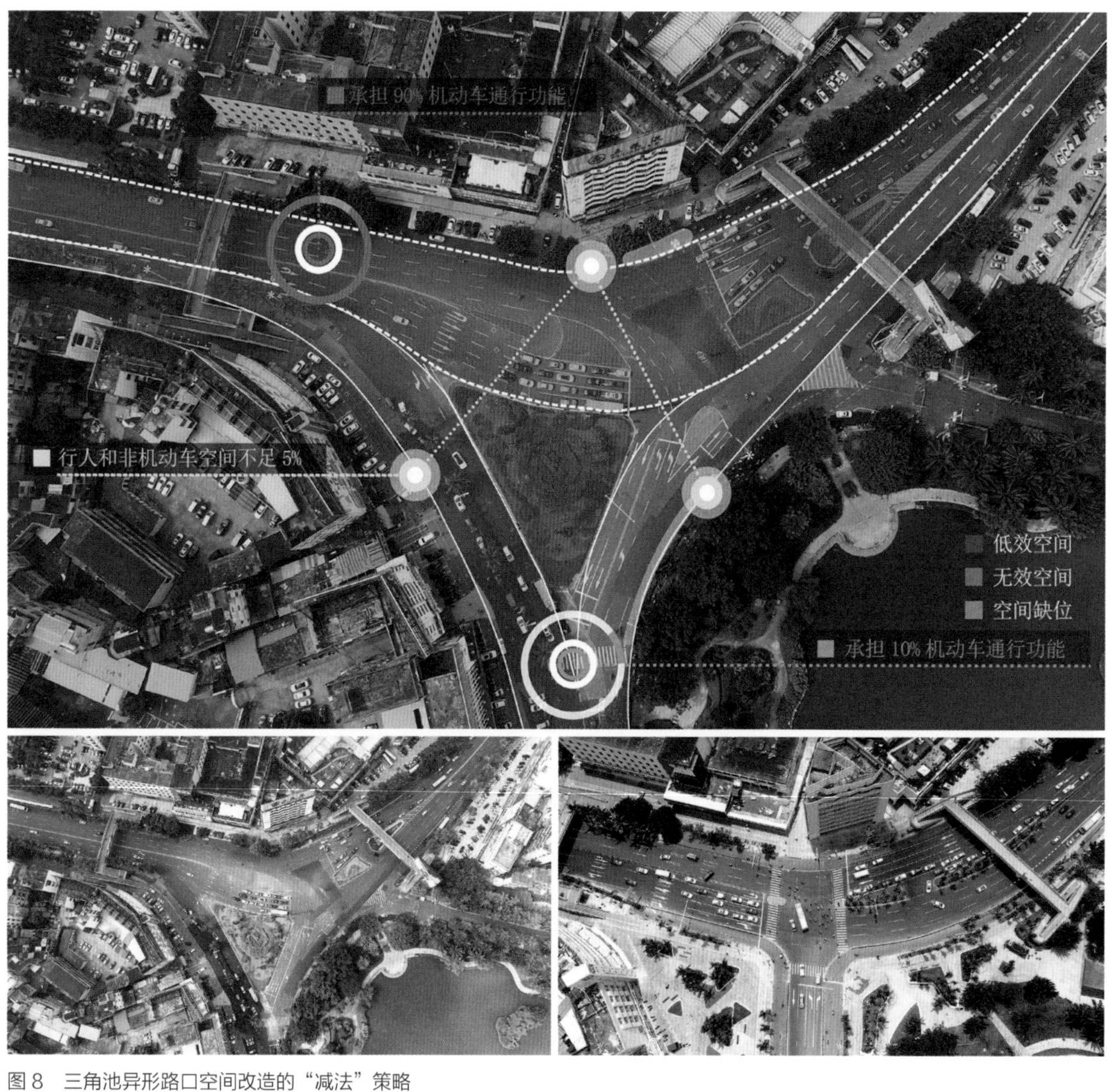

图 8　三角池异形路口空间改造的“减法”策略
Fig.8 Renovation of the Special-Shaped Crossroad is a “Subtraction” strategy

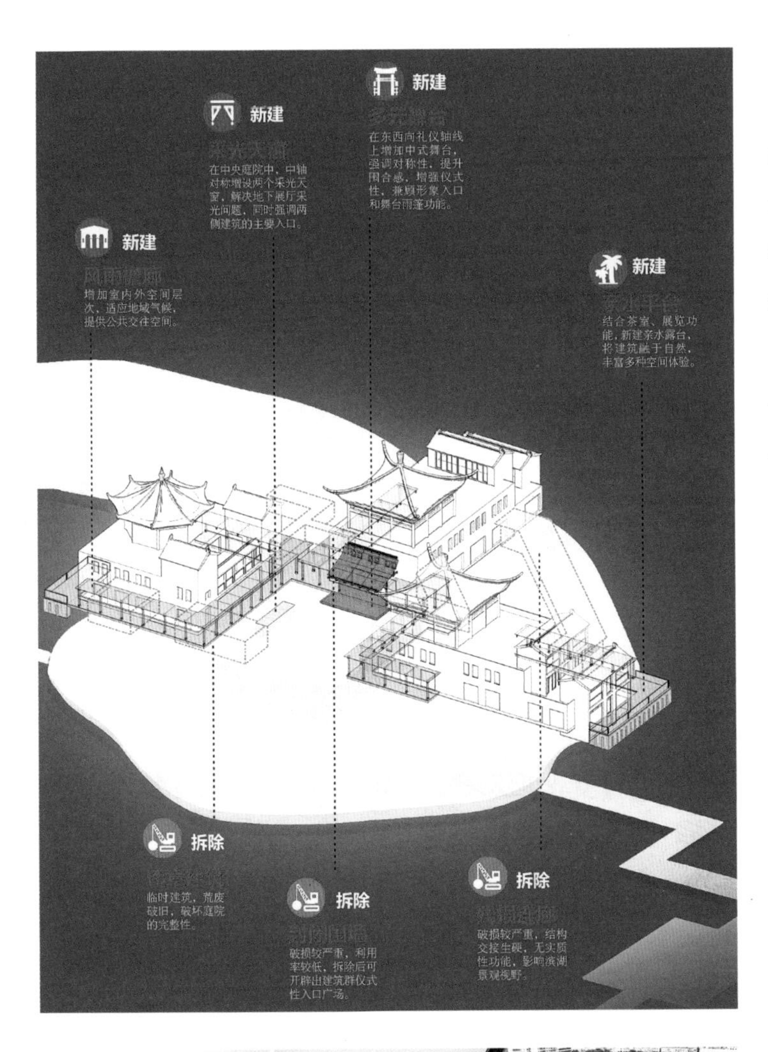

图 9　湖心岛建筑群的改造措施示意

Fig.9 Renovation Measures of the Huxindao Architectural Complex

图 10　更新改造前后的湖心岛建筑群外观及室内效果对比

Fig.10 Comparison on the Exterior and Indoor Effects of the Buildings Before and After the Renovation

4.4 生活上做加法

如果说传统意义上空间环境的更新改造是“规定动作”的话，那么场所价值的延续发掘就是“加分动作”，也是激发城市归属感和认同感的“关键动作”。湖心岛建筑群由陈年烂尾楼向“最海口文化体验馆”的华丽蝶变，就是一个典型的例子。

湖心岛建筑群建于 20 世纪 80 年代，由于种种原因，三十多年来一直处于荒废的状态，从未投入使用。建筑群采用分散式园林布局，形体变化丰富，加上岛上长势茂盛的植被，环湖各处都能看到绿树掩映下错落有致的亭台楼榭。不管是附近的街坊邻居还是当年的“闯海人”，东湖上的这处独特景致是承载城市记忆、激发认同感的一个身份符号，三十多年来从未变过。然而，现实中湖心岛建筑群也仅仅是一个视觉符号，很多实际的问题无法回避：多数房间长期闲置，其他则作为杂物仓库；缺乏必要的维护，部分屋顶和墙体已经失稳、坍塌，地下室长期泡水腐蚀，已无法满足正常使用的安全要求。围绕湖心岛建筑群去或留的问题，在项目整体计划安排异常紧张的情况下，前后仍经历了多轮反复。在重点参考项目技术团队提出的综合建议后，海口市委市政府最终决定保留现状建筑，花大力气进行加固、改造、再利用，这实际上是一个对于城市场所价值的认识水平不断提升的过程（图 9，图 10）。

湖心岛所承载的场所价值不应只是孤立于湖心的一组地标形象，或是人们脑海中的一个情感羁绊。这些抽象的、无形的场所价值固然重要，但重新谋划湖心岛的功能定位，使人真正使用建筑空间、感受环境氛围、参与活动交流，与老百姓的日常生活建立看得见、摸得着的联系，发掘并拓展其场所价值，在项目技术团队看来，是更具建设意义的一个方向。

考虑到湖心岛周边交通条件不力、环境承载力有限、建筑空间局促等方面的制约因素，功能策划方案充分考虑示范价值、宣传效应和协同互补的原则，避免设置设施繁复、人流密集型功能。通过市民问卷调查和多轮策划方案比选，在"最海口文化体验馆"的总体定位下，功能内容最终锁定"闯海精神传承、人才服务交流、休闲文化生活"三个板块。具体来讲，北楼为"精英堂"人才中心，东楼为"闯海魂"记忆厅，南楼为市井文化茶馆，而位于整个建筑群中心位置的三合院为多元舞台广场。

更新改造后的湖心岛，建筑布局规矩方正，加建的部分低调谦逊，与主体建筑统一协调，主次相宜的庭院与天然自由的原生景观相得益彰。"最海口文化体验馆"是集市井文化、生态文化、宜居文化为一体的文化综合体，必将成为三角池最具人气的活力场所、最为生动鲜活的宣传窗口、最为开放包容的交流平台，以及"最海口"文化的殿堂。

中心城区的"双修"工作具有很强的社会性，一个优秀项目的最终落地，一定是社会上下、多方合力的结果，过程中必须尊重、倾听、回应各方的利益和诉求，因此要求目标导向的"最大公约数"。同时，技术人员也要坚持原则、权衡利弊、守住底线，凭借精湛的专业素养求问题导向的"最优解"。而对于有形的环境空间，规划设计工作重在"做减法"，去除城市有机体的繁复冗余，整合有限的空间资源成为高品质的城市公共空间，再还给城市，还给老百姓。这些品质空间又为人的活动提供了多种可能性，丰富了市民生活，是在生活上"做加法"。每一个城市更新项目都是一道复杂、难解的数学题。但是，只要找到了正确的算法逻辑，再难的题也有解，而"最大公约数与最优解""减法与加法"正是指导中心城区城市更新工作的"算法逻辑"。不管是"减法"还是"加法"，都是建立在对每一个特定城市的扎实研究和深刻理解之上的，讲究因城施策；而双修工作的社会性，又要求专业技术人员心怀民生诉求的"最大公约数"，精耕细作专业问题的"最优解"，不吝因势利导（图 11 ～图 17）。

图 11　三角池项目实施后的实景照片 1
Fig.11 Photo of Sanjiaochi Area After Project Implementation-1

图 12　三角池项目实施后的实景照片 2
Fig.12 Photo of Sanjiaochi Area After Project Implementation-2

图 13　三角池项目实施后的实景照片 3
Fig.13 Photos of Sanjiaochi Area After Project Implementation-3

图 14　三角池项目实施后的实景照片 4
Fig.14 Photo of Sanjiaochi Area After Project Implementation-4

图 15　三角池项目实施前后的实景对比照片 1
Fig.15 Comparison on Photos of Sanjiaochi Area Before and After Project Implementation-1

图 16　三角池项目实施前后的实景对比照片 2
Fig.16 Comparison on Photos of Sanjiaochi Area Before and After Project Implementation-2

图 17　三角池项目实施前后的实景对比照片 3
Fig.17 Comparison on Photos of Sanjiaochi Area Before and After Project Implementation-3

雍和宫大街环境整治提升设计——建筑风貌专项

Architectural Design of the Environmental Renovation and Improvement Project of the Lama Temple Street

执笔人：孙书同　王宏杰　周　勇　鲁　坤

【项目信息】

项目类型：城市更新

项目地点：北京市东城区

委托单位：北京市东城区城市管理委员会

主要完成人员：

主管院领导：王　凯

项目负责人：周　勇　孙书同　吴　晔

项目参加人：郑　进　方　向　何晓君　王　冶　王丹江　鲁　坤　秦　斌　刘自春　张福臣　胡金辉　庞　琦　王　丽

照片摄影：方　向　郭　磊　孙书同

【项目简介】

雍和宫大街环境整治提升工程是北京市东城区崇雍大街整治提升工程的首期示范项目。崇雍大街位于北京市东城区，北起雍和宫，南至崇文门。大街所在的天坛至地坛一线文物史迹众多，历史街区连续成片，是展示历史人文景观和现代首都风貌的形象窗口。20 世纪 90 年代以来历经数次建筑风貌整治工程，但均未跳出“涂脂抹粉”的惯常做法和思路限制。技术团队以综合系统的视角，重新审视这条北京老城内连接“天地之间”的城市干道，统筹考虑历史文化保护、居住环境、交通出行、公共空间、公共服务、对外交往、文化展示、旅游形象等多种要素在建筑风貌整治工程中的落实。从 2018 年 3 月至 2019 年底，在雍和宫大街工程一期、二期约 1130 米的区段中建筑风貌工程已全部竣工验收。在 500 多天的项目推进过程中，建筑风貌整治技术团队协同其他专业设计力量，由之前单纯的物质环境空间设计向社会、文化、经济等多维度拓展。崇雍大街整治提升工程项目搭建了一个城市共治共建的开放平台，充分体现了城市治理理念、策略与方式的转变。

[Introduction]

The Lama Temple Street project was established as the first renovation and improvement demonstration project of Chongyong Street. Located in Dongcheng District of Beijing, Chongyong Street extends from the Lama Temple in the north to Chongwenmen in the south. There are numerous cultural relics and historic sites along the street, which is an image window to show the historic landscape and modern style of the capital. A number of renovation projects have been conducted in this area since the 1990s, but none of them have broken out of the usual practice of whitewashing. From a comprehensive and systematic perspective, the design team re-examined this arterial street and considered the arrangement of a variety of factors in the environmental renovation and improvement project in a coordinated way, including the historic protection, living environment, transportation, public space, public services, external exchanges, cultural exhibition, tourism image, and so on . During the process of the project, the design team has cooperated with other professional teams and expanded this project from a simple physical environmental space design to the multi-dimensional development of society, culture, and economy. From March 2018 to the end of 2019, the architectural section of the Lama Temple Street (phase I and phase II), which last 1130 meters long, was completed and accepted. This project has built an open platform for the co-governance and co-construction of the city, fully reflecting the transformation of urban governance concepts, strategies, and methods.

东城区政府

管理部门
规划分局
城管委
百千办
街道、社区
房管局
地铁 交通 园林

设计单位
中规院
名城所
建筑所
交通院
风景院
信息中心
照明中心
首都师范大学
社会公众

实施部门
各街道
全过程单位
施工单位
监理单位
结构鉴定
测绘单位
道路大修施工

图 1　工作组织
Fig.1 Work Organization

1 项目背景

崇雍大街位于天、地二坛之间，沿线文物史迹众多，是元代以来北京内城的重要南北通衢和商业街道，是目前北京城历史文化街区最为集中的大街，老北京生活氛围极为浓郁。可谓：一条崇雍街，千年北京城。

2018 年 8 月 9 日，市委书记蔡奇、副市长隋振江进行老城街区更新调研时指出："要以崇雍大街和什刹海地区为样本推进街区更新。"雍和宫大街环境整治提升工程作为崇雍大街整治提升工程的首期示范项目，既是东城区"百街千巷"街巷整治提升工作总结经验的承上之作，是区别于大街历年实施的局部、专项、临时的整治措施的第一次系统性的综合提升；同时，也是落实北京总规对老城疏解、提升的新要求，探索下一步工作方向、方法的启下之作，是北京老城走向有机更新、可持续治理模式的探索项目。

2 工作路径

本次工作分为两个层次开展工作：

一是崇雍大街城市设计项目。通过整体研究崇雍大街，对其周边地区、街道两侧进行规划研究和城市设计，编制相关设计导则指导实施。二是雍和宫大街环境整治提升设计项目，是崇雍大街首期示范工程，内容包括范围内的建筑风貌整治工程设计、景观环境整治工程设计、道路交通详细设计、综合杆工程设计。其中，建筑风貌提升工程部分的实施范围为北新桥路口至二环路，长度约 1130 米，实施内容包括建筑风貌提升、拆违封堵、危房改造、示范院落改造、公共服务设施补充。

3 工作组织

在项目运作中，搭建"政府统筹、专业协作、部门联动"实施平台。给规划、建筑、景观、交通、照明等专业团队提供跨界合作的条件，通过设计单位、城管委、规划分局、街道办等多部门联动，形成合力，最后综合施策，系统解决老城保护与发展问题（图 1）。

4 工作内容与特点

4.1 多维度开展公众参与

雍和宫大街项目最重要的工作内容就是把公众参与放在首位。公众参与工作的原则是体现"一个中心"的原则，即"以人民为中心"。项目组在规划编制的全过程中开展了多样化的公众参与活动，在履行"崇雍共治"计划中问计于民、问需于民、问效于民，力图体现十九大提出的打造共建、共治、共享的社会治理新格局。主要开展的工作内容为：

（1）崇雍工作坊

为了进一步全面提高雍和宫大街公共空间品质，激发公众参与空间更新的积极性，项目组在北京市规划和自然资源委员会东城分局的支持下，开展以"崇雍工作坊"为品牌的设计竞赛活动，面向社会征集雍和宫大街沿线公共空间优秀设计方案。

图 2 崇雍工作坊——“认领你的街道”工作营
Fig.2 Chongyong Workshop—“Claim Your Street” Camp

2018 年，项目组举办了第一届竞赛活动“我们的街区——崇雍大街沿线公共空间设计概念方案邀请赛”，取得了良好的社会反响。“规划中国”在与十余家自媒体联合发布规划设计任务后，获得 80000 余次点击量，得到高校师生与设计机构的积极响应，总共邀请到一百余家设计团队共同参与，最终从百余幅作品中遴选出 10 个优胜作品。项目组后续把征集到的优秀思路、创意融入实施方案中，进一步推动雍和宫大街沿线公共空间建设。

2019 年，项目组又举办了“认领你的街道”工作营。通过面向北京高校众筹活动，邀请了 17 支高校团队，通过北京老城街道建立档案的形式，助力老城复兴。这次参赛者年龄跨度广，最小队伍平均年龄 13 岁；专业跨度大涵盖规划、建筑、景观、公共管理、经济学、社会学等专业，学生们通过画地图、拍视频的方式，进一步加深了对老城的认识和理解（图 2）。

（2）崇雍议事厅

在方案设计过程中，项目团队多次向东城区政协、东城区文联的古建、书法、民族宗教、法律界等各行业专家进行请教指导，吸取多方建议，对设计方案进行改进与提升。向公众进行方案宣贯、议案征集，与街道街区相关机构人员、小巷管家、志愿者进行诚恳交流，大家以填写纸质问卷、使用微信小程序打点、反馈等方式为雍和宫大街南段整体环境提升出谋划策（图 3）。

在方案实施过程中，项目组充当起移动的“议事厅”，通过驻场设计师 500 多天挨家挨户地拜访，对居民提出的问题及时反馈调整，兼顾“大家”“小家”，实现街道提质和人居环境改善的双赢。

例如，最开始在改造中选用了木质门窗，外观风貌古朴、符合历史街区的风貌特色。商户基本很满意这种能提升风貌形象的门窗设计，但是部分将建筑作为居住功能的老百姓产生了对木构件保温性能、耐久性的担忧。针对这一情况，项目组最后在部分居住型四合院里我们就选用了双层的门窗样式——内侧为断桥铝的节能门窗，外侧为木质门窗，兼顾了美观与实用。

在雍和宫大街一期工程完工后，部分居民向我们反映：虽然街道风貌变得古香古色，建筑也符合了传统规制，但是更应该保留一些个性化的设计。所以在二期改造中，项目组及时回应百姓需求，根据建筑风格的定位，为居民提供了 48 种个性化的门窗菜单、12 种牌匾菜单，邀请居民参与到设计中（图 4）。设计师与居民反复磨合沟通，将每户居民对街道、建筑的情感和生活需求纳入考量，提高了方案的认可度和参与度，既满足了居民商户的个性化需求，又满足了街道“和而不同”的街道风貌。

图 3　多方参与出谋划策
Fig.3 Multi-Party Participation

图 4　项目组向居民进行门窗菜单式选择
Fig.4 The Project Team Shows the Door and Window Menu to the Residents

如今，龟背锦、灯笼锦、套方等各具特色的门窗木格图案，已然在雍和宫大街上“现身”，而家家户户的现代生活，也在“老”房子中热热闹闹地开展起来。

（3）崇雍展示厅

我们在改造中建设了虚拟展示厅，即北京老城保护数字化平台。以数字地图为平台，在结合对北京老城各类数据资源进行评估分析基础上，采用地图交互、大数据分析、AI 智能识别、三维实景建模等技术针对重点地段进行城市意象判读、街区设施评估、街区更新管理单元模块建设，利用公众参与小程序数据后台来打通实现舆情监测，实现对老城核心区的数字化再现、信息化展示和历史文化传承。

另外，我们还在雍和宫大街设立实体展示厅。项目组专门在项目现场设置方案展示厅和公众参与体验场所来展示崇雍大街历史概况与最新规划思路，将规划方案制作成丰富多彩的各类展览、图解、模型等，起到规划知识普及、公众宣传、规划释义、互动交流等作用。

4.2 多层次展现历史风貌

项目组在设计方案阶段，根据历史资料及街道的历史老照片对每栋建筑进行了研究，挖掘其历史和风貌内涵。根据文化内涵、现状本底特征和发展愿景，雍和宫大街北段定位为“慢街素院、儒风禅韵”的文化景观游憩段，目标是形成具有传统胡同风貌的生活游憩型街道，在国子监街附近植入重要文化设施与空间，形成文化展示门户场所；南段定位为“贤居雅巷、文旅客厅”，其中“贤居雅巷”区段传统风貌建筑相对集中、院落格局完整，为文化圈与商圈过渡区段，目标是突出便民公共服务设施、胡同文化展示、公共活动空间等功能；“文旅客厅”特色文旅配套段，目标是形成以老北京文化商店、特色小吃、精致素餐功能为主的特色风貌区段。

图 5　根据历史风貌的恢复性修建及文化景观展现
Fig.5 Building Restoration and Landscape Show According to Historic Features

图 6　老旧物料的再利用
Fig.6 Reuse of Old Materials

从历史资料中，我们发现：雍和宫大街整段的历史风貌北侧基本以四合院等居住风貌居多，越往南民国风格、拍子式铺面房等形式逐渐增多，是一条多元风格共荣的街道。而且现状来看，部分建筑仍旧保留了这种历史痕迹。可惜的是，在历年的“贴皮”整治中，这些特色的风格建筑都被统一式的改造覆盖掉了个性，难以展现。在此次改造中，项目设计提取雍和宫大街历史上曾经有代表性风格的建筑，结合现状的特征，采用蒙太奇的方式进行拼接展示，以“京华剪映、街区新生”为设计目标，从北至南展现了由古朴向现代、由居住向商业逐渐过渡的建筑风貌，展现了历史的真实性。在重要的胡同口节点位置，对一些特色历史建筑进行了恢复性修建，保留了历史的真实性。

例如，方家胡同是雍和宫大街沿线知名的胡同，过去却由于胡同口常被车辆占据、风貌较差，丰富的历史信息不易被行人察觉。项目组通过挖掘历史信息，发现清代造币厂宝泉局旧址曾在此处，设计了一处“宝泉匠心”景观节点，恰能激发人们进一步探索街区的兴趣。更巧的是，项目组通过老照片发现此处曾经是一处非常有特色的历史建筑，在与商户反复沟通后，结合现状的建筑使用功能进行了恢复性修建。改造后的该建筑前的公共空间，又结合方家胡同，通过特殊设计的铺装样式，体现宝泉局造币及方家胡同机械制造的文化渊源（图 5）。

在工艺和细节上，我们以保护好老城街道的一砖一瓦为目标，重点探索了老旧建材回收利用的方式。在每座建筑的修缮中，项目组都通过回收利用和细致挑选合适的旧物件（图 6），对大街原有的铺地砖、瓦、墙砖、木构件等进行了回收利用。雍和宫大街二期工程共使用了旧砖 55 万块、旧瓦 13 万块，旧材料利用约占 80%。而另一方面，与一期相比，二期工程进一步细化了墙体工艺的施工方案，施工中可根据建筑的原始样貌来选择对应的墙体工艺，并在沿街处砌筑“风貌保护样板墙”，将“干摆”“丝缝”“淌白”等工艺予以直观展现。

图 7　工艺细节设计
Fig.7 Craft and Detail Design

通过 500 天的精心打磨，各类雨水口、砖雕、门墩，小到空调机罩、旗杆盒等物件都进行了单独的设计，对每一处细节精心打磨（图 7）。甚至连各家各户门边的古铜色门牌，也经过了 12 稿的推敲设计，拥有自己专属的“雍和”印章 LOGO。正是一处处细节的反复打磨，在崇雍大街“文风京韵、大市银街”的整体定位下，雍和宫大街交出了属于自己的答卷。

4.3 多专业协作系统施治

在建筑设计中，充分与交通、景观等专业协调配合，将环境提升与建筑改造结合实施，系统施治。具体包括两点：

（1）协同景观专业打造文化景观

通过对 4200 余平方米的违法建设进行拆违，将更多的城市空间还给道路，优化了步行空间。协同景观专业，对占道的构筑物进行清理，保证充足的通行宽度和连贯的通行流线。利用拆违封堵后的场地，结合文化景观，塑造了“雍和八景”的文化景观节点，展示大街文化的同时，也为市民增加了活动场所（图 8）。

（2）协同市政专业将建筑与城市设施一体化改造

曾经，从雍和宫大街步道由南向北行进，放眼望去全是电箱，“见缝插针”的电箱密密麻麻占据了大量人行空间，管理部门一直想对其进行清理，但没有空间安置一直是令人困扰的难题。我们在此次整治提升工程中，结合市政、景观灯专业探索了一种方式，将环境设施结合建筑进行一体化改造，对大街的 108 处电箱设施进行布置和隐藏。为了实现无障碍通行和步行空间零障碍的目标，小型电箱结合危房改造，将其预埋进

图 8 拆违后公共空间的留白增绿
Fig.8 Increasing Green Space After Dismantlement of Illegal Constructions

图 9　结合建筑改造的“电箱三化”工程
Fig.9　“Conversion of Electrical Box”　Project Combined with Building Transformation

建筑墙体内；大型电箱结合景观节点的设计，景观化隐藏。对每一个电箱，都结合现状的小微空间，专门设计了一套独特的隐形方案（图 9）。

4.4 多方式改善民生环境

在建筑的整治中，不仅局限在建筑的风貌外观或者空间整理上，更希望通过这次的改造工程谋得民生的改善。主要包含两方面：

（1）院落环境改善

在开展方案设计前，项目组着手编制了《北京东城区崇雍大街城市设计》，对大街的历史文化和功能定位进行了整体研究，专门编制了“崇雍大街城市设计导则”，保证“一把尺子量到底”，先谋后动（图 10）。此次改造更新以院落为基本单元，在研究历史资料基础上，以导则为准绳，确定建筑立面方案，恢复街道的历史风貌。在实施操作上，根据规划，从“立面”走向“院落”，渐进式地对沿街院落的环境、风貌、危房都进行改造，避免了过去反复整治“一层皮”的状况。

雍和宫大街的建筑经过多年的整治，不断地贴皮加门罩，隐藏了很大一部分内部的安全隐患。许多建筑外观看起来尚好，但是进到室内和院落一看：又是结构糟朽、又是基础下沉、又是屋顶漏雨，问题百出。在

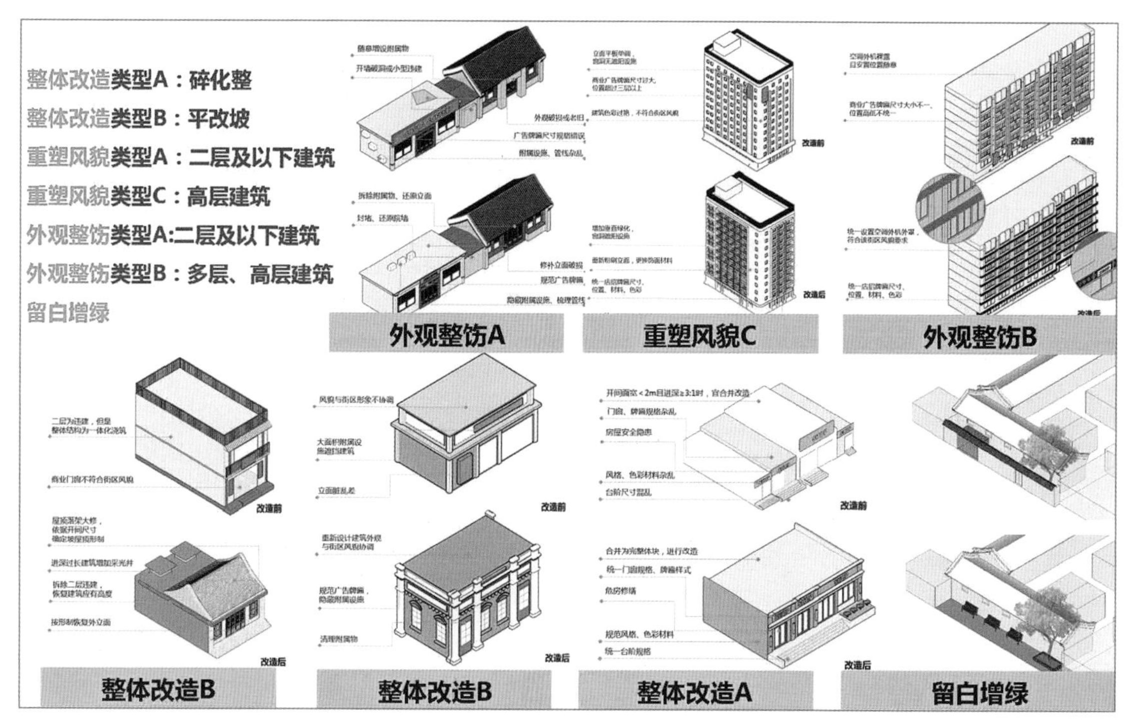

图 10　崇雍大街建筑立面整治导则
Fig.10 Guidelines for Building Facade Renovation in Chongyong Street

图 11　不间断驻场，及时解决各类隐患
Fig.11 Timely Solving all Kinds of Hidden Problems by Continuously Working on Site

这种复杂情况下，设计师们通过不间断地驻场工作，及时根据现场的复杂情况调整方案，给出应对措施，对这些存在安全隐患的房屋也一并排查修缮，对建筑内外、部分院落里外都进行了必要性的改造，极大改善了居民的居住条件（图 11）。

雍和宫大街 101 号住户何女士家修缮一新的房屋，是雍和宫大街整治提升的一个缩影：何女士在雍和宫大街 101 号已住了三十余年，由于房柱泡水发烂，每逢大雨天，她家的屋子便会漏水，几经修缮也不见好。

在此次雍和宫大街南段二期工程中，项目组对她家的房屋进行了落架大修，根除了困扰她多年的漏水问题。

改造回访时，何女士反馈，修缮完成后，她家再也没有漏过雨，项目组还小心保留了陪伴她多年的老屋“纪念品”：“就连当时我坚持要留下的老梁老柁，人家也都拆下来好好放在屋里。”

（2）街道功能完善

除了与民众的出行需求相对接，此次街道整治提升还增设了各类便民和文化服务设施，以此打造 5 分钟便民生活圈，商户牌匾也采取菜单式选择的方式来确定，并邀请文联书法家协会的多位书法家，以行楷、魏碑、隶书等字体为其题写匾额和对联。

在这之中，承载着胡同记忆、情感的老字号，也得到了妥善保留。素有“内永安、外同仁”之名的永安堂药店、“京城最后一家国营粮店”同日升等老字号，都在街道的整治提升中迎来了“老店新生”。

5 经验总结

这次工作主要体现了以下四个方面的创新：

（1）贯彻人民群众一个中心

通过多种方式体现“共建、共治、共享”的规划理念。在方案设计的全过程开展丰富的公众参与活动：

例如开展了数十场座谈，数百份问卷，广泛听取大街两侧在地的居民、商户、管理部门、社会人士多方意见；

设计简明易操作的手机 APP 小程序，居民随手打点反馈互动；

现场筹备建设实体的崇雍展示厅，持续性的扎根社区，开展活动；

组织开放式竞赛、工作营。吸纳社会多方专家、设计团队好点子；

通过“菜单式选择”的参与式设计和统规自建的方式，反复磨合方案，更关注实际使用者的贴身体验，更接地气。

另外，本次改造不同于以往的街巷整治，首次采用了“统规自建”的方式开展工作，通过“菜单式选择”等方式，与居民商户共同缔造属于大家的共同的理想街道。

（2）坚守文化传承一颗匠心

通过挖掘文化价值和空间脉络，梳理出雍和宫大街的历史风貌，对特色建筑进行恢复性修建。在改造中，对传统营造技艺严谨传承，系统性地保护展示历史文化。展现天地之街的深厚文化底蕴。用绣花的精神，通过旧砖、旧瓦、旧构件的收集再利用，留住大街的文化基因和城市记忆。

（3）搭建系统施治一个平台

面对这条交通、文化、旅游、生活功能高度复合的街道，我们先行编制城市设计和管控导则，谋定而后动。整合历史文化保护与展示、公共空间、道路交通、建筑风貌多专业，系统施治、综合提升，体现完整街道的设计理念。

（4）秉持内外兼修一个初心

以街区更新为目标，制定分步实施计划。编制院落及建筑风貌导则，在工程设计中，逐步落实城市设计要求：从建筑单体到院落延伸，再从风貌提升到功能植入，内外兼修对城市品质进行综合提升。

图 12 实施效果
Fig.12 Implementation Effect

安徽省传统村落保护试点规划
Pilot Planning for the Protection of Traditional Villages in Anhui Province

执笔人：曹　璐

【项目信息】

项目类型：村庄规划

项目地点：安徽省安庆市潜山市万涧村　安徽省宣城市绩溪县尚村

委托单位：安徽省住房和城乡建设厅

主要完成人员：

中规院（北京）规划设计有限公司：曹　璐　王　正　刘　琳　曲　丽

中国城市规划设计研究院：白理刚　靳智超　李　亚　张　昊　王　潇　向乔玉　桂　萍　王臻臻

【项目简介】

皖南传统村落保护试点规划由中规院牵头，高校、研究机构等多家机构形成联合团队，以陪伴式规划的方式探索可复制、可推广的传统村落保护模式。团队主要探索包括：关注村落内部机制建设及利益共享，构建了“理事会＋合作社”的双机制架构；强调以乡村振兴发展激发村民主体性，助推乡村产业发展，协助链接外部资源，培训在地村民，以合作社经济收益反哺传统村落保护工作；关注传统建筑改造后的合理利用问题、传统村落运营管理问题，将传统建筑或建筑遗址改造再利用为村落公共性功能空间；关注村落和建筑的低成本建设改造方式，组建村民施工队，推动传统建造技术传承与技术工匠培训，推动村落民居外立面改造、环境整治和河道生态化整治工作，探索传统建筑居住舒适性提升的低成本改造方案；探索社会力量的引入方式，一方面通过规范内部管理架构，促进乡村公益力量与社会公益力量结合；另一方面梳理外部组织架构，尝试引入社会资本；关注传统文化传承与活化，探索现代艺术对传统村落文化的全新诠释方式，推动乡村艺术家培训计划，吸引城市青少年体验村落传统文化之美。

[Introduction]

The pilot plan for the protection of traditional villages in southern Anhui is led by China urban planning and Design Institute, which organizes several organizations to form a joint team to explore the replicable and popularized protection mode of traditional villages in the form of companion planning. The main explorations of the team include: paying attention to the internal mechanism construction and benefit sharing of the village, building a dual mechanism structure of “Council + cooperative”; emphasizing the Rural Revitalization and development to stimulate the villagers’ subjectivity, boost the development of rural industry, help to link external resources, train local villagers, and feed the protection of traditional villages with the economic benefits of cooperatives; paying attention to the rationality after the transformation of traditional buildings. Using problems and traditional village operation and management problems to transform and reuse traditional buildings or construction sites into village public functional space; paying attention to the low-cost construction and transformation methods of villages and buildings, establishing villagers’ construction teams, promoting the inheritance of traditional construction technology and the training of technical artisans, promoting the transformation of the external facade of village houses, environmental improvement and ecological river training, and exploring the transmission. To unify the low-cost transformation plan for improving the residential comfort of buildings; to explore the introduction of social forces, on the one hand, to promote the combination of rural public welfare forces and social public welfare forces by standardizing the internal management structure; on the other hand, to comb the external organizational structure and try to introduce social capital; to pay attention to the inheritance and activation of traditional culture, and to explore the new interpretation of modern art to traditional village culture. To promote the training program of rural artists and attract urban youth to experience the charm of traditional village culture.

1 项目背景

传统村落是我国数以万计的乡村中最具代表性的一部分，也是极为宝贵的活态文化遗产。现存的大部分传统村落地处偏远、交通不便。城镇化和城乡二元结构长期影响下，传统村落面临严重的空心化问题，村落发展动力不足，生活在其中的村民也有提升生活质量、改善生活环境的迫切诉求，这都导致传统村落的保护与管控面临严峻挑战。为此，受安徽省住房和城乡建设厅委托，（中规院 / 北京公司）于 2017 年 8 月开始皖南传统村落保护试点规划工作。

中规院编制团队负责试点实施的总体统筹工作，北京大学社会学系、本土建筑工作室、土上建筑工作室、朴素建筑工作室、无界景观、四面田工作室、北京交通大学建筑设计院、清华大学艺术学院艺术家协会、上海亨同投资管理顾问公司等机构形成联合工作团队，在各自领域开展相关工作。

2 规划思路

作为真实落地实施的村庄规划项目，规划团队强调培育真正可持续成长的村庄，强调村落的机制建设引领空间建设的规划思路，强调以村庄的运转管理逻辑、产业发展逻辑引领空间环境改造逻辑，尝试以多专业协同的陪伴式规划，探索能兼顾村落保护与可持续发展、可复制、可推广的传统村落保护发展模式。

3 主要规划内容及项目特点、难点、创新点

本次规划以乡村规划师、社会学、人类学学者共同组成核心工作团队，同时与建筑师、投融资顾问、创意策划、媒体宣传、产品设计等多个专业团队配合，在两年时间里以陪伴式规划，持续推进传统村落保护工作。工作内容涉及适合传统村落特点的相对低成本的保护与改造方式、传统村落特色产业培育、社会资金合理引入、农村宅基地集体内流转与农房资产股权化、传统建筑舒适性改造、传统文化的传承与推广、传统建筑合理利用等问题。工作内容复杂且相互交织，创新难度较大。

项目工作内容主要包括以下六个方面：

3.1 关注村落内部机制建设及利益共享

长期以来，传统村落保护问题与传统村落的可持续发展问题被割裂开来，而事实上，这两项工作是密不可分、互为促进的。而村落内部机制建设是推动村落可持续发展的重要支撑与保障。传统村落是典型的社区共同体，社区成员在宅基地分配、农地分配、水源分配等方面存在微妙的平衡关系。当外部资金、政策、力量等介入传统村落之后，有可能因为打破固有的平衡关系而引起村落内部矛盾，甚至对村落保护造成严重干

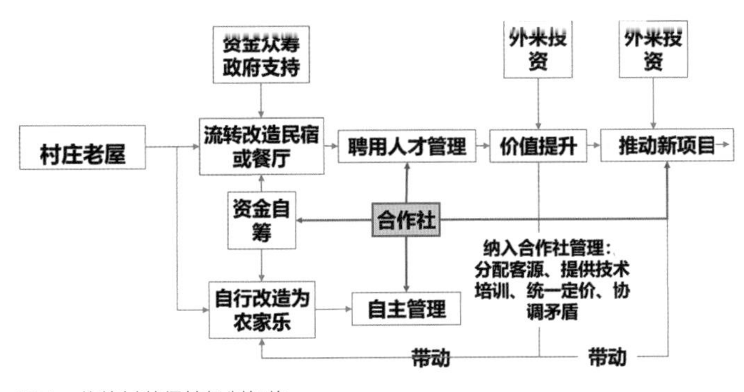

图 1　传统村落保护机制架构
Fig.1 The framework of traditional village protection mechanism

扰。因此，在外部力量介入之前，及时构建既有助于保持村落内部平衡关系、又能有效吸纳外部力量的村落管理机制和利益共享机制是极为必要的。

皖南传统村落保护试点项目构建了“理事会 + 合作社”的双机制架构，其中特别是通过驻地技术援助，引导了成立针对传统村落保护和发展的专业合作社，以农村经济产业实体引导村民妥善利用村落传统资源谋求发展。合作社可以根据传统村落保护规划的相关构想，推动规划范围内的房屋、土地、山林高效流转，促进资源整合，并自主经营有机农业、手工业、餐饮等产业项目，反哺传统村落保护工作。相比传统的农业产业合作社，以传统村落保护为目标的经济合作社不能单纯以经济收益最大化为标准，而需要兼顾保护、公平、效率等一系列问题，在产业培育路径选择方面创新难度更高，成长也更为艰难和富有挑战性。

迄今为止，潜山万涧村“回味乡愁”农民专业合作社，吸引了来自万涧村 25 个村民小组的 81 户村民入社，已经完成 3 处、涉及 41 户、逾 3000 平方米的古民居流转工作，自 2018 年 8 月成立至今已经获利 60 万元。绩溪尚村传统村落保护发展经济合作社共有社员 133 名，筹集资金 52.7 万。合作社目前已流转或长期租赁共计 470 平方米老屋，流转 38 亩土地进行黄蜀葵花的种植，获利 12.7 万元，并带动四户农家乐发展（图 1）。

3.2 以乡村振兴发展激发村民主体性

传统村落保护长期以来被视为政府的重要职责所在，村落的大量保护工作依赖政府的单向度投资。这不仅给地方财政带来巨大压力，而且导致村民游离于传统村落保护工作之外，甚至因为自身的生产生活诉求而站在了保护工作的对立面。

本次项目摒弃了以往就保护论保护的工作思路，强调村民是传统村落的主人，村落的保护、改造和合理利用问题必须与村民的生产生活息息相关，与村落的可持续成长紧密结合。因此，如何更为符合村落的发展逻辑和管理逻辑，符合村民对于美好生活的向往成为本次规划工作的重中之重。

（1）助推乡村产业发展，反哺传统村落保护工作

结合传统村落地处偏远、生态环境优异的特点，驻村工作同志尝试帮扶村民发展生态农业，并以此反哺合作社的传统村落保护工作。迄今为止，潜山县“回味乡愁”农民专业合作社已经流转荒地 20 亩种植生态有机金丝皇菊，带动本村 364 人次务工，务工时长达 2550 工时，获得 200 斤精品金丝皇菊产品，并引入生态农业培训课程，引导合作社逐步建立健全生态有机生产及加工工艺，搭建供销平台，形成良性的产业供销模式（图 2）。

（2）协助链接外部资源，将传统村落资源转化为切实的经济收益

传统村落大多地处偏远、产业培育难。产业成长既需要相应硬件改造，也需要系统的软环境培育。2017 年 9 月，绩溪尚村经济合作社借助公益捐款在建筑遗址上改造兼有村民会堂和旅游餐厅双重功能的竹构建筑——幽篁里，并在“十一”期间举办了多场“尚村月光豆腐宴”活动。2018 年十一黄金周，尚村举行葵花节，同时举行“生活在乡下”尚村公益市集，宣传村落的小吃及土货，共接待游客五千余人次。同时，驻村工作同志还与村民一起挖掘本地手工艺及农耕体验项目，共设计旅游体验产品 2 款，接待游客团队十余次。2019 年 4 月，中规院团队联合安徽大学艺术系等单位在尚村举办手工艺文创产品展，将烟丝制作、糕点制作、竹篾编织等传统手工艺与现代工业设计产品相结合，吸引了大量游客参观。在潜山万涧村，驻村同

图 2 潜山万涧村“回味乡愁”传统村落保护专业合作社的特色农产品培育
Fig.2 Cultivation of characteristic agricultural products led by the village cooperative named ‘Nostalgia in Retrospect’

图 3 潜山万涧村及绩溪尚村借助旅游推介农产品
Fig.3 Promoting agricultural products through tourism

图 4 潜山万涧村及绩溪尚村合作社组织村民开展村落餐饮服务和培训
Fig.4 Catering service training activities organized by the Village Cooperative

事帮助合作社运营万涧村“杨家花屋”民宿，接待城市研学旅游团队和高校联合工作营，不仅为合作社创收毛利润 12 万元，而且以自然生动的方式系统宣传和展示了传统村落社会人文与建筑空间价值（图 3）。

（3）**构筑公益平台，培训在地村民**

针对村内人口外流严重，青壮年劳动力严重不足的情况，团队驻村同志发动村内阿姨组建阿妈团，接受公益团队的咖啡和餐饮培训，并开始参与民俗旅游体验活动的相关服务工作。经过一年多的努力，村内阿姨服务能力明显提升（图 4）。

3.3 关注传统建筑改造后的合理利用问题、传统村落运营管理问题

传统建筑、传统村落的合理使用与可持续运营管理问题是传统村落可持续发展问题的具化表现。当前，传统建筑使用不当、管理不善、传统村落过度商业化、运营混乱等问题经常见诸报端。传统建筑修缮难、合理利用更难；传统村落投资难、运营管理更难。大量修缮后的传统建筑因用途设定不合理而难以持续有效维

护并导致二次损坏，是对公共财政资金的严重浪费。一些传统村落因为没有合理的运营模式和系统的管理体系，导致政府成为村落建设监管的“救火队”。

皖南传统村落保护试点项目结合项目具体情况，一方面尝试将传统建筑（传统建筑遗迹）改造为村民活动中心、旅游服务点、民宿、老年人关爱中心、山区儿童图书馆、乡村艺术馆等公共性项目，并以传统村落保护发展经济合作社为依托，结合社会公益力量，对修缮改造后的建筑进行运营和管理；另一方面也探索通过提升传统建筑的居住舒适性，让村民更愿意居住在传统建筑中，从而维持建筑的中长期合理使用。

（1）将建筑遗址改造为村落公共场地和旅游服务接待点

联合尚村传统村落保护发展合作社，结合尚村一处崩塌的老建筑遗址建设“幽篁里”村民活动中心（又名竹棚乡堂）。“幽篁里”既是村民日常活动、周末培训的场所，又可以成为村落合作社开展餐饮服务接待和会务接待的场所。同时尚村韶光乡村艺术展廊、乡村艺术家工作坊等项目正在推进过程中（图 5）。

以潜山经济合作社为平台，对杨家花屋进行抢救性修缮工作，并通过微改造修缮为青年旅舍，服务于周边徒步、越野等赛事活动，并服务日常散客游览。至 2019 年 8 月，在合作社运营下的花屋青年旅舍共获得毛利润约 12 万元（图 6）。

图 5　绩溪尚村幽篁里村民活动中心改造——特色餐厅改造项目
Fig.5 The Regeneration of a dilapidated old building into the community center of the village

图 6　潜山万涧村花屋特色民宿改造项目
Fig.6 The renovation of a traditional House into a characteristic homestay

（2）将传统建筑再利用为村落公共性功能空间

在潜山万涧村，根据编制杨家老屋文物保护修缮规划，以经济合作社为平台，完成杨家老屋房屋流转工作，推动杨家老屋文物修缮。同时，合作社还鼓励老屋内村民捐献了清代、民国时期的老物件，计划以这些老物件为主体，筹建杨家老屋民俗博物馆。另一个万涧村的清代老屋——芮家老屋正计划改造为服务于周边村组老人日间照料和休闲活动的服务中心。

同时，中规院和北京建筑大学生土建筑团队合作，以潜山经济合作社为平台，流转杨家大屋旁一个传统造纸作坊房屋，建设面向村内留守儿童的山区儿童图书馆—— 萤萤书屋，并以村民自助（村落内部公益组织）和城乡互助（志愿者招募、NGO 组织合作）相结合的方式，实现了几乎零成本的可持续运营与管理。

3.4 关注低成本建设改造方式

当前，大量传统建筑亟待修缮、传统村落亟待整治，相较于如此大量的保护任务，保护资金可谓捉襟见肘。同时，修缮材料采购难、修缮技术传承人少、修缮方法偏于复杂、操作难等问题，导致传统建筑修缮成本居高不下，进而严重降低了传统建筑的修缮比重，传统村落保护形式越发严峻。为此，探索低成本的建设改造方式，是当前传统村落保护的重要课题。

皖南传统村落保护试点项目，一方面探索通过让村民参与村落环境整治工作、吸引村民参与学习传统建筑修缮工作的方式，降低建设改造成本；另一方面与高校研发机构合作，以新的建筑材料与传统建筑材料结合、新建造方法改进传统建造方法，探索具有更广阔的、具有复制推广价值的低成本建设改造方式。

（1）组建村民施工队，推动传统建造技术传承与技术工匠培训

驻村同事以潜山合作社为平台组建村民施工队，在当地技术人员指导下参与老屋修缮、改造，近期还将在北京建筑大学指导下接受生土建筑建造技术培训。

2019 年 8 月，由清华大学、中国城市规划设计研究院、北京林业大学合作在万涧村开展“随行潜山”工作营。营员除了为村落整理口述史、绘制村落地图、录制 VR 影像之外，还和村民一起学习竹建筑的搭建方式。当地村民也借助工作营接受了竹构建筑材料的防腐、弯曲、搭建等方面的专业技术培训（图 7）。

图 7　潜山万涧村及绩溪尚村合作社带领村民修复传统建筑及搭建竹构建筑
Fig.7 Rehabilitating traditional buildings and constructing buildings with bamboo timber led by the village cooperative

图 8　绩溪尚村积谷会及潜山“回味乡愁”合作社的村民开展义务劳动
Fig.8 Voluntary activities to improve village living environment organized by the village cooperative

（2）推动村落民居外立面改造和环境整治工作

在潜山村民合作社推动下，完成了村落民居外立面改造和包含花田步道、荒地及坡地绿化等环境整治工作。

（3）以村落理事会和合作社为核心，发动村民捡拾垃圾、清洁环境

帮助村民树立“村落环境靠大家”的自主意识，尚村积谷会和潜山村民合作社分别作为发起方，带动村民清理村落垃圾，种植绿化，清理淤泥（图 8）。

同时，中规院同事还和潜山万涧村合作社一起开展村落垃圾分类调研，并组织村镇干部、合作社成员赴江西学习垃圾分类回收经验。目前万涧村垃圾分类、降解和回收再利用工作正在推进过程中。

（4）推动河道自然生态化改造，制定河道生态保育公约

驻村同事向村民宣传河道生土保育的重要意义。中规院在地方水利部门的支持下完成河道生态自然化改造设计，由村民合作社牵头，组织村民开展河道整修工程，并在村内出台河道生态保育公约（图 9）。

（5）结合公益目标，探索传统建筑居住舒适性的低成本改造方式

2018 年，与清华大学合作，对夏季和冬季传统建筑内部温度、湿度等相关指标进行精准监测，并初步开始探索传统建筑的低成本改造方案。

2019 年夏季，在香港陈张敏聪夫人慈善基金会的支持下，联合北京建筑大学为绩溪尚村村内老年人所居住的危旧老屋进行改造。改造内容涉及房屋保温隔热能力提升、增建卫生间和淋浴间、增加生活存贮空间、增加通风和采光、老人行动安全防护等。本次改造选择更加简单、村民能学习的建筑改造修缮方案和应对冬

图 9　潜山万涧村生态河道修复
Fig.9 Ecological rehabilitation of riverbed and riverbank

图 10　绩溪尚村传统建筑居住舒适性的低成本改造探索
Fig.10 Low-cost renovation of traditional residential buildings for better residential comfort

季基本居住需求改善的内部装修方案，以一户改造成本不高于 5 万元的造价完成对村内三栋传统建筑的改造工作，并将于 2019 年底至 2020 年初，进一步扩大对村内传统建筑的改造范围（图 10）。

3.5 探索社会力量的引入方式

我国目前还保存着大量的传统村落和传统建筑，但是真正能够纳入国家资金支持范围内的传统村落、能够获得修缮资金的传统建筑数量还很有限，全然依靠政府力量完成传统村落保护工作是难以为继的。为此，探索如何引入更多社会力量参与传统村落保护工作显得尤为重要。这些社会力量可能包括：村落中外出工作的乡贤、社会学者、社会公益机构、民间投资机构、学术机构，等等。皖南传统村落保护试点项目在推进过程中，不断接触各类机构，也与之共同探讨他们可以开展的工作方向与工作内容，通过真实的项目推进过程，探索各类社会力量的合理引入方式，总结可复制的社会力量引入模式。

（1）规范内部管理架构，促进乡村公益力量与社会公益力量结合

由于政府资金管理方式与社会公益组织资金管理方式的差异，长期以来，社会公益组织大多以相对独立

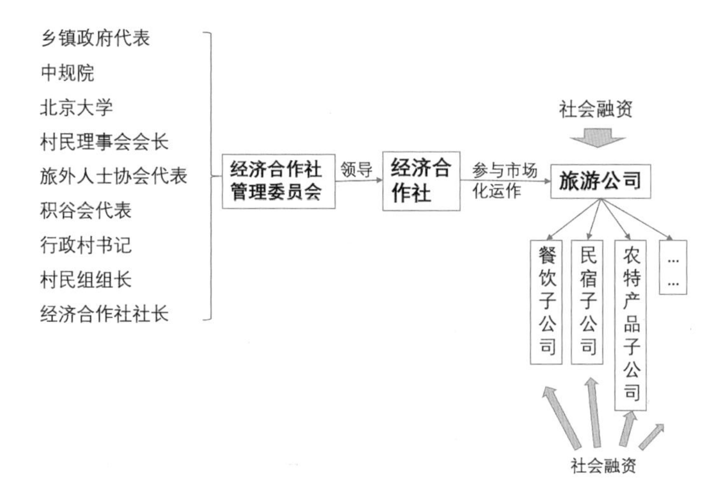

图 11　传统村落保护发展经济合作社管理框架
Fig.11 The management framework of the village cooperative for traditional village protection and development

图 12　北京曲美公益基金会主办的“古村论坛第 2 季暨古民居保护公益行动”活动
Fig.12 The 2nd season of Traditional Village Forum, the public welfare action hosted by Beijing Qumei Public Welfare Foundation to protect traditional dwellings

的方式介入乡村工作，又因其内部人力局限而带动力有限。在本次试点工作中，绩溪尚村村庄内部原有的非正规公益组织“积谷会”正式注册成为社会团体法人，从而成为承接社会公益资金资助的有效在地平台。

（2）梳理外部组织架构，尝试引入社会资本

项目强调以合作社、政府、社会资本多方持股的方式激励更多力量参与传统村落保护工作。根据项目推进设想，希望以县或镇村成立专门针对传统村落保护的旅游开发公司，村合作社作为经济实体在其中占有股份，并能在后续旅游开发中保障村民持续获益。2020 年 11 月，公司独资子公司与安徽天柱山文旅公司、万涧村农民合作社联合设立中北规划设计（潜山）乡村振兴发展有限公司，为项目提供从前期策划、项目规划、项目建设指导到项目运营管理的全流程技术服务。

同时，为了更好引导合作社的运转，项目在合作社之上增加了合作社管理委员会的架构，以地方政府、研究机构、村民理事会、乡贤组织、行政村村委会等多方力量，共同对合作社起到引导和监督作用，保障合作社的平稳运行（图 11）。

（3）逐步引入各类社会团体参与保护工作

项目推进至今，已经引入复旦大学社会学专业志愿者团队、曲美基金会、青麟实践平台、Gobeyond 无奇不游团队、上海茶叶协会、中国扶贫基金会“益路同行”平台等十余个社会团体，合作内容包括：传统文化活化、村民公益捐助、村落社会调研、留守儿童教育、村民旅游培训等多个方面，在探索社会组织力量引入方面初见成效。

（4）借助多方力量，强化宣传推广

2017 年 9 月，北京电视台所属媒体“北京时间”，以“幽篁里”餐厅为基地，策划了美食真人秀网络直播活动和传统村落保护学术研讨会。2018 年 4 月 1 日，“中国传统村落保护与发展、乡村振兴之路”学术研讨会在安徽省绩溪县尚村召开。2018 年 7 月 20 日，北京曲美公益基金会主办的“古村论坛第 2 季暨古民居保护公益行动”活动总计获得 20 余家媒体报道，浏览量突破十万人次（图 12）。2019 年，省保建筑杨家大屋启动修缮，抖音和央视频云直播共吸引 50 余万人次观看。

3.6 关注传统文化传承与活化

传统村落不同于一般文物和历史遗存，传统村落至今仍有人居住和生活，是活的文化遗产，其文化领域的核心任务不仅是保护和挖掘，更在于传承与活化。传统村落的文化传承与村民的日常生产生活息息相关，也因此而更为困难。过去，这一工作更多借助政府力量，主要形式是在特定场合的表演和展示。这样的方式不仅功利性因素干扰过多，而且与村民真正的日常性文化习惯、活动时间及场景不相符合，事实上不利于文化的传承，更谈不上活化。中规院皖南传统村落保护试点项目尝试以更加丰富的维度探讨文化传承与活化问题，希望更加强调提升村民的自我文化认同感、更多借助社会共识和公知推动文化活化。具体工作如下：

图 13　探索现代艺术对传统村落文化的全新诠释方式
Fig.13 Exploring the new interpretation of modern art to traditional village culture

图 14　绩溪尚村村民小型画展
Fig.14 Small-scale exhibition of villagers' paintings

（1）探索现代艺术对传统村落文化的全新诠释方式

联合清华大学美术学院艺术与设计协会在村落内举办艺术展，将村民口口相传的“神泉”、村民对于“生死”的超然态度等内容以现代艺术的方式予以呈现，得到了多方的高度认可，是对于传统文化传承与创新的一次有益尝试。

波兰艺术家莫妮卡（Monika）在万涧村进行行为艺术创作。德国艺术家萨沙（Sascha）与本地竹编艺人进行合作，并计划将其作品留在万涧展示（图 13）。

（2）开展乡村艺术家培训计划

鼓励村民以绘画、纸艺、诗歌等方式表现村落日常生活与村民思想感情，让村民在艺术体验中更加自尊自信，以更加亲民的方式展现村落传统文化之美。目前，乡村艺术家培训计划初见成效，2019 年 4 月在绩溪尚村为村民举办了小型画展（图 14）。

2019 年，由潜山经济合作社主导，中国扶贫基金会“益路同行”平台为山区留守儿童开展了艺术和传统手工艺公益课程活动。

（3）吸引城市青少年体验村落传统文化之美

结合团队老师工作，开展中学生乡土研学活动，吸引城市青少年感受古老村落的文化精神和民风民俗。在 2018 年和 2019 年举办的两期活动都取得了不错的效果，中学生在一周时间内不仅和村民建立了真挚的感情纽带，而且对中国传统文化的传承、村落的保护和发展问题有了更为深刻的认识（图 15）。

4 经验总结

当我们面对真实的传统村落保护工作时，往往必须面对多重因素交织的复杂局面。因此，其工作方法和工作内容也不得不超出传统规划方式，从村落机制搭建、经济产出、日常运维、文化推广、社会力量引入等多个维度出发，尝试搭建一个多领域交织贯通的工作框架。其中大量的工作，在过去并不被规划师所熟悉，有些甚至连是否属于规划师的工作范畴都难以界定。然而，我们还是相信，乡村规划从图面规划转向在地规

图 15　面向中学生的传统村落夏令营
Fig.15 Traditional village exploration summer camp for middle school students

划，从理论规划转向实践规划，是大势所趋也是必然的选择。也许假以时日，我们通过更多的实践探索可以总结出更为成熟的理论体系，进一步筛选工作内容，更为清晰地提炼工作框架，界定工作边界。然而在当下，我们愿意像孩子蹒跚学步一样，尝试去探索更具有可操作性、能真实影响乡村建设发展的全新规划工作模式。

珠海市参与式社区规划试点
Pilot Project of Participatory Community Planning in Zhuhai

执笔人：罗 赤

【项目信息】

项目类型：参与式社区规划

项目地点：珠海市狮山街道

委托单位：珠海市住房和城乡规划建设局（现为“珠海市自然资源局”）

主要完成人员：

项目负责人：罗 赤，中规院汕头分院

孙萍遥，珠海市规划设计研究院

项目参加人：

中国城市规划设计研究院：寇永霞 王宏杰 方思宇 吴 恒 赵 明

珠海市规划设计研究院：杨峥屏 章征涛 潘裕娟 陈 恳 黄嘉浩 田向阳 兰小梅 陈 燕 赖 霜 等

珠海狮山街道：李 磊 程碧燕 吴 铃 等

北师大珠海分校：黄 伟 王 冀 李媛媛 林 莉 曾敏玲 等

中山大学：李 郇 黄耀福

台湾大学城乡所基金会：陈育贞 张维修

欧盟可持续发展小组：周 萌（珠海方负责人） Marcel Van Der Meijs 阮小村 Kasper Spaan Mark Broos Marieke Van Nood

【项目简介】

《珠海市参与式社区规划试点》是广东省住建厅下发《关于选取试点社区开展城乡规划公众参与工作的通知》后的第一批试点项目。规划项目组在对珠海不同类型社区进行评估之后，选择珠海狮山街道及所辖主要社区居委会为对象，开展参与式社区规划工作。

作为创新型项目，社区“参与式规划”也是在新常态下，城乡规划由增量规划转向存量规划、由蓝图规划转向行动规划、由注重规划结果转向注重规划过程中的社会实践工作，是城乡规划理念与方式的转变。参与式社区规划是基于社会建设为核心目标的规划行动，规划师的角色由规划设计的主持者转为辅助者，社区居民的意愿和基层组织的建议是规划方案的基本出发点。

规划分为第一阶段“了解社区，培育参与意识”，第二阶段“激活资源，共谋社区愿景方案”，第三阶段“建立机制，实现协同传递”等三个进程开展。

项目以“自下而上”与“问题导向”为基本规划理念，以“居民主流意愿”为方案决策依据，以“多方协同合作”为团队组织方式，以“建立社区意识与共识”为规划延伸效应，完成与实现城市社区空间环境的“共同缔造”目标。

[Introduction]

“The Pilot Project of Participatory Community Planning in Shishan, Zhuhai” was one of the first pilot projects after the Department of Housing and Urban-Rural Development of Guangdong Province issued the “Notice on Selecting Pilot Communities to Carry out Public Participation in Urban-Rural

Planning". By evaluating different types of communities in Zhuhai, the project team selected the Shishan Sub-District and its main communities as the objects to carry out participatory community planning.

As an innovative project, this project reveals the transformation of the urban-rural planning from greenfield-based planning to redevelopment planning, from blueprint planning to action planning, from result-oriented planning to process-oriented planning which also shows the changes in the concepts and methods of urban-rural planning in the "new normal". Participatory community planning is a kind of action planning based on the core target of social construction, in which planners' role is transformed from the moderator to the assistant and consultant of planning and design, and the residents' intentions and the grass-roots organizations' suggestions become the fundamental starting point of the planning scheme.

The planning is divided into three phases, including "understanding the community and cultivating the participation consciousness" (the first stage), "activating resources and jointly planning the community vision" (the second stage), and "establishing the mechanism and realizing synergistic transmission" (the third stage).

This project takes "bottom-up" and "problem oriented" as the basic planning concept, the "mainstream will of residents" as the basis for scheme decision-making, the "multi-party cooperation" as the team organization mode, and "building community awareness and consensus" as the planning extension effect, so as to achieve the goal of "jointly building" the urban community space.

1 项目概况

2015 年，国务院《关于加强城乡社区协商的意见》出台后，广东省住建厅随即印发《关于选取试点社区开展城乡规划公众参与工作的通知》，珠海被选为第一个试点城市。

项目组在全市调研后，选定位于香洲老城区的开放式老旧小区——狮山街道为对象，展开了“参与式社区规划”的试点工作。

2 项目意义

新趋势：十九大报告提出，我国社会主要矛盾已经发生了转变。“社会建设”与“生活品质”成为政府工作的重点，“通过社区赋权加快社会主义民主进程”“以人民为中心，为人民服务”是参与式社区规划的初衷。

新思路：参与式社区规划是基于社会建设为核心目标的规划行动，不同于自上而下的传统规划思路，参与式社区规划是以社区居民为主体，尊重居民意愿而进行的自下而上的规划，是落实公众参与协商要求，实现基层治理与社区赋权的主要途径与创新工作。规划师的角色由实现来自上层某一战略或项目预期意图的专业主持者，转为实现来自下层市民意愿的专业辅助者，满足社区居民的诉求和基层组织的建议是规划方案的基本出发点。

新理念：规划借助空间环境议题，搭建起基层、政府、社会力量和公益组织等多方对话协作平台，通过专业力量的协助，将公众意见反映到规划方案中，形成可实施的社区营造工作中，让规划“落地”，由此促进社区认同、社区融合与社区的健康发展。参与式社区规划与常规目标型的规划任务不同，它的成果主要体现在规划进行的过程之中，以社区空间环境为相关议题，通过持续与不断深入的协商与互动，吸纳更多社区居民参与到社区建设的行列之中，实现城市社区建设的“共同缔造”。

3 主要特点

3.1 特点一，基于社区赋权理论框架下的规划进程

国家有关课题提出社区赋权的三个阶段，包括：初期激活社区意识，推进权力与服务的下放；中期社区居民参与意识增强，调动社区精英和积极分子提升社区协作治理能力；后期由基层自组织居民参与社区事务的决定和执行，不断扩大社区影响与社区间的交流。

参照上述观点，珠海市参与式社区规划试点项目（简称试点项目）在充分考察狮山社区情况后，相应制定了三段式的推进框架。

第一阶段，了解社区，培育参与意识。通过开展访谈式调研、居民口述历史、开放式讲座培训、社区生活摄影大赛等一系列活动，将参与理念带入社区，让专业者与居民、基层建立起信任关系，调动居民参与热情，完成赋权过程中建立社区意识的第一步（图 1，图 2）。

第二阶段，激活资源，共谋社区愿景方案。在第一阶段组织社区居民学习、启发社区居民参与意识的同时，规划项目组也了解到重要的社区空间区段与节点，以及社区居民在日常生活中关注的社区环境方面的一些关键性问题。项目组通过开展以社区空间环境优化提升为目标的规划设计竞赛，引入本地在校大学生的参

图 1　调研（了解情况与口述历史）
Fig.1 Investigation and Survey

图 2　摄影比赛（让居民关心身边的环境）
Fig.2 Photo Contest

与，活跃社区规划设计的氛围，增加项目的参与度和关注度。通过举办社区设计方案比赛、巡展、参与式评选等活动，充分调动社区基层组织与社区居民的积极性，通过组织活动、认识空间、发现问题，并针对问题共同设计协商方案，让社区居民以主人的身份为家园环境的改善与提升建设出谋划策。这一阶段试图完成赋权过程中提升社区治理能力的第二步（图 3 ～图 5）。

第三阶段，建立机制，实现协同传递。作为试点，项目报告从参与式社区规划的组织机制、运行机制、实施与跟踪机制、规划的方法手段等方面进行总结，提出建议。从规划的角度搭建城市基层治理构架，包括制定社区规划申报程序、建立社区项目库系统、提出社区规划制度等专业性建议（图 6 ～图 7）。

图 3　设计方案巡展（获取来自居民更多的问题）
Fig.3 Exhibition of the Design Schemes

图 4　方案大赛评选（社区居民与专业设计者面对面的交流）
Fig.4 Appraisal of Schemes

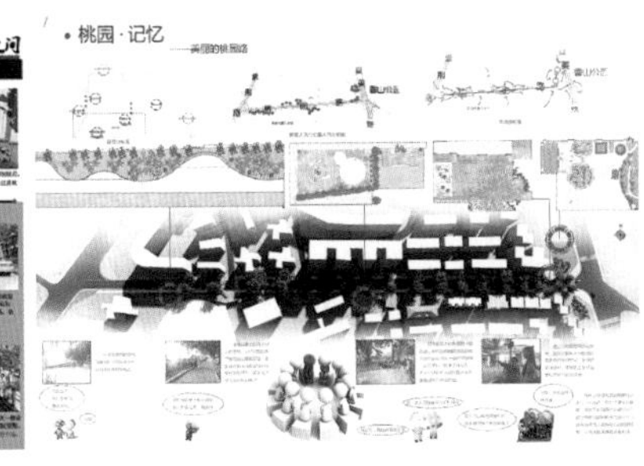

图 5　学生方案（选）
Fig.5 Students' Schemes

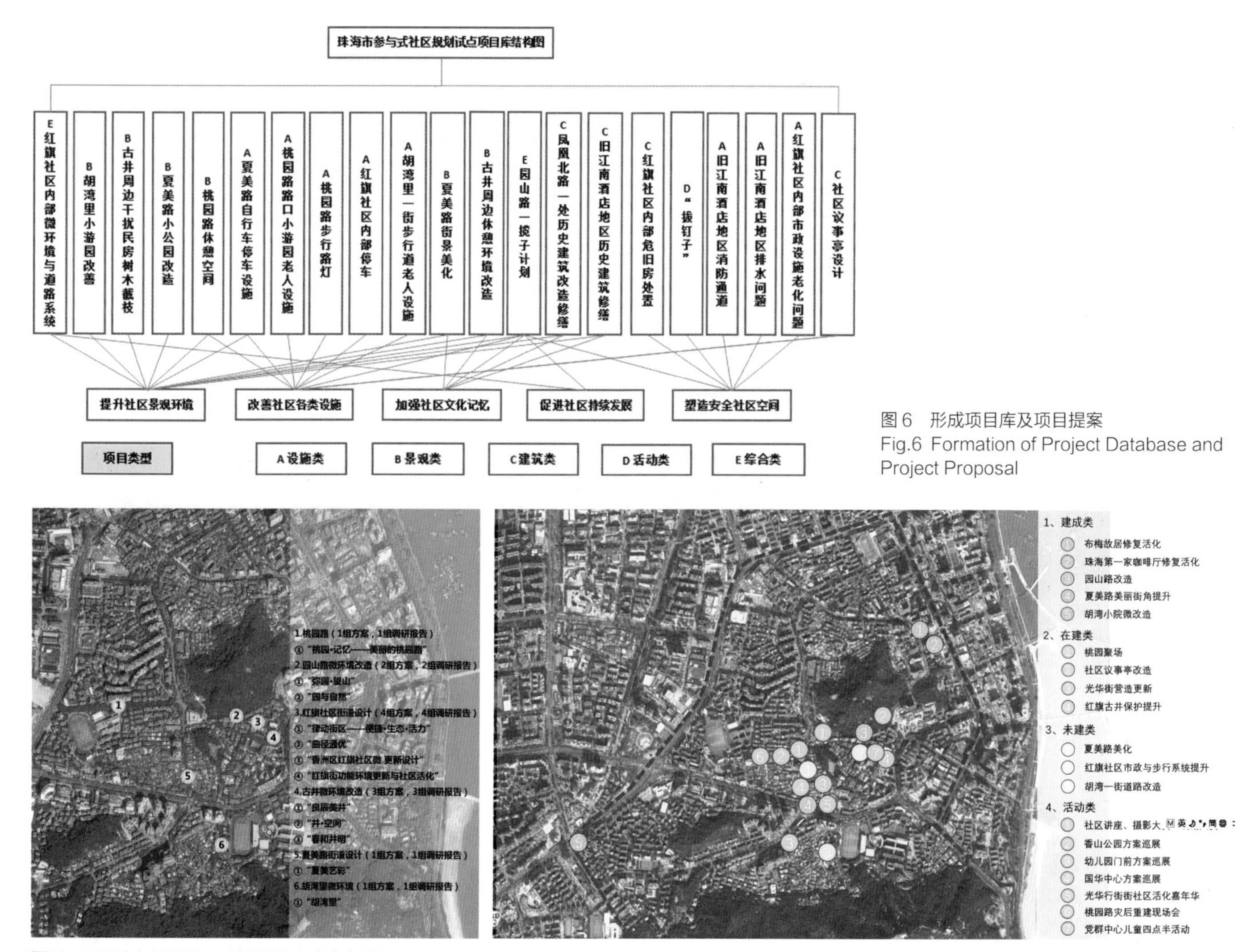

图 6 形成项目库及项目提案
Fig.6 Formation of Project Database and Project Proposal

图 7 项目分布总平面 & 主要设计方案分布图
Fig.7 General Layout of Projects & Main Design Scheme Layout

通过多次现场设计工作坊与居民共同完善方案，并形成社区发展提案计划与项目库，协同相关建设部门共同推进项目落地。后期在狮山基层组织的带领下，进一步发掘拉动新的资源促进协商，形成自主的参与机制，专业者则以协助方式帮助社区开展参与活动，逐渐达到赋权过程中社区可持续发展的第三步。

3.2 特点二，深入基层的不间断工作

参与式规划自下而上的工作思路决定了项目推进必须以问题为导向，以为居民解忧为出发点，要求专业人员不断深入社区和居民心中，不间断地为社区解决实际问题提供技术支撑并合作搭建参与平台。每次策划均以居民方便为第一考虑因素，充分利用周末或节假日等时间组织现场参与。

规划进程也会因特殊事件安排行动。2017 年 8 月台风“天鸽”侵袭珠海，狮山街道严重受损，项目组启动了灾后重建现场工作坊，邀请专家介入，与居民面对面地讨论桃园路行道树重修计划。

3.3 特点三，多方参与对话平台的建立

在试点项目中，规划师作为协调者不断打通居民、政府部门、相关机构、社会组织、大学院校、民间资本、公益团队、专业人士等多方力量的对话通道，在逐步递进的空间美化行动中，利用网络微信平台及线下

参与活动搭建起多方参与的公共平台，不断凝聚更多参与群体，社区借此拓展与各种社会资源的联结，形成互动的网络关系。通过系列社区微改造项目和参与活动，形成了真实的自治力量。

4 实施情况

试点项目从启动、实施探索到后期推广，探索共议、共建、共享的过程，让社区赋权走向实现愿景、建立网络联系的高阶阶段。实施的几种模式包括：

4.1 政府部门支持和提倡类

“园山路改造项目”是根据项目系列过程中的居民意见，对原部门主导的、仅考虑车行的“工程化”方案进行改良，促进了这条作为市民重要步行道的改造，建设宜人尺度和安全的步行空间。已由区政府投资在2018 年施工完成并投入使用。

“美丽街角行动”是市、区级政府从试点中获得启发，设立“美丽街角”社区营造专项，并配有每年投入 50 万元资金，支持社区自发推动环境提升。狮山街道积极配合，结合规划方案开展“改善公共场所的微空间改造”和“美化环境的墙体彩绘”两个行动计划分项加以落实，目前夏美路小广场改造、1001 社区墙绘等美化项目均已完成。

“狮山小美 微改造”是项目后期由狮山街道办提出的计划，通过美化社区荒废地、边角地，推动街道环境和社区家园归属感的提升。项目组继续参与到狮山小美行动中，与基层组织一起开展了“胡湾小院”“光华街活化”“桃园聚场”等参与行动及改造，目前胡湾小院已建成投入使用（图 8 ～图 9）。

4.2 协助民间力量加盟类

社会力量是进行社区营造中不可缺少的要素。参与过程中一位积极支持者出资对“布梅故居”“珠海第一家咖啡厅”等几处荒废的历史建筑进行修复，形成以传统文化、传统餐饮和众创为内核的创意空间，并以此为载体组织“狮山寻宝”“口述历史”等活动吸引社区内外居民参与。成为增加社区影响、建立社区网络联系的重要力量（图 10）。

图 8　小美参与现场
Fig.8 Participation Scene

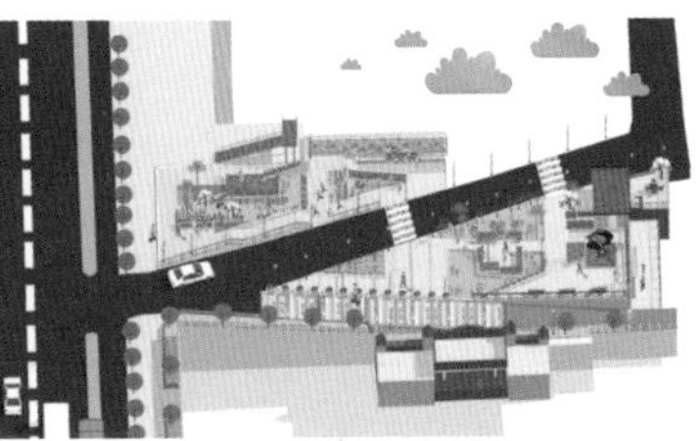

图 9　胡湾小院效果图和建设照片、桃院聚场图纸
Fig.9 Rendering of Huwan Courtyard, Construction Photo, and Drawing of Taoyuan Courtyard

图 10　古建改造 民间活动
Fig.10 Old Building Renovation

4.3 居民自组织类

古井保护的延续——项目开展中针对狮山红旗社区一处具有文脉传承价值的古井进行了三轮参与式设计。目前曾经居住于古井边的居民已形成古井保育街坊会，联合社区居委会及专业力量一同协商古井未来改造与发展，目前已开展了三轮古井故事会和井水清淤行动，并形成众筹机制支持古井及周边环境的微改造。

光华街公益集市——响应基层组织倡议后，在一条已衰落的老街——光华街形成了每月一次的光华街公益集市，并将部分收益作为社区公益基金，继续投入到社区的建设与可持续发展中（图 11）。

4.4 社会组织或资助项目发动类

狮山成立由公益组织主持的“社区营造中心”——长期组织各类社区参与活动，产生持续的影响力；社区热心人士也自发利用社区公共空间开展“忆狮山” “狮山公益市集”等活动。

图 11　改变街巷面貌的参与式彩绘和公益集市
Fig.11 Participatory Wall Painting and Public Welfare Market

2019 年 5 月底，中规院（北京）规划设计公司特邀中欧生态城项目欧盟专家团队，与狮山街道办再度携手策划、组织了一次珠海狮山社区参与式微改造活动（图 12）。欧盟专家对狮山街道几处“问题空间节点”和“历史空间节点”进行调研，与居民互动，结合欧盟城市微观环境设计经验和新技术，提出改造优化方案。经过居民表决和主持部门的商议，纳入实施预备计划。

5 结语

参与式社区规划是一个持续的、不间断的工作过程，没有一个标志性的终点。专业人员的角色从“主导”到“辅助”，是为了赋权于社区的居民，实现以市民为主体的共同缔造。

《中共中央国务院关于加强和完善城乡社区治理的意见》中提出的总体目标是：到 2020 年，基本形成基层党组织领导、基层政府主导的多方参与、共同治理的城乡社区治理体系，城乡社区治理体制更加完善，城乡社区治理能力显著提升，城乡社区公共服务、公共管理、公共安全得到有效保障。2019 年 10 月中共中央十九届四中全会拉开了“中国之治”的里程碑，愿“珠海市参与式社区规划”为实现上述目标和大湾区社会治理创新，提供可复制、可推广的广东经验。

图 12　欧盟专家团队现场工作
Fig.12 On-site Work of the EU Expert Team

第2篇　专项规划篇

创新 变革

中规院（北京）规划设计有限公司
优秀规划设计作品集

伊犁州直生态环境保护总体规划

Comprehensive Planning of Ecological Environment Protection in the Subordinate Area of Ili Kazak Autonomous Prefecture

执笔人：吕红亮　张中秀

【项目信息】

项目类型：生态规划

项目地点：新疆维吾尔自治区伊犁哈萨克自治州

委托单位：中国城市规划设计研究院

主要完成人员：张　全　吕红亮　任希岩　张中秀　于德淼　孔彦鸿　郝天文　林明利　陈利群　谭　磊　努尔江·买买提　于卫华　彭建华

【项目简介】

伊犁州直地区位于新疆西部天山北坡，向西与哈萨克斯坦国接壤，是丝绸之路的重要节点。在《伊犁州直生态环境保护总体规划》编制中，提出了“目标与问题”双导向的技术路线，以实现两个可持续发展和生态环境保护目标，为解决该地区存在的城镇化动力衰落、资源过度依赖、面源污染、湿地退化等问题，紧扣伊犁河谷封闭地形、跨国河流、生态脆弱等三大关键特征，提出了“四化同步、集聚发展、红线控制、分区引导”四大协调发展战略。规划中在分析生态安全格局和分类管控红线体系的基础上提出了保护与发展的空间布局，形成分区发展指引，提出了近期建设计划和保障措施。在规划编制中实现了与若干宏观规划、专业规划的多规融合；将资源环境约束转化为发展空间界定与引导、产业政策与规模、工程立项建设的硬约束，为伊犁州未来生态保护与社会经济发展提供指导。规划经批复后，各项内容得到伊犁州有效执行和落实，取得了较好成效。

[Introduction]

The Subordinate Area of Ili Kazak Autonomous Prefecture is located in the northern slope of Tianshan Mountain in the west of Xinjiang, bordering Kazakhstan to the west, which is an important node of the Silk Road. In the planning compilation process, a “goal-oriented and problem-oriented” technical route is proposed to achieve two goals of sustainable development and ecological environment protection. In order to solve the problems such as the decline of urbanization power, excessive dependence on resources, non-point source pollution, and wetland degradation, four coordinated development strategies of “synchronization of four modernizations, clustered development, red line control, and zoned guidance” are proposed in line with the three key characteristics of Ili, namely, the closed valley terrain, transnational river, and fragile ecology. The planning puts forward a spatial framework of protection and development on the basis of ecological security pattern and the red line classified management and control system, formulates zoned development guidelines, and proposes short-term construction plans and safeguard measures. In the process of planning compilation, it has realized the multi-dimensional integration with several macro plans and special plans, and transformed the resource and environment constraints into the hard constraints of development space definition and guidance, industrial policy and scale, and project establishment and construction, so as to provide guidance for the future ecological protection and socio-economic development of Ili Prefecture. After its approval, the planning has been effectively implemented in Ili Prefecture, and good effects have been achieved.

1 项目背景

在新疆西部天山北坡，坐落着我国西北边陲重镇伊犁州直地区。它向西与哈萨克斯坦国接壤，是丝绸之路的重要节点，下辖3市7县，面积5.64万平方公里，总人口约275万，其中少数民族占63.4%。规划区位于伊犁河流域，地表径流量达167亿立方米，煤炭探明储量占新疆的20%，自然资源十分丰富，经济发展潜力大（图1）。

国家层面要求伊犁组织好煤炭深加工，打造“丝绸之路”经济带，实现跨越发展、长治久安，并将伊犁列为全国生态文明建设试点地区。自治区提出在伊犁创建“资源开发可持续、生态环境可持续”发展示范区的总体目标。

然而该地区生态环境也比较脆弱。怎样既对资源进行合理开发又保护好生态环境，协调好保护与发展的关系是伊犁州直地区面临的重大挑战。中规院团队承担的“伊犁州直生态环境保护总体规划”项目对此进行了深入探讨。

在此背景下，“伊犁州直生态环境保护总体规划”于2013年3月启动，2013年11月由新疆维吾尔自治区环境保护厅组织专家评审，2014年由伊犁哈萨克自治州人民政府批复并印发至乡镇进行宣讲、执行。

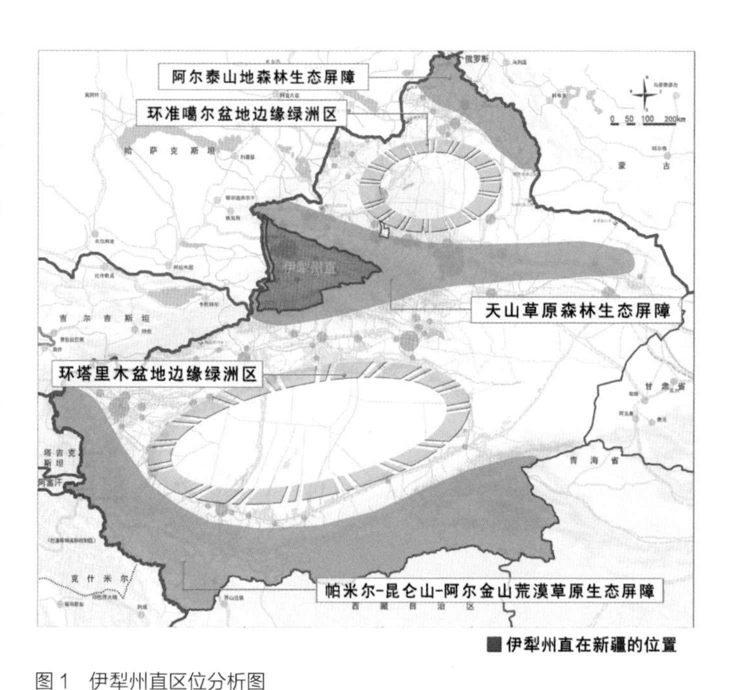

图1 伊犁州直区位分析图
Fig.1 Location analysis for the Subordinate Area of Ili

2 规划思路

规划面对伊犁州直区域各要素关系错综复杂、城镇化动力衰落、资源过度依赖、面源污染、湿地退化等问题，立足资源优化、空间管控、发展引导的综合性协调需求，将伊犁州直地区封闭地形、敏感河流、脆弱生境等生态本底特征作为先决条件，明确了“目标与问题”双导向的技术路线，形成发展战略；以区域生态安全为核心，确定由生态结构和生态红线共同构成的生态安全格局；以水、土、矿等资源可持续利用和环境容量约束为线索，界定发展空间承载规模和优先选址；以风险防范为主，发挥资源环境承载力对空间“约束和引导”作用，确定分区发展指引；将各项目标进行耦合、衔接各相关专项规划，在实现多规融合的基础上提出重点工程和保障措施。总体上实现规划的前瞻性、针对性、科学性、实用性高度统一（图2）。

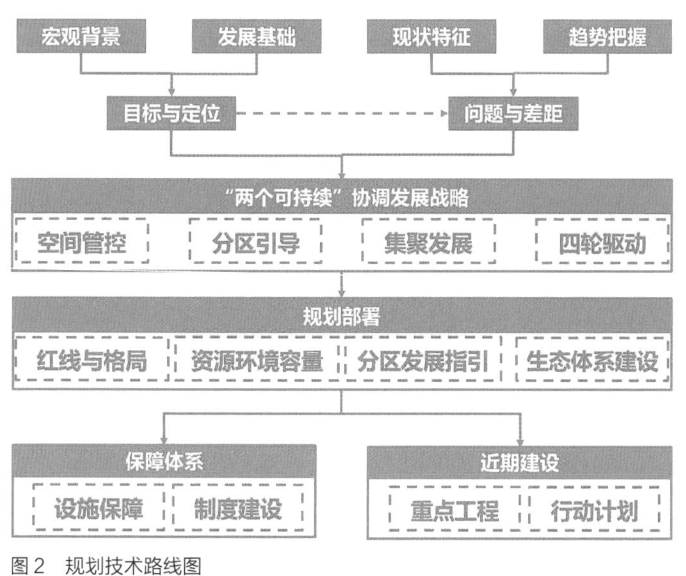

图2 规划技术路线图
Fig.2 Planning Technical Route

3 主要内容

提出了伊犁州直地区生态环境保护的总体目标是实现城镇、人口、产业合理集聚和功能协调；保护并高效利用资源与能源，根本性控制和解决环境污染，各类自然和人工生态系统保持良性循环；到 2030 年把伊犁州直地区建设成开放、高效、和谐、健康、充分实现生态安全的区域生态高地。提出了基于“两个可持续”发展示范区建设目标的指标体系，包含经济发展、环境保护、资源节约、生态保育和社会进步共 5 类 27 项指标。

在规划目标指引下，基于自身民生改善诉求、生态文明理念示范需求、“一带一路”重要节点保障要求，形成针对伊犁地区的“红线控制 - 以容定产、分区引导 - 择优而动、集聚发展 - 统筹提升、四轮驱动 - 全面保障”四大发展战略：

（1）红线控制 - 以容定产。划定 2.08 万平方公里生态保护红线，确定了“一体控制、分类管理”的红线管理体系。围绕大气环境容量和畜牧承载力是区域发展的主要限制因素，将各环境要素对发展的定量要求，转化为对区域发展的空间约束和政策引导。

（2）分区引导 - 择优而动。结合各县市发展诉求，制定了“保护生态源、优化伊霍圈、调控尼勒克、提升旅游带、预留察县”的综合发展指引方案。以伊宁 - 霍尔果斯都市圈作为“丝绸之路经济带”桥头堡核心承载地发挥资源集聚和发展引擎作用；针对生态敏感特征，调整矿区 - 保护地高度重叠的尼勒克空间布局；为优势功能预留察布查尔县优势空间资源；强化生态产品的增值空间，在生态保护规划中体现了发展时序和功能优化思想。

（3）集聚发展 - 统筹提升。通过城镇、产业、人口由生态敏感地区向高承载力地区转移、集聚发展，疏解生态压力、减少环境破坏。建设产业集聚区（或产业集群）促进资源集约高效利用，并通过财政转移支付和异地工业化提升生态敏感地区的社会经济发展水平。

（4）四轮驱动 - 全面保障。统筹新型城镇化、新型工业化、农业现代化和现代服务业发展，实现工业化和城镇化良性互动、城镇化和农业现代化相互协调的“四化同步”。加强基础设施和基本公共服务设施建设，提高伊犁城乡人民生活水平和质量。

在空间资源配置方面，规划构建了“四区三廊多点线”的生态空间格局，包括高山水源涵养、水土保持、防沙固沙和平原绿洲四个结构性生态控制区，以及三条水系形成的生态廊道和多个生态节点；并针对各类保护地涉及部门多、管理难的问题，划定 2.08 万平方公里生态保护红线，确定“一体控制、分类管理”的红线管理体系。伊犁州直生态红线系统包括特殊保护区红线、水源涵养区红线、生态脆弱区红线、生物多样性保护区红线、水生态脆弱保护区红线，各红线区之间实施一体控制，根据控制类型，分类管理（图 3）。

在分区建设指引方面，规划通过测算水、土、草等资源承载力和大气、水环境容量，确定大气环境容量和畜牧承载力是区域发展的主要限制因素，将各环境要素对发展的定量要求，转化为对区域发展的空间约束和政策引导；并结合发展诉求，制定了“保护生态源、优化伊霍圈、调控尼勒克、提升旅游带、预留察县”的综合发展指引方案。根据区域自然条件开发适宜性、主体功能、资源环境承载能力、开发强度、空间结构优化、主要产品产出等因素，将伊犁州直划分为 8 个分区，即生态涵养区、高端旅游区、重点发展区、优化调控区、能源储备区、旅游服务区、综合商贸区、生态建设示范区，针对各类分区提出了功能定位和产业发展引导。同时，在生态保护规划中提出了对发展时序和功能的优化，对开发强度、产业发展、农业调整、资源调配等多方面进行引导，包括对尼勒克煤化工、5 个水电项目、草场利用和农牧业人口流动和城镇规模等提出优化和调整建议（图 4，图 5）。

在生态环境保护体系建设方面，规划形成了生态环境体系、资源开发保护体系、人居环境体系、生态经济体系四方面内容，主要包括森林、草原、能源、人居环境、农业等多方面的建设工作。并从规划体系、设施布局、工程保障和政策完善四方面，提出生态环境保护建设中相应的保障措施，为规划目标实现和建设内

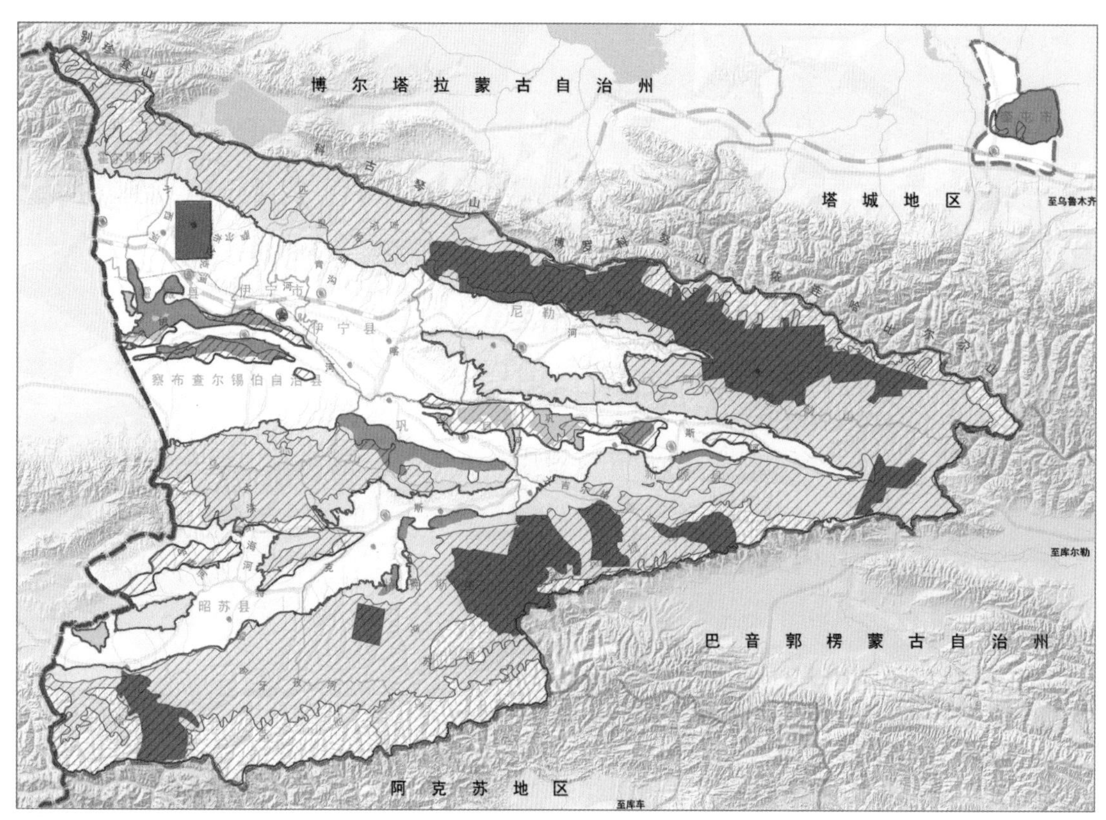

图3　伊犁州直生态红线分布图
Fig.3 Distribution of Ecological Red Line in the Subordinate Area of Ili

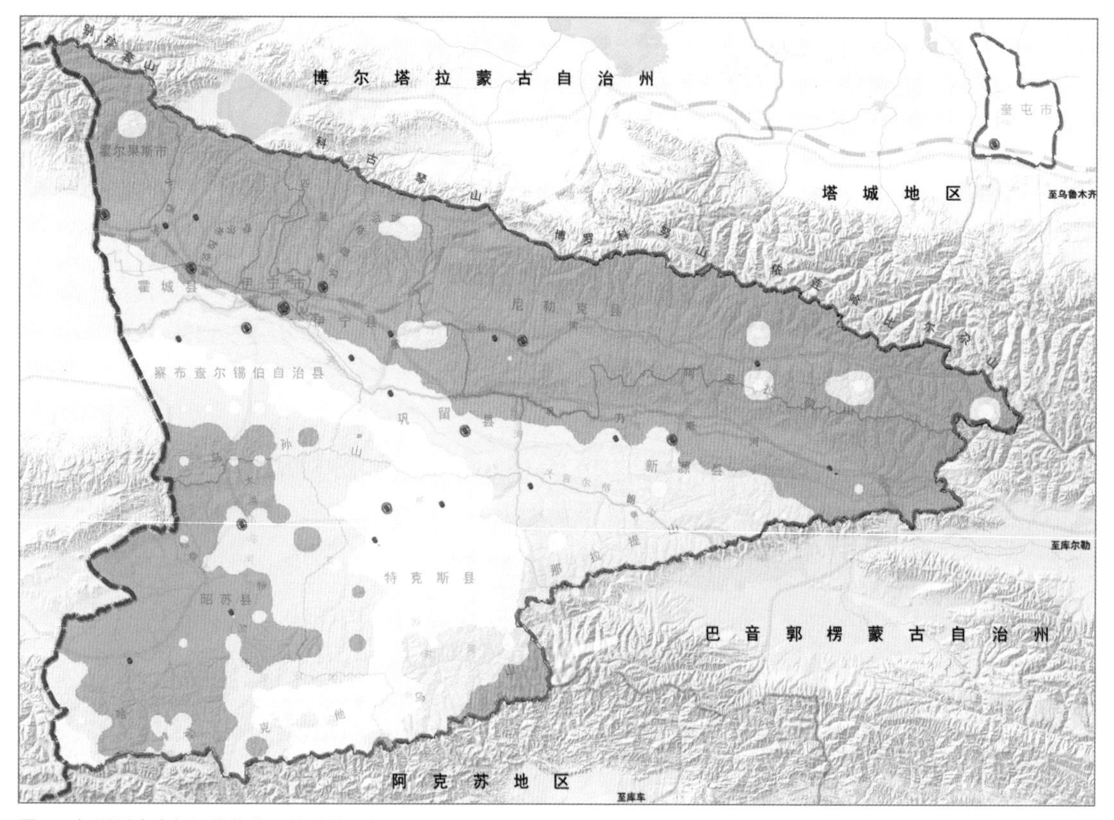

图4　伊犁州直大气污染物集聚敏感性分布图
Fig.4 Sensitivity Distribution of Air Pollutants Concentration in the Subordinate Area of Ili

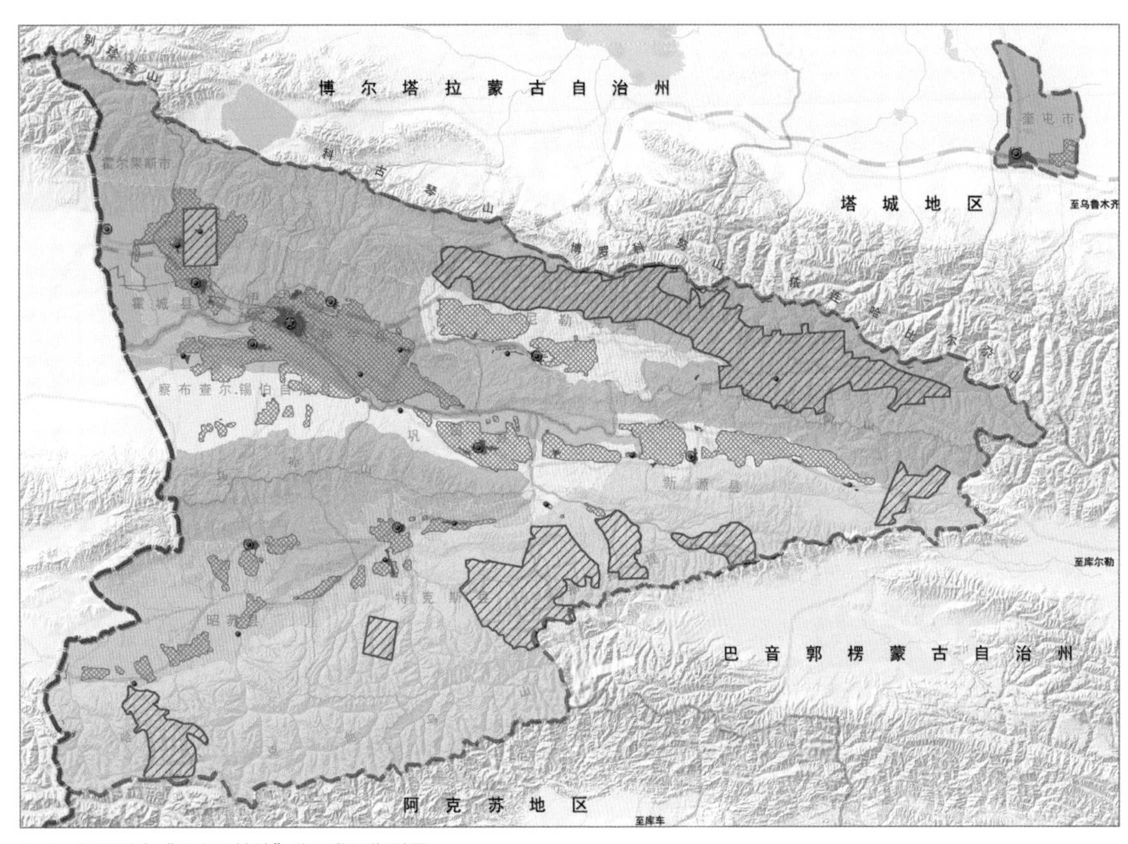

图 5　伊犁州直“两个可持续”分区发展指引图
Fig.5 Guide Map of “Two Sustainables” Zoned Development in the Subordinate Area of Ili

容的落地，提供有力支撑（图 6）。

在近期建设计划方面，规划提出了森林、草原、湿地保护和建设，绿洲生态建设，生物多样性保护体系建设，流域水污染防治等七大重点工程以及近期十大行动计划。通过政策完善、能力建设、设施布局、项目计划、应急响应等保障措施，充分保证了生态环境保护建设的实施和落地。

4 特点与创新

规划从资源环境约束出发，结合伊犁自身条件，协调并解决“可持续发展、生态优先、煤化为主、向西开放”等关键目标在实施路径上的冲突和问题，规划核心是实现可持续发展，形成了一个以资源环境条件为“约束与引导”双向作用的顶层设计成果。

本规划在概念认知上的探讨：将对生态本底的认识，从生态要素分析，上升到生态特征挖掘、探寻问题根源。在环境总体规划一般技术方法基础上，以空间管控和发展作为主要抓手，提出了四化同步、集聚发展、红线控制、分区引导的发展战略，对发展模式和方式提出指引，充分考虑了经济发展和生态环境的可持续性。

规划技术路径上的突出特点是：将生态文明、可持续发展的理念融入区域发展路径和经济社会发展的具体策略，将自身发展诉求、生态保护需求、“丝绸之路经济带”的总体要求有机融合，将环境容量、资源和畜牧承载力等定量结果进行空间分解，转化为空间发展指引和政策要求，作为发展引导、空间管控和优化资

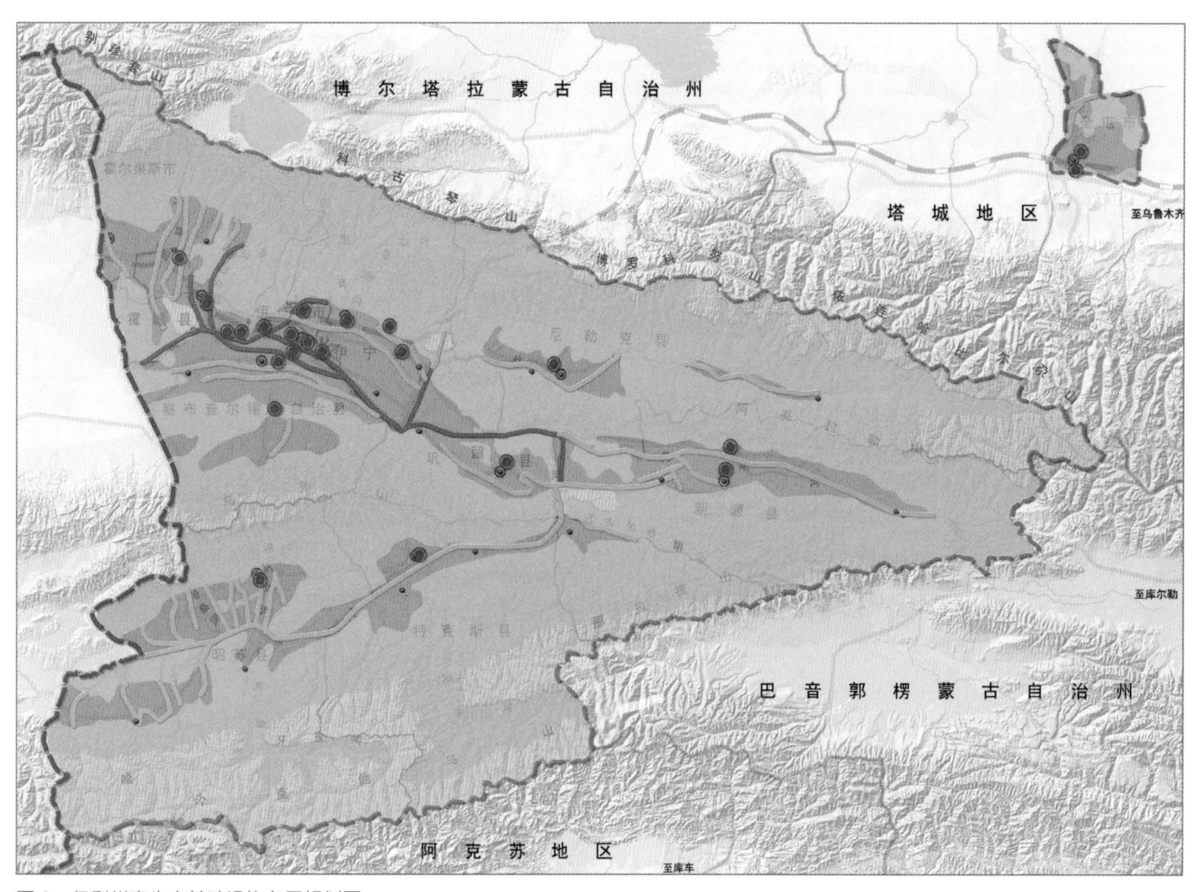

图 6　伊犁州直生态基础设施布局规划图
Fig.6 Layout Plan of Ecological Infrastructure in the Subordinate Area of Ili

源的主要依据；确定合理的产业结构、规模和布局，实现经济发展与环境保护的协调统一。规划编制中，与新疆维吾尔自治区相关规划、伊犁河流域综合规划和州直经济社会发展规划、产业规划、城镇体系规划、土地利用规划、生态建设规划等各类规划进行了衔接，实现内涵和空间双融合；并对水利、矿产等十三项同期规划进行评估，提出优化建议，如针对《伊犁河谷煤化工产业发展规划》，提出压减煤化工产能、优先发展伊北区域；针对《伊犁河流域水电开发总体规划》，提出了放弃或延缓部分水电站建设计划的建议。保障多规划、多目标的一致性，进而提升了本规划的指导性和可操作性。

规划在具体技术细节上也做了较多探索，如：针对跨国河流的环境风险，规划设计了完整的应急处置方案；针对我国统一的自然保护地体系尚未建立，尝试采用“一体控制，分类管理”的生态空间 - 生态红线二级划定方法；针对河谷封闭地形，应用基于大气污染物的聚集敏感性分析和以人群 - 保护地为主的受体敏感性分析方法，从而形成人口和产业布局建议；针对跨国河流地区，涉水问题异常敏感的特点，提出了构建完整的水污染应急处理处置体系，布局事故调蓄池和人工调蓄湿地等设施，建立事故快速响应和通报机制。

5 实施成效

规划于2014年10月由伊犁哈萨克自治州人民政府批复，并于2015年2月下发至各县市、乡镇、垂管机构，得到了有效执行。依据本规划，伊犁州出台了《伊犁河流域生态环境保护条例》，成立了伊犁河流域生态环境保护委员会、自治州生态环境保护工作领导小组，建立健全了生态保护红线、环境质量底线、资源利用上线和环境准入负面清单“三线一单”的约束机制。编制了伊犁州《生态文明示范区创建规划》，州直地区实施了百万亩生态经济林建设和生态修复工程、“三北”防护林五期工程、退耕还林、公益林管护、野果林资源保护、种苗花卉建设等六大重点生态工程。州直地区草地覆盖率达到 64%、森林覆盖率达到 13%，喀拉峻—库尔德宁列为世界自然遗产地，特克斯等 5 个县纳入国家重点生态功能区，绿色生态屏障初步形成。

6 未来展望

保持良好的自然生态，是伊犁永续发展的重要基础。要坚决贯彻新发展理念，绝不以牺牲生态环境为代价。未来，伊犁将深入推进国家生态文明建设示范区创建，统筹山水林田湖草和湿地系统治理，大力推进大气、水、土壤污染防治，坚决守护好祖国西北生态屏障，开创社会稳定和长治久安新局面、打造“塞外江南”新伊犁。中规院也将持续关注生态环境保护领域的发展，不忘初心、牢记使命，为加强生态文明建设、推进可持续发展而不懈奋斗。

海口市城市综合防灾规划
Comprehensive Disaster Prevention Planning of Haikou

执笔人：陈志芬　邹　亮

【项目信息】

项目类型：综合防灾规划

项目地点：海口市

委托单位：海口市规划局

主要完成人员：王家卓　陈志芬　邹　亮　谢映霞　朱思诚　任希岩　熊　林　范　锦　张　伟　胡应均

【项目简介】

本项目借鉴国内外综合防灾规划经验，立足海口市历史灾情及防灾减灾现状，确立了建设安全安心城市的规划目标和坚持以防为主，防、抗、避、救相结合的规划原则，首先系统全面地分析了地震、海啸、台风、洪水、城市火灾、重大危险源事故和地质灾害等多种灾害风险，对地震、洪水、火灾、重大危险源等主要灾害进行空间定量化评估，并将风险空间分布特征落实到城市用地安全空间控制；其次，结合城市规模和风险评估，预测不同灾害情景的避难需求，统筹优化防灾设施布局；再次，定量评估道路、燃气、供水、供电等生命线系统抗灾能力，提出生命线系统防灾规划及关键系统重点保障规划；最后，提出建立公共安全联动指挥中心建议，完善城市综合防灾管理体系。

[Introduction]

Based on the experience of comprehensive disaster prevention planning both in China and abroad, and in line with the historical disasters and the current situation of disaster prevention and mitigation in Haikou City, this planning aimes to build a safe and secure city and establishes the planning principle as taking prevention as the focus and combining prevention with resistance, avoidance, and rescue. Firstly, the planning systematically and comprehensively analyzes the earthquake, tsunami, typhoon, flood, fire, geological disaster, and other disasters, carries out spatial quantitative assessments on major disasters, and includes the spatial layout characteristics of the risks in the urban land use safety control. Secondly, in line of the city scale and the risk assessment, the planning forecasts the demand for shelter in different disaster scenarios, and comprehensively optimizes the layout of disaster prevention facilities. Thirdly, the planning quantitatively evaluates the disaster resistance capacity of lifeline systems such as roads, gas, water supply, and power supply, and puts forward the disaster prevention planning of lifeline system and key system guarantee planning. Finally, the planning puts forward the proposal of establishing a public safety interconnected command center and improving the urban comprehensive disaster prevention management system.

1 规划背景

海口市是海南省省会，我国旅游度假胜地，国家历史文化名城。海口市位于海南省第一大河南渡江入海处，年均降雨量大，同时也属于多台风地区，有“台风走廊”之称，防潮、防台风问题十分突出。同时，海口地处我国华南强震区，属于地震 8 度设防区，地震灾害防御也面临巨大压力。此外，海口市城区重大危险源数量众多，潜在威胁大。随着城市社会经济的快速发展，城市功能日趋复杂，城市脆弱性增大，传统的地震、洪水、台风等城市灾害风险不断加剧的同时，非传统的城市灾害，如重大危险源事故、关键基础设施中断、极端气候灾害等问题逐渐成为城市安全发展所面临的巨大挑战。在此过程中，传统的单灾种防灾模式已经难以应对越来越复杂的城市灾害，城市防灾应贯彻综合防灾理念，采用多部门协同合作的模式，统筹、整合防灾设施、物资、信息、队伍等防灾资源予以应对。2009 年《国务院关于推进海南国际旅游岛建设发展的若干意见》（国发〔2009〕44 号）指出，海口市必须“加强防洪、防潮、防台风设施建设，完善灾害监测预警系统”，“建立健全旅游安全预警和应急机制”。综合以上需求，海口市规划局委托中国城市规划设计研究院编制《海南省海口市城市综合防灾规划》。

2 规划思路

海口市城市综合防灾规划坚持问题与目标双重导向，以科学发展观为指导，以建设安全安心城市为目标，从分析城市防灾减灾现状、系统识别城市灾害影响入手，对城市主要灾害进行定量化、空间化的综合风险评估，基于风险空间分布特点开展用地安全布局，优化防灾设施配置，进行生命线系统防灾抗灾规划，并制定主要灾害规划指引，具体规划框架如图 1 所示。

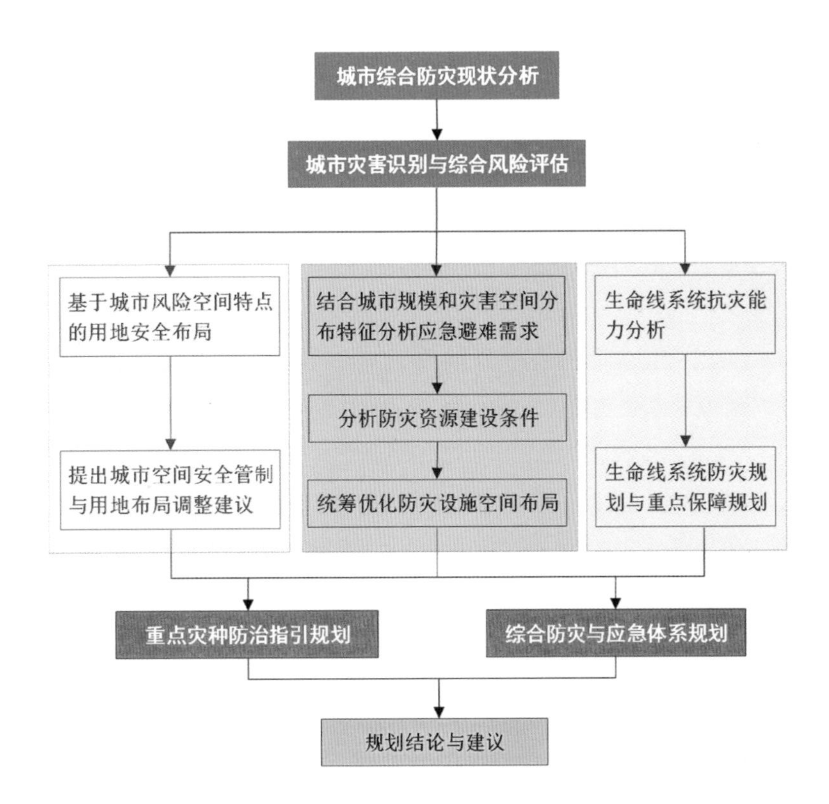

图 1　综合防灾规划技术路线图
Fig.1 Technical Route of the Comprehensive Disaster Prevention Planning

本项目基于对规划内涵的解读，在规划中落实“综合”与“以防为主”“的理念，并与其他相关规划相衔接。

“综合”体现系统与统筹理念，统筹考虑灾前预防、灾中应急和灾后恢复的需要，综合运用定性与定量分析方法，系统识别城市面临的地震、台风、洪水、火灾、地质灾害、重大危险源事故等各类传统和非传统灾害风险，确定城市综合防灾工作重点；全面分析城市安全与应急管理相关的体制机制、人员、物资、设施和信息等现状，对海口市综合防灾体系建设提出建议与措施。

“防灾”突出以防为主，关口前移，防、抗、避、救相结合，基于灾害空间分布特征安排用地安全布局，落实防灾空间管制措施，统筹优化防灾设施布局；全面评价水、电、气、通信、交通等生命线设施防灾能力，提出重要生命线设施防灾能力提升和应急保障的建议与措施。

3 规划内容

3.1 以系统的灾害风险评估保障规划内容有的放矢

以海口市近20年来的历史灾害统计数据为基础进行分析，系统地对地震、洪水、台风、重大危险源事故、空袭、城市火灾、关键基础设施中断、海啸、森林火灾、放射性突发事故等灾害进行综合分析。借鉴美国联邦紧急事务管理署的《地方减灾规划指南》（Local Multi-hazard Mitigation Planning Guidance），考虑灾害的重大性、延迟性、破坏性、影响区域、频率、可能性及易损性等7个因子，采用4级打分法进行综合评估，其中0为没有风险，1为低风险，2为中风险，3为高风险。根据综合评估结果，海口市面临高风险的灾害按照风险等级由高到低依次为地震、洪水、台风和重大危险源事故；中风险的灾害按照风险等级由高到低依次为城市火灾、战争和关键基础设施供应中断；低风险的灾害按照风险等级由高到低依次为海啸、森林火灾、放射性突发事故和地质灾害。

进一步选取地震、洪水、台风、城市火灾及重大危险源事故等主要灾害进行单灾种定量化、空间化的风险评估，并绘制风险等级空间分布图（图2）。

在风险分析过程中，项目组结合海口市情，从致灾因子、孕灾环境、城市脆弱性三个方面建立指标体系，利用GIS空间分析、网络分析等技术，并借助专业模拟软件对重大灾害事故情景进行定量分析，确定各类灾害的风险等级和风险空间分布特征，为安全规划与应急救援工作提供科学依据（图3）。

3.2 基于风险空间分布落实用地安全管制措施

在主要灾种风险评估基础上，对风险在空间的影响进行加权叠加，并绘制综合风险区划图（图4），分析综合风险空间分布特征。考虑多灾种叠加情景分析灾害高风险对城市用地安全布局的影响，制定城市用地安全空间管制措施（图5），提出用地安全布局中禁止建设、限制建设等区域的控制范围和规划建设要求，并与城市总体规划、控制性详细规划及其他专项规划进行衔接，提出用地调整建议；对高风险用地集中区域提出用地调整建议，包括限制开发强度、预留防灾避让通道、合理布局防灾隔离区域等。

3.3 基于抗灾能力定量评估提升基础设施系统防灾韧性能力

基于基础设施系统自身网络结构特征及灾害风险空间分布特征，从工程韧性和系统韧性两个角度对道路、燃气、供水、供电、通信等基础设施系统抗灾能力进行定量评估（图6），根据关键基础设施系统在灾时的保障对象、保障级别及防灾保障功能需求提出基础设施系统防灾及重点保障策略。规划提出从城市基础设施的体系构成、设施布局和组织管理等方面提高城市生命线系统的防灾抗灾能力，按平时和灾时两种工况统筹规划，以适应韧性城市的防灾减灾的要求，具体包括适当增量和系统匹配、构建主辅系统、提升关键系统防灾能力及区域控制与分散布局相结合等措施。

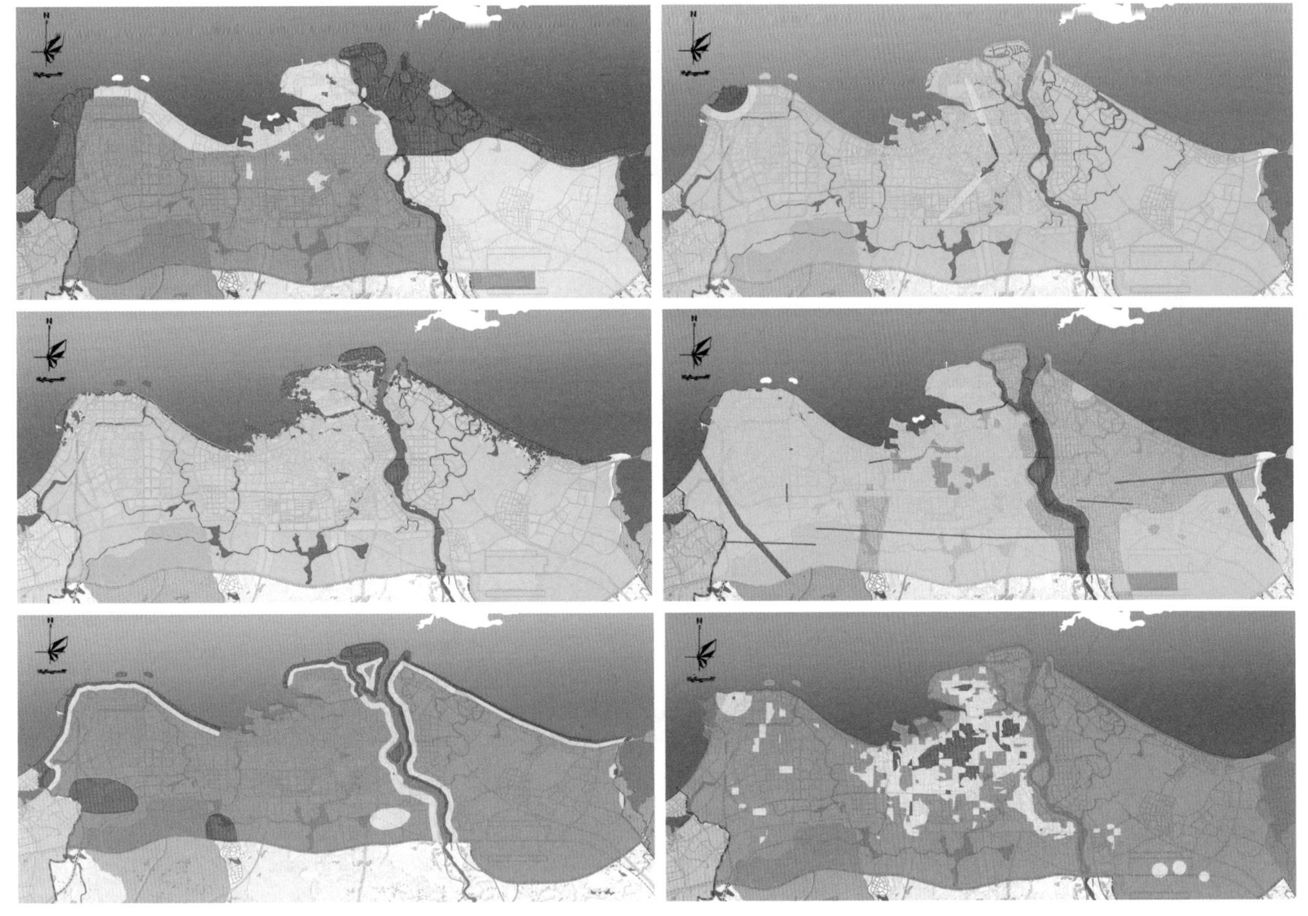

图 2　灾害风险分析图
Fig.2 Disaster Risk Analysis

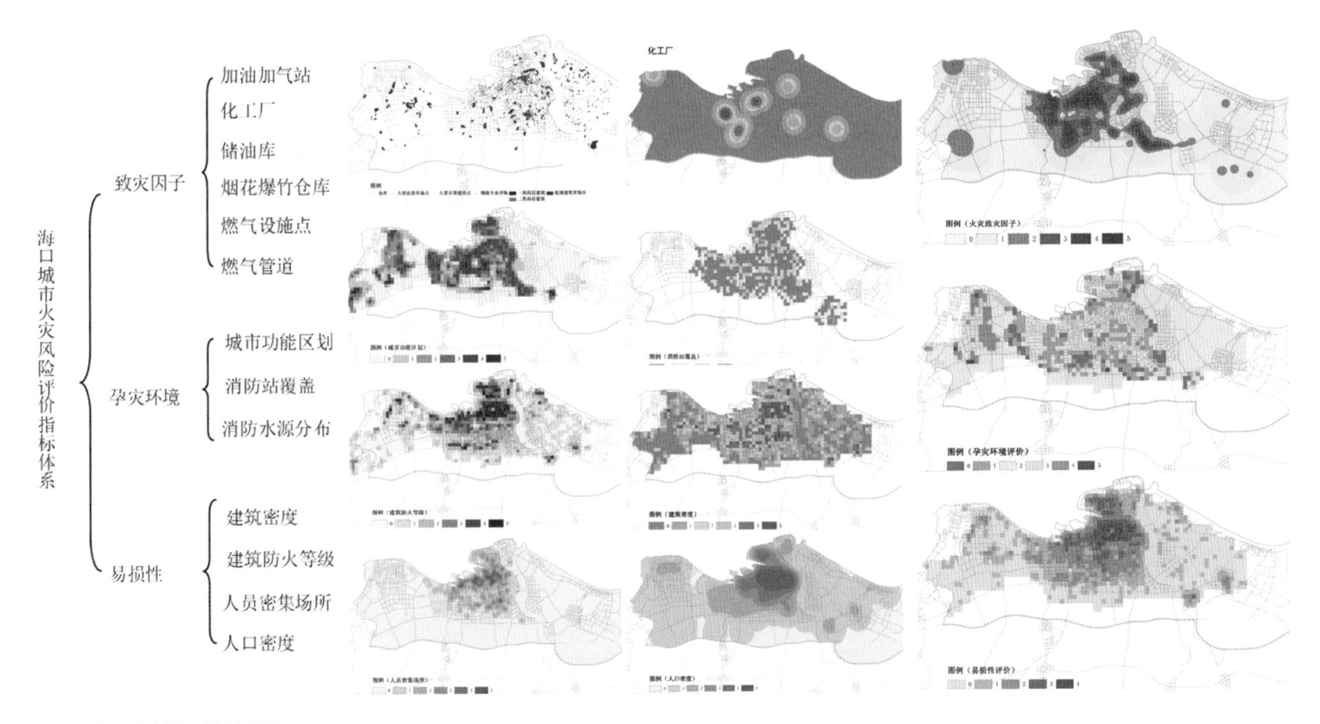

图 3　火灾风险定量评估过程图
Fig.3 Quantitative Assessment Process of Fire Risk

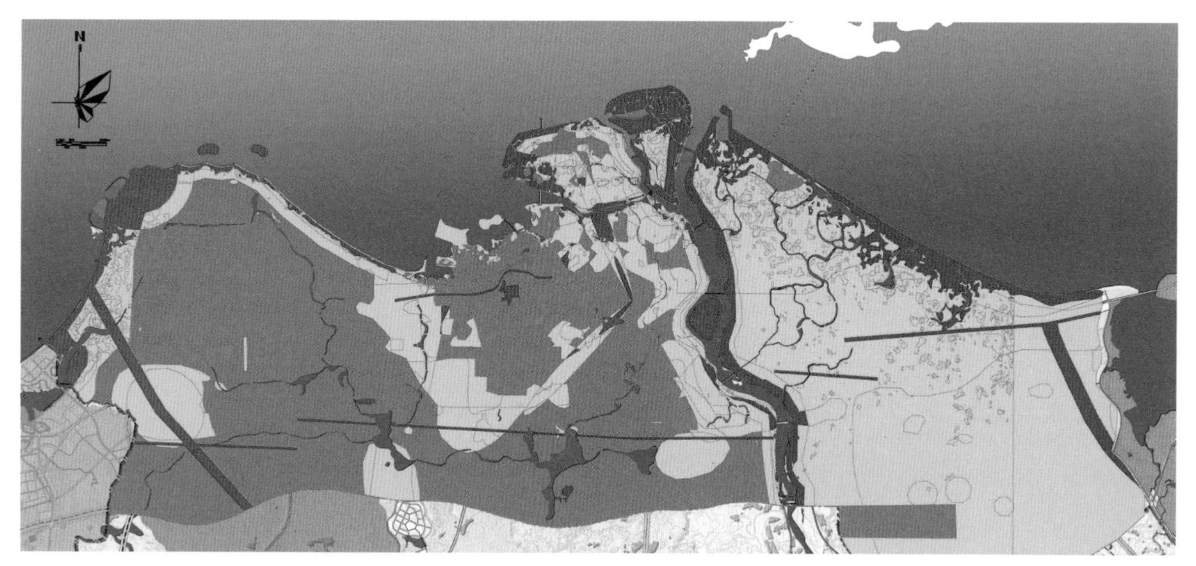

图4 综合风险分析图
Fig.4 Multi-Hazard Risk Analysis

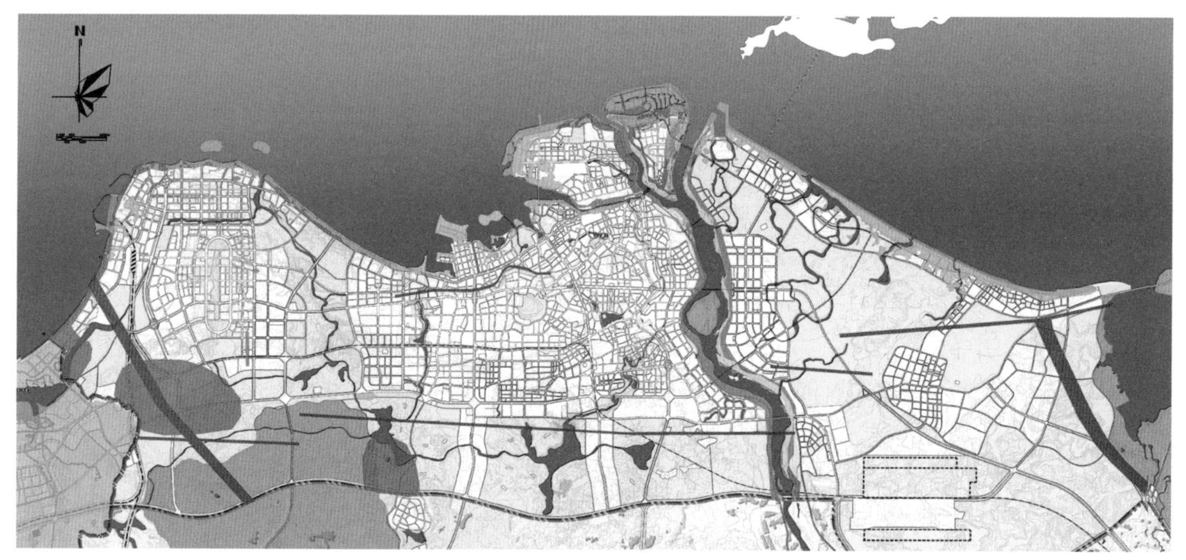

图5 用地安全空间管制图
Fig.5 Spatial Control of Land Use Safety

3.4 基于需求预测统筹防灾避难设施布局

基于规划区控制性详细规划的人口分布情况、灾害风险评估及建筑易损性评估成果，综合考虑洪水、台风、地震等多种灾害类型和不同等级灾害叠加情景，预测规划期末的避难人口空间分布，通过空间取大的原则，将多灾种、多情景下的避难人口落实到规划图上，实现对整个规划期避难人口空间分布的一张图表达，为防灾设施的统筹优化布局提供需求依据。

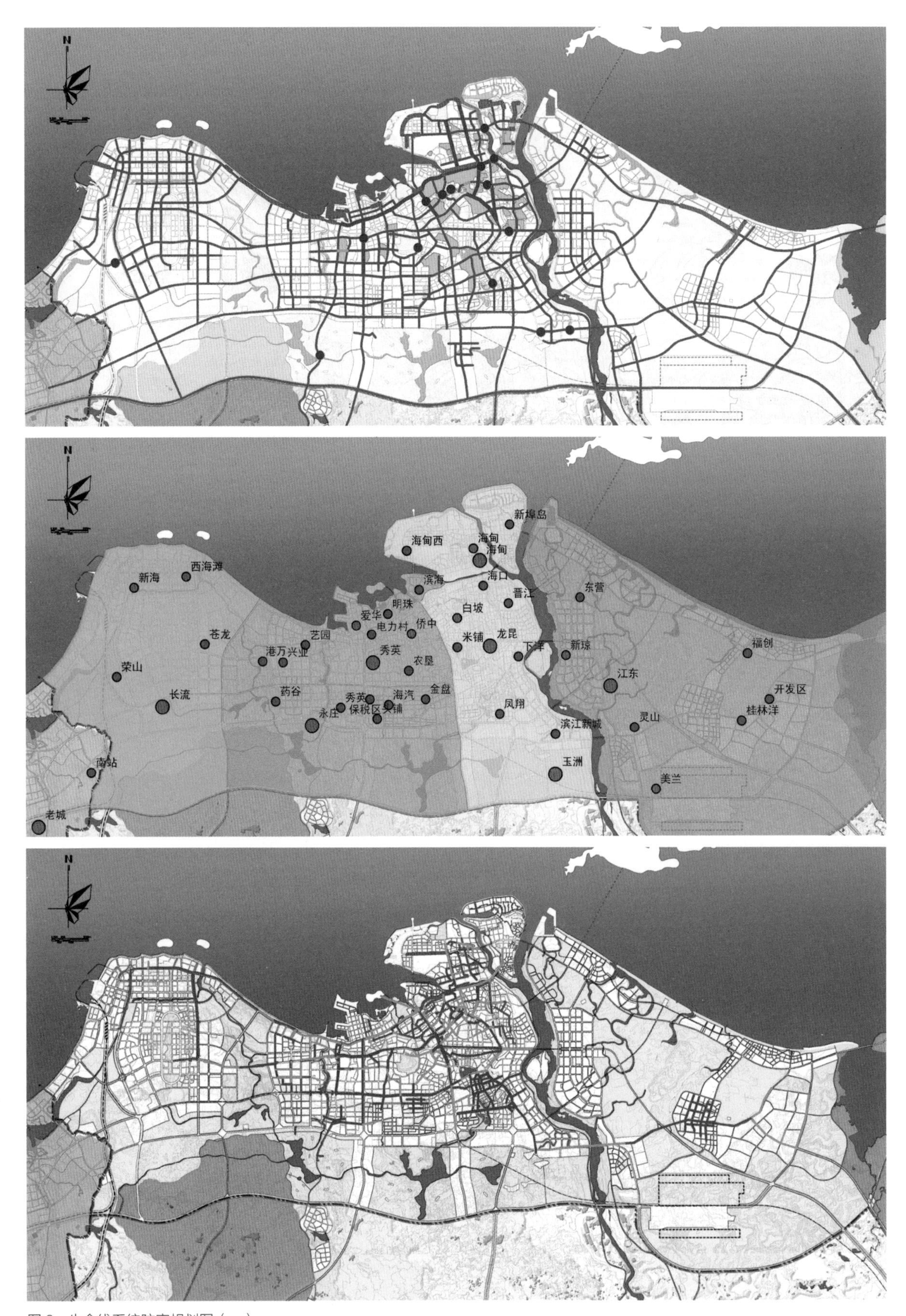

图6　生命线系统防灾规划图（一）
Fig.6 Disaster Prevention Planning of Lifeline System

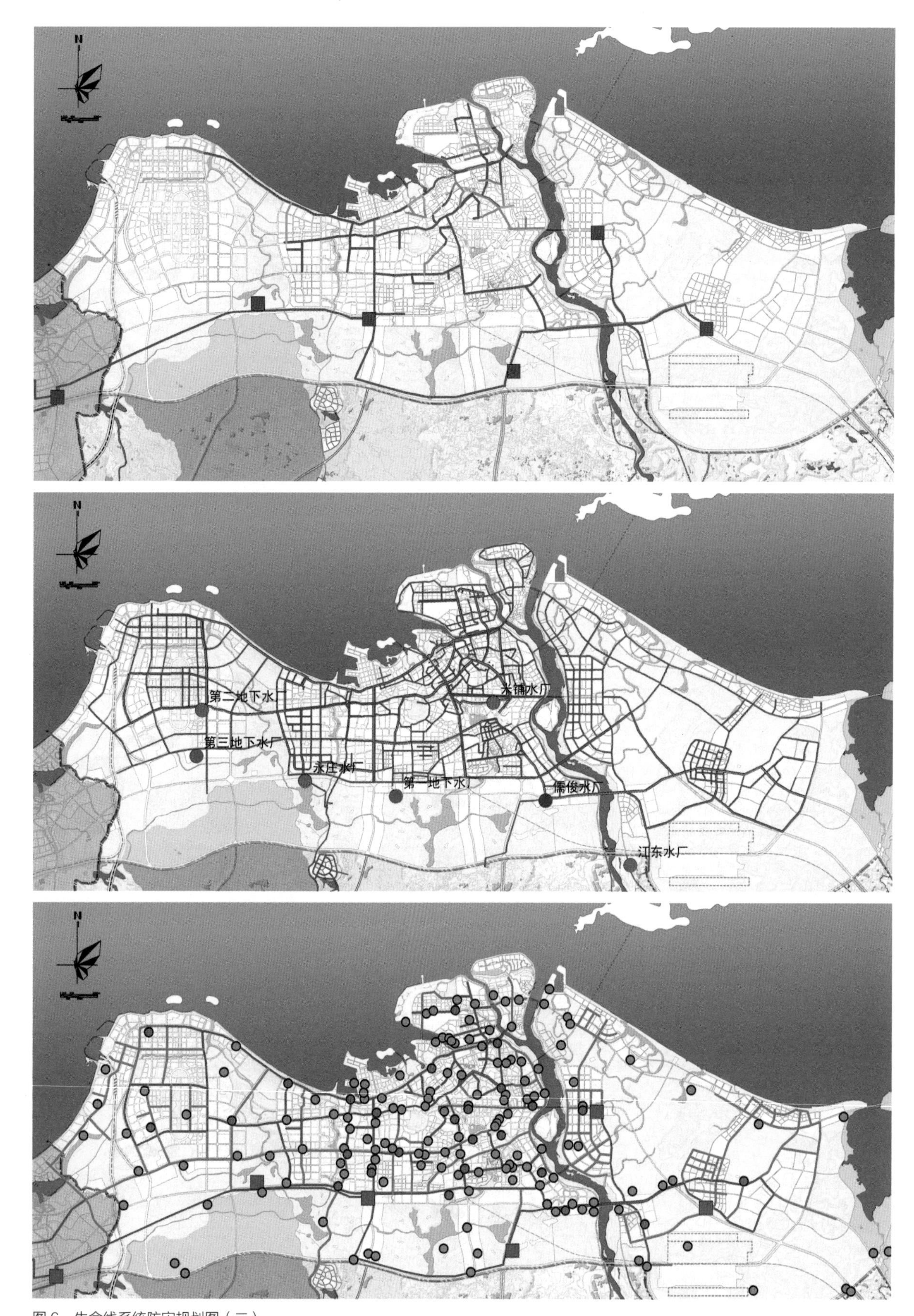

图 6　生命线系统防灾规划图（二）
Fig.6 Disaster Prevention Planning of Lifeline System

在避难人口预测、救援队人数预测、防灾资源建设条件分析的基础上，根据安全性、适宜性、就近避难与联动协作原则统筹优化应急避难场所、救援队驻地、应急物资库、应急医院、避难疏散道路等防灾资源空间布局（图 7），合理安排应急避难场所的避难类型、等级、容量及建设规模；针对超越设防灾害情景的避难需求规划预留避难空间，以应对巨灾等不利情景的应急需求；针对避难资源难以满足需求的地区制定转移疏散安置规划，并对接安置地避难设施规划。

3.5 建立单灾种规划指引和综合应急管理体系，完善规划管理体系

根据海口市市情、灾害综合风险评价结果及城市规划编制办法要求，确定地震、洪涝、台风、火灾、重大危险源为城市面临的主要灾害。基于综合防灾规划统筹，对主要灾害的单灾种防灾规划目标、防灾措施、防灾设施布局及防灾管理等提出规划指引，进一步衔接单灾种防灾规划的编制与实施。

借鉴日本东京的防灾与危机管理体系、美国联邦紧急事务管理署的综合防灾体系以及北京市应急体系建立机制，结合海口市防灾机构设置特点，提出了建立公共安全联动指挥中心，形成有机构、有体制、有机制、有保障的城市综合防灾与应急管理体系，进一步完善规划的实施及管理体系。

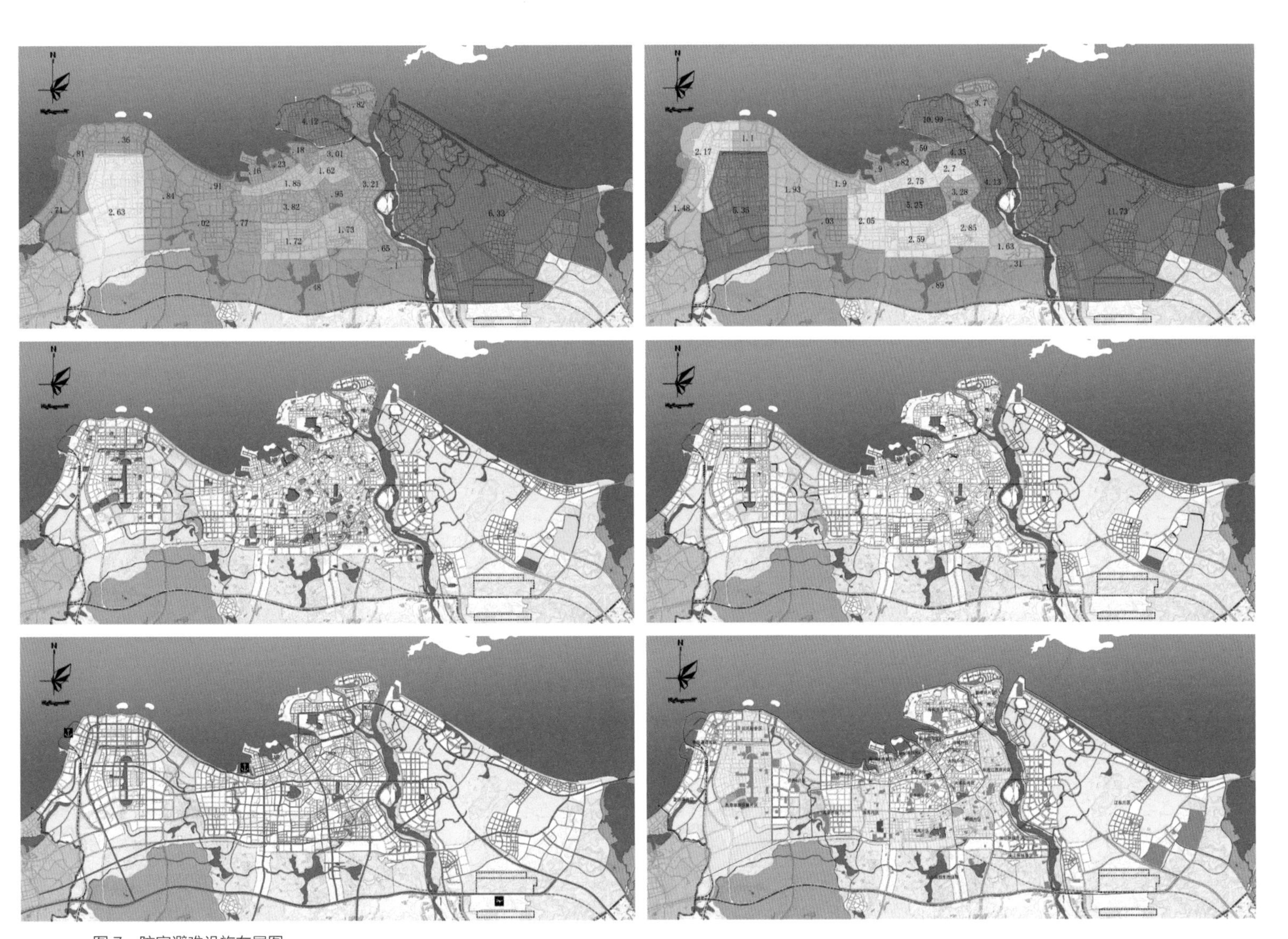

图 7　防灾避难设施布局图
Fig.7 Layout of Facilities for Disaster Prevention and Shelter

4 规划组织与实施

本规划编制过程中，创新性、适用性、延续性一直是伴随规划组织和实施的重要原则。

在创新性方面，项目团队既立足防灾规划自身需求开展创新研究，又注重防灾规划与国家重大科研课题的结合，不断推进研究成果的应用。海口市作为国家科技支撑计划项目“城镇群空间规划与动态监测关键技术研发与集成示范”的示范基地，创新性地引入仿真模拟技术、风险评估技术及 GIS 空间分析技术，利用科技项目的研究成果推动海口市综合风险评估向系统化、定量化、空间化发展，并进一步提升风险评估成果对用地安全空间管制、基础设施防灾能力提升与防灾设施布局的支撑作用。在应急避难场所选址布局专题，本项目依托国家自然科学基金项目“基于避难人口预测的应急避难场所选址规划研究”，利用规划区控制性详细规划的人口分布情况、灾害风险评估及建筑易损性评估成果建立了避难人口预测模型，将多灾种、多情景下的避难人口落实到规划图上，为防灾设施的统筹优化布局提供依据，形成了《应急避难场所规划中避难人口预测的简便方法》的研究成果。

在适用性方面，项目团队考虑了本专项规划与总规、控规在空间控制和引导方面的衔接，基于综合风险评估提出用地安全控制管制措施，对总规、控规提供有力支撑。规划在编制过程中，项目组与消防、民防、应急、水务等防灾专业部门和交通、供水、电力、通信、港务、燃气等相关专业部门密切联系，及时沟通风险空间分布、用地安全空间管制、基础设施系统韧性提升及防灾设施规划方案，确保规划内容与专业部门的防灾需求相适应。

在延续性方面，项目团队既重视防灾规划与城市建设和治理的结合推动项目实施，也重视防灾规划与城市“多规合一”的结合促进规划管控的延续。本规划基于对重大危险源的事故模拟分析和定量评估，结合城市功能布局，提出了危险源搬迁和工业生产方式转变等建议。2014 年 1 月海口市人民政府办公厅关于《海南省海口市城市综合防灾规划》（以下简称《规划》）的批复中指出，城市用地布局、项目选址应符合《规划》中的城市空间安全管制要求，避免或降低灾害风险，原建设用地存在安全隐患的，应考虑按《规划》适当调整。本规划推动海口市开展了一系列防灾工程，如位于西海岸的民生长流储运库按本规划完成搬迁，万绿园应急避难场所建设完成，西海岸消防站建设完成并投入使用。2015 年，海南省启动多规试点，本规划形成的灾害综合风险评估图和空间安全管制规划图为海口市“多规合一”总体规划的生态红线划定和城市开发边界确定提供了重要支撑，进一步促进了综合防灾规划管控要求在新的空间规划中传导和延续。

北海市城市基础设施多规协同规划
Multi-Plan Coordinated Planning of Urban Infrastructure in Beihai

执笔人：任希岩 于德淼 孙道成 熊 林 司马文卉

【项目信息】

项目类型：市政基础设施类规划 多规合一规划

项目地点：北海市

委托单位：原北海市规划局

完成单位：中国城市规划设计研究院 北海市城市规划设计研究院

主要完成人员：

主管领导：张 全

项目负责人：任希岩（规划协同与联合编制）

于德淼 熊 林（排水防涝规划）

孙道成 张中秀（市政工程专项规划）

司马文卉 荣冰凌（水系与蓝线规划）

项目参加人：樊 超 谭 磊 蔺 昊 沈 旭 马晓虹 胡小凤

【项目简介】

2012 年以来，北海市委、市政府为落实生态文明建设和新型城镇化要求，针对北海市城市规划建设中的问题提出了规划协同、转型重构、惠及民生、城市提质的发展方向和要求。围绕如何结合北海市新一轮城市总体规划的编制，切实解决北海市城市发展面临的现实问题和可预期的规划问题，指导北海市城市基础设施良性发展，探索落实生态文明城市建设和新型城镇化要求，北海市城市基础设施相关规划编制团队开展了北海市排水（雨水）防涝综合规划、北海市主城区市政工程专项规划、北海市城市蓝线与水系专项规划的编制和协同规划工作。

本次规划确定了城市总体规划与各专项规划合一的“一张蓝图”的规划方式和多规协同、互馈协调的编制方法，并以解决实际面临问题为近期出发点，以解决远期预期的系统问题为规划着力点。以总体规划修编为契机，系统研究城市基础设施和生态空间问题，解决城市排水防涝和基础设施无序发展等问题为抓手，采用多规协同、多规合一的方式将城市基础设施内容融入法定城市总体规划中，采用总规空间管制和蓝线管控落实缓解城市内涝问题，规划改善城市生态环境的水系、大型绿地和公园、湿地等大海绵系统建设的空间布局内容，为总体规划提供合理化的空间前提。同时，同步关注地上开发与地下开发相统筹，完善城市管网系统并识别适合建设综合管廊系统的区域，在总规中落实并预留走廊空间。对北海市海绵城市建设和综合管廊建设提出指导要求（图 2）。

[Introduction]

Since 2012, in order to meet the requirements of ecological civilization construction and new urbanization, the municipal Party Committee and the municipal government of Beihai have put forward the development direction and requirements of planning coordination, transformation and reconstruction, benefiting the people's livelihood, and improving the quality of the city. Based on the compilation of the new urban master plan of Beihai City, and considering how to effectively solve the practical problems and predictable planning problems faced by the urban development of Beihai City, the project team carries out the compilation and coordination of the drainage (rainwater) and waterlogging prevention comprehensive planning of Beihai city, the municipal engineering special planning for the main urban area of Beihai City, and the blue line and water system special planning of Beihai city, so as to guide the sound development of urban infrastructure of the city.

In the planning, it determines the planning mode of one blueprint that integrates the urban master plan with special plans, establishes the compilation method as multi-plan coordination and reciprocal feedback, and takes solving the actual problems as the short-term target and solving the long-term predicted system problems as the planning focus. Taking the opportunity of master plan revision, the planning systematically studies the problems of urban infrastructure and ecological space, focuses on solving the problems of urban drainage and waterlogging prevention as well as disordered development of infrastructure, and integrates the content of urban infrastructure planning in the statutory urban master plan by way of multi-plan coordination. The planning adopts spatial control and blue line control to alleviate the problem of urban waterlogging, and improves the spatial layout of water system, large green space, park, wetland, and other large-scale sponge system construction of the urban ecological environment, so as to provide reasonable spatial premise for the master plan. At the same time, the planning pays attention to the coordination between the ground development and the underground development, improves the urban pipeline network and identifies the areas suitable for the construction of the utility tunnel system, and reserves space for the tunnel in the master plan. The planning also puts forward corresponding guidance for the construction of sponge city and utility tunnel in Beihai City.

图 1　团队照片
Fig.1 Picture of the Project Team

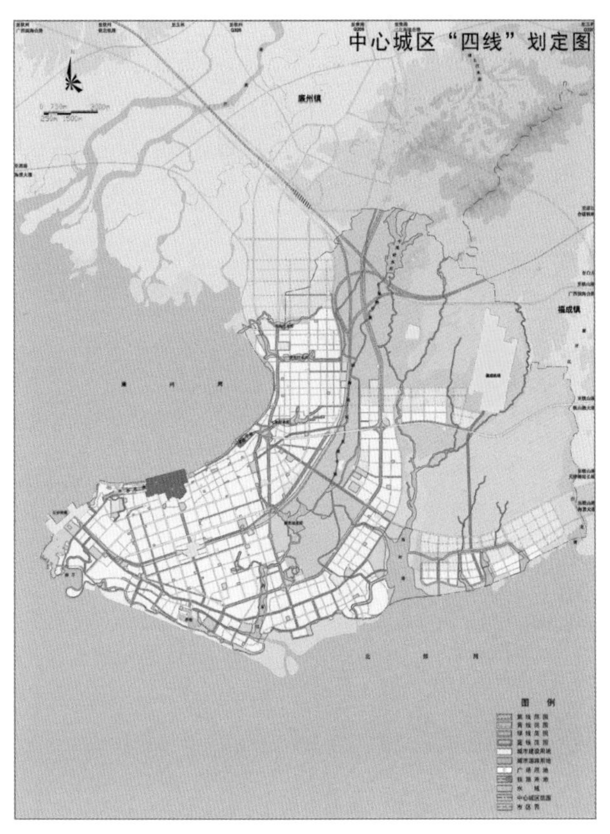

图 2　北海市中心城区“四线”划定图
Fig.2　“Four Lines” Delineation of the Central City of Beihai

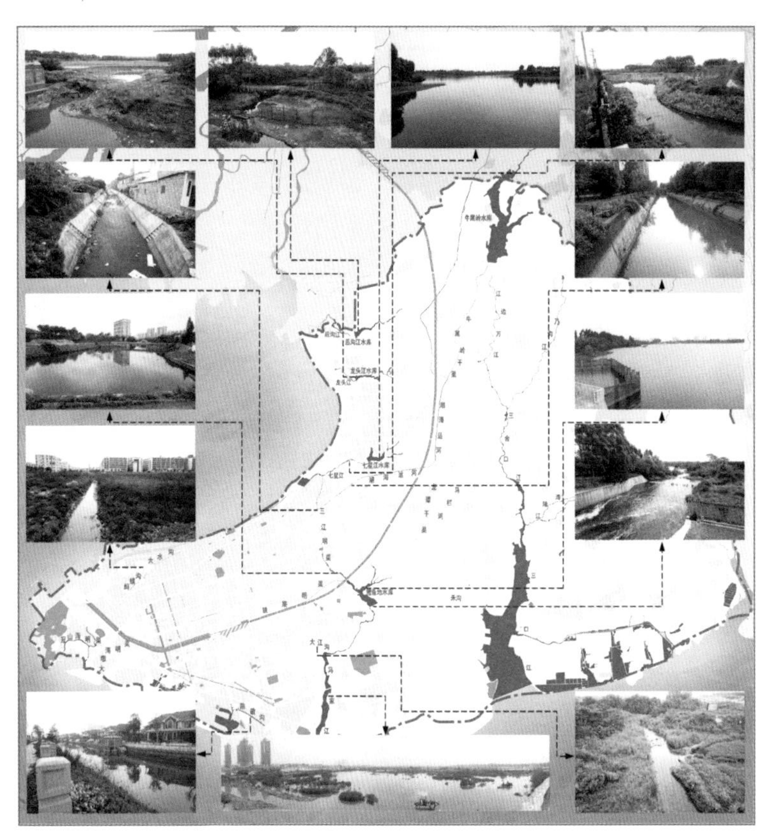

图 3　北海市水系现状图
Fig.3 Status Quo of Water System in Beihai

1 项目背景

北海市地处广西壮族自治区南端，北部湾东北岸，是全国 14 个沿海开放城市之一，也是中国最美的海滨城市之一。北海是古代“海上丝绸之路”的重要始发港，国家历史文化名城。

北海本是一个运河贯通、水系发达的城市，随着城市的开发，水系被随意填埋，导致城市内涝问题愈发严重，城市安全、水系景观、运河文化均受到不同程度的破坏。城市基础设施建设滞后于城市发展进程，建设标准、管网系统、设施运行等方面均不能满足城市发展需求（图 3）。

2013 年，北海市正式启动《北海市城市总体规划（2013-2030 年）》的编制，与北海市城市总体规划共同编制的一系列专项规划中，包括《北海市城市蓝线与水系规划（2013-2030 年）》《北海市排（雨）水防涝综合规划（2013-2030 年）》以及《北海市主城区市政工程专项规划（2013-2030 年）》。三个专项规划的协同编制，从问题、目标、系统、保障体系等多角度出发，以实现规划的协调和可操作性为原则，解决市政基础设施方面存在的实际问题（图 4）。

2 主要规划内容

2.1《北海市城市蓝线与水系规划（2013—2030 年）》

规划以划定蓝线保护范围，建立蓝线管理体系，保证水系完整性，提高防洪排涝安全性，构建“清、活、灵、动、美”的滨海城市水系，使北海成为水安全、水生态、水景观和水文化相融合的生态宜居城市为 2030 年规划目标，从水系结构重建、水系功能重组、水系景观重塑以及水系的多重保障出发，构建城市水系、保障排涝安全，并通过蓝线划定和管理确保水系完整性。

水系规划提出重建“湖海相连”，利用城市内湖和湖海通廊水系建立湖与海的联通，形成“水水向湾”的组团式城市格局。

在湖海相连的基础上，进行水系功能重组，强调利用湖海运河引入清洁的水源为城区补水，结合城市排水条件和内涝风险设置排涝水系，重点解决城市内涝问题（图 5）。

在水系景观重塑中，重点选择一条景观带，打造河 - 湖 - 江 - 海一带不同的景观，这一带包含了历史文化型、生活休憩型、旅游观赏型和商务休闲型的景观功能（图 6）。

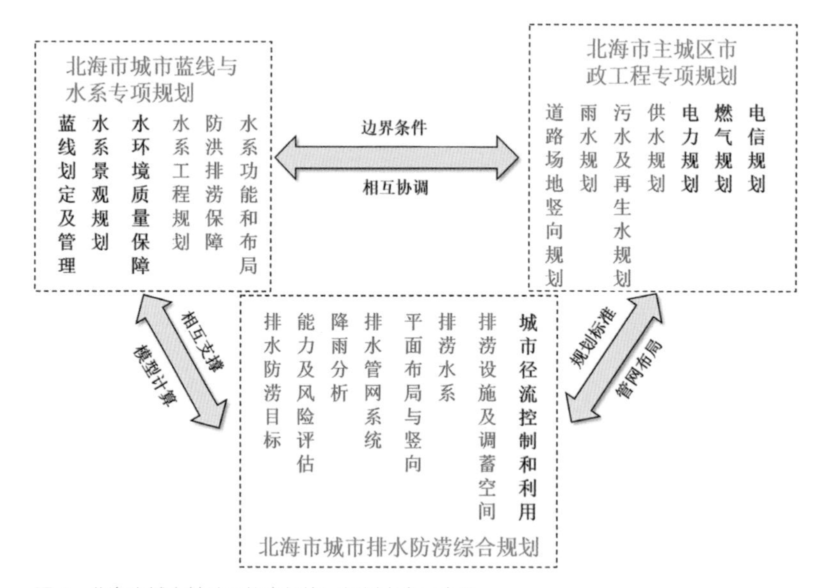

图 4 北海市城市基础设施多规协同规划内容示意图
Fig.4 Multi-Plan Coordinated Planning of Urban Infrastructure in Beihai City

图 5 北海市水系功能规划图
Fig.5 Water System Function Plan of Beihai

为保障水系正常运行进行了水系平面、水系竖向和水系断面规划。共规划城市主要河流 30 余，总长度约 160 公里，水面面积约 855 公顷，中心城区建设用地范围内水面率约为 7.8%。在不影响防洪排涝安全的前提下，对城市河湖水系岸线、加装盖板的天然河渠进行生态修复，恢复生态功能。新建水系护岸避免采用硬质铺装，采用生态护岸，削减降雨峰值，净化城市水体，丰富水系景观（图 7）。

在水系水量保障方面，充分结合沿海城市的特点，利用自然江水、水库调蓄保持主要河道流量，并利用水库蓄水、再生水、湖海运河引水和海水补充其他水系景观用水。在水系水质保障方面，通过截污、治污及生态修复等工程及非工程措施，使水系水质得到显著改善，水生态系统稳定良好，构建健康的水系水生态环境。

图 6　北海市滨水空间利用规划图

Fig.6 Waterfront Space Utilization Plan of Beihai

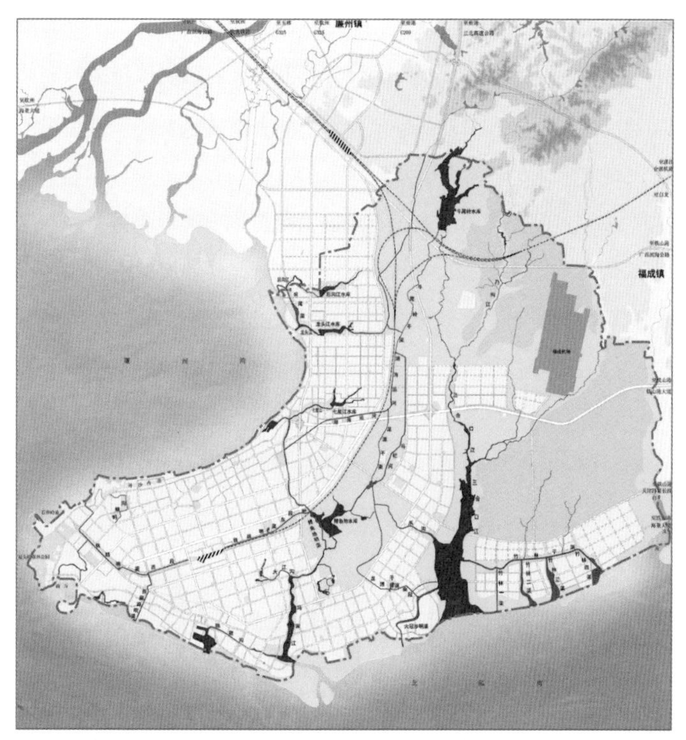

图 7 北海市水系规划图
Fig.7 Water System Plan of Beihai City

图 8 北海市蓝线规划图
Fig.8 Blue Line Plan of Beihai City

在水系规划的基础上，研究适用于北海市的蓝线划定方法，划定了水系的水域控制线和陆域控制线，满足城市防洪排涝、景观、生态等综合需求，切实做到保护城市水系，提升城市品质，有选择地、因地制宜地进行滨水空间的开发利用（图 8）。

2.2 北海市排水防涝综合规划

规划从竖向、水系、管网、调蓄空间、绿地等要素全方位考虑，完善排涝体系，近期开展重点内涝片区整治，从根本上缓解内涝问题。

规划结合北海市中心城区现状及历史内涝灾害情况，由降雨产流到地表汇流，再到河流、管网排水，最后到排水口与潮位的关系，全面分析了北海市降雨特征、河流水系、地形竖向与潮位、用地布局与下垫面条件、雨水管网系统和城市内涝防治设施等排水防涝现状及成因。

排涝规划通过建立城市降雨径流模型、雨水管网模型和二维地面漫流模型，对中心城区雨水管网排水能力及内涝风险进行评估。结合风险分析对水系、排水防涝设施、地影响开发设施和排水管网的规划方案进行优化调整，为近期主要内涝点治理和远期内涝系统完善提供相应要求和支撑（图 9，图 10）。

规划按照统筹兼顾、因地制宜、技术综合等原则，结合内涝防治需求，提出竖向控制要求、完善排涝水系布局、构建区域调蓄空间、优化排水管网系统、确定雨水径流控制要求，最终形成水量和水质同步控制的综合排水防涝系统，有效应对 30 年一遇的暴雨。

规划径流控制采取源头减排、汇流控制和末端调蓄三类措施。上游地区减少雨水径流产生，将雨水就地渗入地下，或延长其排放时间；在雨水径流输送过程中在潜在径流路径和径流交汇的低洼地区通过土壤过滤滞留、植物吸收等方式对雨水进行滞留、渗透；在城市排水系统汇水分区中下游地区对雨水径流进行收集储存，实现雨水径流的削峰、滞流及资源利用。

规划结合水系和场地竖向，优化排水分区，尽量保留现状绿地，各片区新增绿地面积，降低综合径流系数。确定场地最低控制标高、道路竖向控制标高、场地竖向控制标高和排水管网控制标高。

确立排涝水系“三纵六横”总体布局，三纵包括三江明渠 - 冯家江、马栏河 - 龙潭干渠、三合口江，六横包括七星江、龙头江、铁路明渠、银滩明渠、大冠沙明渠、竹林明渠，提出水系断面形式尺寸及与排水管网的衔接控制要求。规划优先利用城市湿地、水面和下凹式广场等，作为城市重要雨水调蓄空间。预留超标暴雨排水通道，兼顾与现有防洪防潮实施的衔接（图 11）。

针对中心城区 16 处重要的内涝点，结合现有城市建设改造条件，通过增加排水通道、提高排水设施能力、构建调蓄空间、优化排水分区等方法，提出近期内涝点整治方案，既保证系统的完整性，又体现近期的可行性。

规划提出排水防涝管理机制及实施保障措施，加强排水防涝系统日常维护，推进信息化平台和应急保障体系建设，开展内涝防治群众宣传，全面提高城市抵御内涝灾害的能力。

通过排涝模型对规划方案进行综合评估，中心城区在经历 30 年一遇 24 小时降雨后，无明显、连片地区，有效地缓解了城市内涝灾害。

图 9　北海市内涝风险区划图
Fig.9 Waterlogging Risk Zoning of Beihai City

图 10　北海市排水管网排水能力评估图
Fig.10 Capacity Evaluation of Drainage Network in Beihai

图 11　北海市排水防涝系统规划图
Fig.11 Drainage and Waterlogging Prevention System Plan of Beihai City

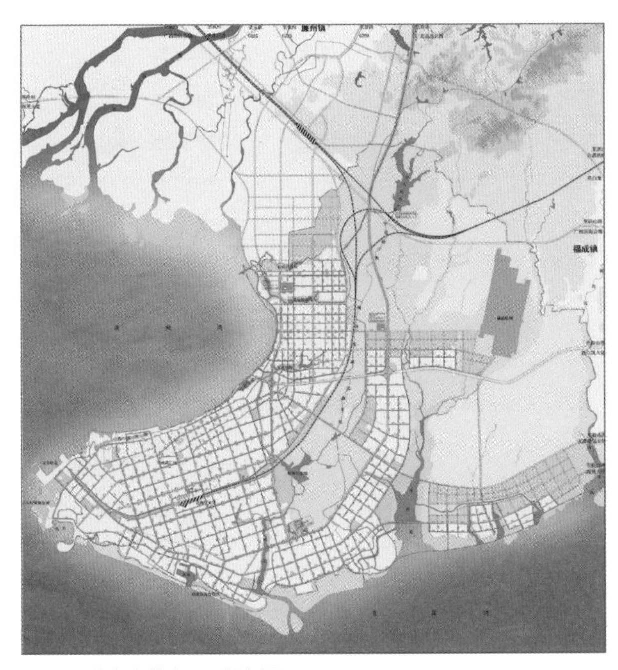

图12　北海市供水工程规划图
Fig.12 Water Supply Project Plan of Beihai

图13　北海市供电工程规划图
Fig.13 Power Supply Project Plan of Beihai

2.3 北海市主城区市政工程专项规划

北海市主城区市政工程专项规划在落实国家关于加强市政基础设施建设相关政策要求的背景下，系统规划城市道路及管网基础设施，提出适应城市健康发展的基础设施建设目标。规划在梳理现状市政基础设施的基础上，构建中心城区城市竖向系统，重点完善城市道路、供水、污水及再生水、雨水、电力、通信、燃气等基础设施布局。规划期末，实现中心城区基础设施转型升级，全面提升城市基础设施水平。规划共涉及市政行业道路工程、竖向工程、供水工程、污水及再生水工程、雨水工程、电力工程、通信工程、燃气工程等8个专业的设施系统规划。

道路工程规划在与北海城市综合交通规划充分衔接的基础上，重点规划道路平面控制要素、设计车速、红线及横断面以及道路交叉口管控等，为下阶段道路设计施工提供依据。

竖向工程规划主要通过主城区地形重塑、竖向系统规划以及土方调配规划等，重点解决沿海低洼地区排水安全问题、城市建设缺土问题，为水系和排水规划提供依据。

供水工程规划充分利用地表水源逐步替代地下水源，实现多水源联合供水，逐步缓解地下水超采导致海水入侵的影响。供水管网系统重点规划大型环状供水联络干管，实现多水厂相互调水，互为应急备用，以确保主城区供水安全（图12）。

污水工程规划充分利用主城区地形特征，结合城市近远期建设计划，利用现有污水泵站系统调整远期污水收集系统，充分利用重力流降低污水排放、收集过程中的系统能耗，使系统更加合理、高效。

电力工程规划重点布局供电电源系统，结合供电电源布置架空线路高压走廊和入地线路管沟、隧道等，系统解决主城区土地紧张、景观要求高、电力选线难的问题（图13）。

通信工程规划通过通信设施系统布局规划，重点实现北海通信设施共建共享，改变北海地上、地下通信设施建设、管理混乱现状。

燃气工程规划结合北海市气源建设，将现状具有安全隐患的燃气场站搬至城市外围，以降低城市公共安全隐患。并通过管网系统布局规划，逐步完善主城区燃气供应系统。

市政专项规划首次系统地对北海市主城区竖向系统、给排水系统以及能源供应系统进行统筹规划。规划依托城市道路系统规划，对竖向控制系统进行布局，对城市给排水和能源系统从供应设施到管网进行系统布置。

3 规划创新点

（1）三个规划协同编制

本次规划协同编制，是在总体规划为统筹的基础上，进行的专项规划多规互动的编制方法，从技术上进行相关专业的衔接，保证了规划的一致性和系统性，在不同的系统之间实现了多目标共体系的空间统筹。在专项规划内容的基础上，采用排水防涝规划的水文水力计算为水系蓝线断面和竖向规划提供依据，为雨水和雨污合流工程规划提供规划依据；参照水系竖向和场地道路竖向规划，结合道路工程规划进行市政管网规划，尤其是排水管道与水系的高程衔接；大排涝系统为水系蓝线规划和绿线规划提供空间规划依据，道路规划与排涝超标雨水行泄通道、内涝交通管理等方面协同。排水防涝规划的人工湿地、调蓄水面、公共绿地与水系蓝线管控的水体保护线，结合市政专项规划提出的基础设施廊道空间共同为总体规划一张蓝图绘制基础底图和提出管控要求（图 14）。

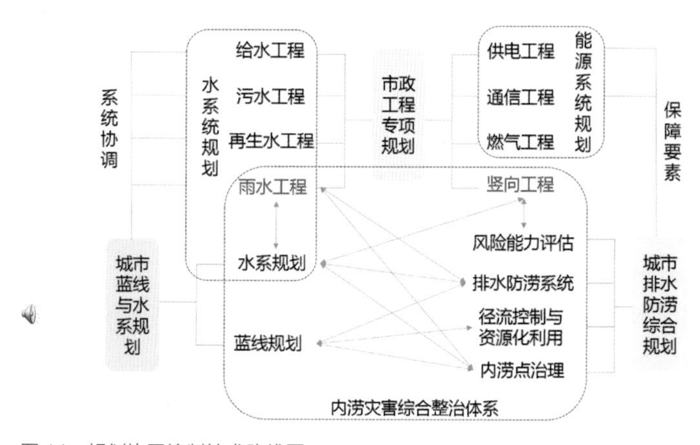

图 14 规划协同编制技术路线图

Fig.14 Technical Route for Coordinated Planning Compilation

（2）规划协同编制，为城市解决实际问题

三个专项规划相互协调合力医治如城市内涝、水源不足、土方不足、管网无序、水质变差等诸多城市发展带来的问题。其中，城市蓝线的划定与管理需要多个规划、多个部门之间的协调。蓝线与绿线、红线、黄线、紫线协调后，五线共同构成城市建设的空间管制内容，保障城市建设与宜居环境共同发展。

在城市竖向规划中，综合考虑防洪、防潮、水系建设、排水防涝、土方调配等控制要素，科学合理布局城市“高低”，使得北海中心城区“防潮更安全、排水有通道、土方有来源”。

（3）构建了完善的水系统，为海绵城市的建设奠定了扎实基础

城市水系统规划等专项规划的编制是 2015 年、2016 年海绵城市试点申报资格审核的三个重要条件之一，包括城市供水、节水、污水处理及再生利用、排水防涝、防洪、城市水体等专项规划，均涵盖在北海市城市基础设施多规协同规划当中。

生态空间的保护和预留则是海绵城市主要的建设途径，以水系规划、排涝规划为基础确定的带状滨河绿地和块状公园绿地作为生态空间直接纳入总规，并在大海绵系统的基础上提出了低影响开发设施布局，为海绵城市的建设奠定基础。

（4）为城市管线综合与综合管廊建设提供依据

城市排水（雨水）防涝规划研究了部分沿海地区采用深邃排水的可行性，市政专项规划在初步管线综合的基础上识别并提出了北海市可实施综合管廊建设的区域范围，两者进行了系统衔接，并结合地下空间开发的相关要求在竖向上进行了协调。可以为北海市下一步的管线综合规划及综合管廊专项规划提供依据。

（5）确定了规划管理保障体系

针对排涝系统的特点，提出在协调机制建设、系统维护管理、信息化建设、灾害应急保障、公众宣传等方面的管理措施，保障排涝规划及建设能够有效地落实，全面提高城市抵御内涝灾害的能力。为使蓝线的法律地位顺利落实，实行蓝线分区管理，对蓝线禁建、限建区域以及禁建、限建行为类型分别进行了规定，同时提出建立统一的信息管理平台，进行蓝线划定、蓝线调整、动态更新和监督检查。

4 规划实施

随着规划的深入和建设项目的实施，北海市的城市面貌有了明显改善，内涝现象有所缓解，各项基础设施建设有序，海绵城市和综合管廊的建设规划也在基础设施专项规划的基础上全面开展，规划协同同时为城

市近期建设提供明确的项目支撑，

三个专项规划都重点关注城市迫切需要解决的实际问题，从内涝、供水、供电、供气、水环境、景观等方面出发，以民生关切为本，为城市近期建设提供项目支撑。

近期共整治水系 19.1 公里，改造水系 13.2 公里，新建水系 13.7 公里。16 个严重内涝点的整治工作，其中 8 个内涝点整治结合水系建设，5 个内涝点结合雨水管网调整，3 个内涝点结合竖向调整进行整治，初见成效。

近期建设的重点项目之一——大冠沙湿地生态系统，在规划建设的大冠沙污水处理厂中增加深度处理设施，并建设人工湿地对尾水进行强化处理，既实现污水资源回用，补充河道景观用水，也解决近期没有尾水排海通道的问题（图 15）。

2013 年以前降雨量为 30 ~100 毫米时，内涝点 16 个；降雨量为 100 ~150 毫米时，内涝点 26 个；降雨量为 150 毫米以上，内涝点 31 个。近三年北海市通过铁路明渠、广东南路铁路桥底、四川路铁路桥、云南南路铁路桥段、西南大道贵州路段等内涝治理工程建设，内涝点明显减少。2016 年 5 月 22 日降雨量为 106 毫米，市区仅 1 处内涝点。

5 总结

北海市一揽子规划将城市总体规划、城市水系、绿地、排涝、道路交通、海岸线等规划协同编制，以水系和绿地等生态空间规划为前置条件，结合排涝、雨水利用和城市生态环境改善等功能需求，专项规划与总体规划互相反馈推进，对总体规划方案的落实提供了强有力的支撑，同时也为北海市海绵城市建设提供依据和支撑。

“总规引领，多规同步协调编制”——北海市一揽子规划模式为未来城市建设规划体系提供了实践经验，对我国其他城市发展建设具有相应的示范意义。

图 15　建成后的大冠沙污水处理厂
Fig.15 Daguansha Sewage Treatment Plant After Completion

石家庄市城市排水（雨水）防涝综合规划

Comprehensive Planning of Urban Drainage and Waterlogging Prevention in Shijiazhuang

执笔人：胡应均

【项目信息】

项目类型：市政基础设施规划

项目地点：石家庄市

委托单位：石家庄市排水管理处

主要完成人员：王家卓 张 全 张彦平 贾建英 康利君 张 伟 胡应均 张春洋 王召森 张凯伟 程小文 罗义永 范 锦 陈小明 王 越

【项目简介】

城市排水防涝是事关国计民生和城市安全的重要工作。我国城市“大雨必涝”“城市看海”现象突出，表现出发生范围广、积水深度大、积水时间长的特点。近年来石家庄市加大了排水设施建设力度，但仍受到暴雨内涝的困扰，在突发强降雨下，出现严重积水，造成重大损失，2010 年 7 月 31 日造成 8 座地道桥、18 个路段严重积水。

本规划针对石家庄市雨水系统现状存在的主要问题，全面落实国家及省市要求，充分体现排水防涝统筹兼顾、系统协调等理念，按照“摸现状，识别问题；建模型，评估能力；识风险，支撑规划；拓出路，确保畅通；调分区，重划流域；治内河，改善外部；改主干，梳理系统；提标准，对接规范；控源头，削减径流；修调蓄，治理积水”的十大策略，综合解决城市内涝积水问题。

规划的系统方案主要有：第一，科学制定雨水径流控制标准、雨水管渠泵站及附属设施设计标准、城市内涝防治标准；第二，通过低影响开发措施等一系列的措施促进雨水下渗，减少外排，补充地下水；第三，建立地表、城市管网和河道的耦合模型，评估现状与规划排水系统；第四，采用增加主干系统方式切割排水分区、改造现状管网，提高现状排水管网标准；第五，建设东部总退水明渠、汪洋沟等城市水系，构建新的排水出路。

[Introduction]

Urban drainage and waterlogging prevention are important work concerning people's livelihood and urban safety. There are serious waterlogging problems after heavy rainfall in Chinese cities. In Shijiazhuang City in recent years, despite the promotion of urban drainage construction, the city still suffered a lot from sudden heavy rainfall.

Focusing on the main problems of storm sewerage system in Shijiazhuang, this planning fully implements the national and provincial requirements, demonstrates the concepts of overall consideration and system coordination for drainage and waterlogging prevention, and proposes ten strategies concerning the identification of problems, assessment of the capacity, adjustment of the drainage area, optimization of the system, etc.

The planning mainly contains: firstly, several standards are scientifically set up, including the stormwater runoff control standard, the design standard of stormwater pipe, canal pump station, and auxiliary facilities, as well as the urban waterlogging prevention standard. Secondly, a series of LID measures are proposed to promote stormwater infiltration, so as to reduce discharge and to recharge the groundwater. Thirdly, a coupling model of surface, urban pipe network, and river channel is established to evaluate the current and planned drainage system. Fourthly, a backbone system is added to divide the drainage area, renovate the current pipe network, and improve the standard of the current drainage pipe network. Fifthly, urban water systems are planned, such as the eastern open channel and Wangyang canal, so as to build new drainage outlets.

1 规划背景

（1）各级政府高度重视排水防涝工作，要求做好城市排水防涝设施建设工作

党中央、国务院高度重视排水防涝工作，2013 年 4 月国务院办公厅发布关于做好城市排水防涝设施建设工作的通知，明确要求各地抓紧制定排水防涝建设规划，加强排水防涝设施建设，提高城市防灾减灾能力和安全保障水平，保障人民群众生命财产安全。

（2）国家排水标准对城市雨水系统提出了新要求

《室外排水设计规范》（GB 50014—2006）（2016 年版）主要提高了雨水管渠设计标准，新增了内涝防治标准、低影响开发、排水系统模拟、雨水调蓄设施等方面的规定，并针对雨水工程中的暴雨强度公式、降雨历时计算、雨水设计流量等内容进行了修订与补充，因此，需要对原有城市排水工程规划中雨水部分进行优化与完善。

（3）石家庄市暴雨易涝，影响市民出行，危及生命财产安全

近年来石家庄市城市规模扩张较快，但市政排水管网、水系建设滞后，导致暴雨时城市管网排水能力不足，内河水系负荷超载，部分地区甚至没有雨水出路，经常出现“城市看海”现象。2010 年 7 月 31 日，石家庄市暴雨共造成 8 座地道桥、18 个路段积水，其中裕华路与体育大街交叉口立交桥严重积水，致使 2 人遇难。

石家庄市人民政府高度重视排水防涝规划编制工作，希望通过编制规划，构建完整的城市排水防涝体系，为城市排水设施建设、易涝点治理以及相关规划编制提供重要支撑。石家庄市城市排水（雨水）防涝综合规划的规划范围包括重点区域和一般区域，其中重点区域为石家庄市中心城区、良村开发区和化工基地，一般区域为都市区，即藁城市、鹿泉市、正定县、栾城县组成的四组团以及四个新市镇（上庄镇、铜冶镇、冶河镇和岗上镇）。针对重点区域，规划内容应满足住房和城乡建设部《关于印发城市排水（雨水）防洪综合规划编制大纲的通知》（建城〔2013〕98 号）中的要求，包含城市排水能力与内涝风险评估专题研究、城市雨型专题研究、城市排水（雨水）管网专项规划、城市竖向规划和防涝系统规划等，本文仅介绍石家庄市城市排水（雨水）防涝综合规划的重点区域内相关内容。

2 现状特征

石家庄市是河北省省会、京津冀地区重要中心城市，地处河北省中南部，东与衡水市接壤，南与邢台市毗连，西与山西省为邻，北与保定市为界。2014 年末石家庄市中心城区总人口 297.6 万人，建设用地面积

236.5 平方公里。

石家庄市中心城区现状水系主要有五支渠、桥西明渠、东明渠、总退水渠、石津南支渠、汪洋沟、南泄洪渠、滹沱河等，均是城市雨水排放的重要通道。随着中华大街、平安大街、建设大街等合流主管道和小街巷合流支管的分流改造，老城区雨污分流制基本形成，新建、改造的区域均按雨污分流修建管道。然而，城市排水（雨水）防涝系统仍存在不少薄弱环节，2009—2013 年强降雨期间，石家庄市经常出现“城市看海”现象，根据排水管理处统计，老城区积水点超过 50 处（图 1）。

经综合分析，现状石家庄市城市排水（雨水）防涝系统存在的特征与问题主要包括四个方面，一是地势平坦，地形由西北向东南倾斜，坡度约千分之一，局部地区排水条件较差；二是水面较少，以二环内为例，硬化面积比例达 80%，水面率仅为 1.7%，低于国家标准，大面积硬化导致地表径流峰值与总量偏大，排水压力也大；三是缺乏排水出路，总退水渠排水压力大（城区 138 平方公里的区域雨水都依靠总退水渠）、东南环水系无出路（东部约 151 平方公里的区域雨水没有出路，大部分排入环山湖）；四是建设标准偏低，现状不足 1 年一遇标准的管网占全部管网的比例达 63.8%（图 2，图 3）。

图 1　现状易涝点分布图
Fig.1 Distribution of current waterlogging-prone points

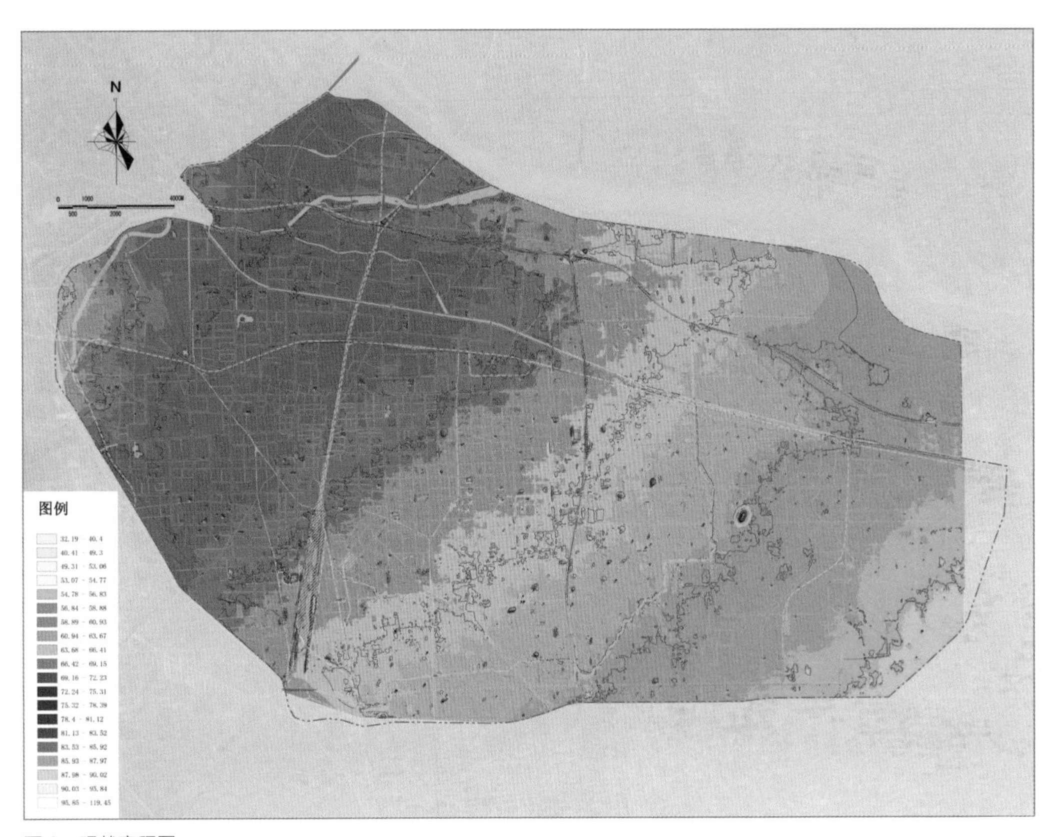

图 2　现状高程图
Fig.2 Current elevation

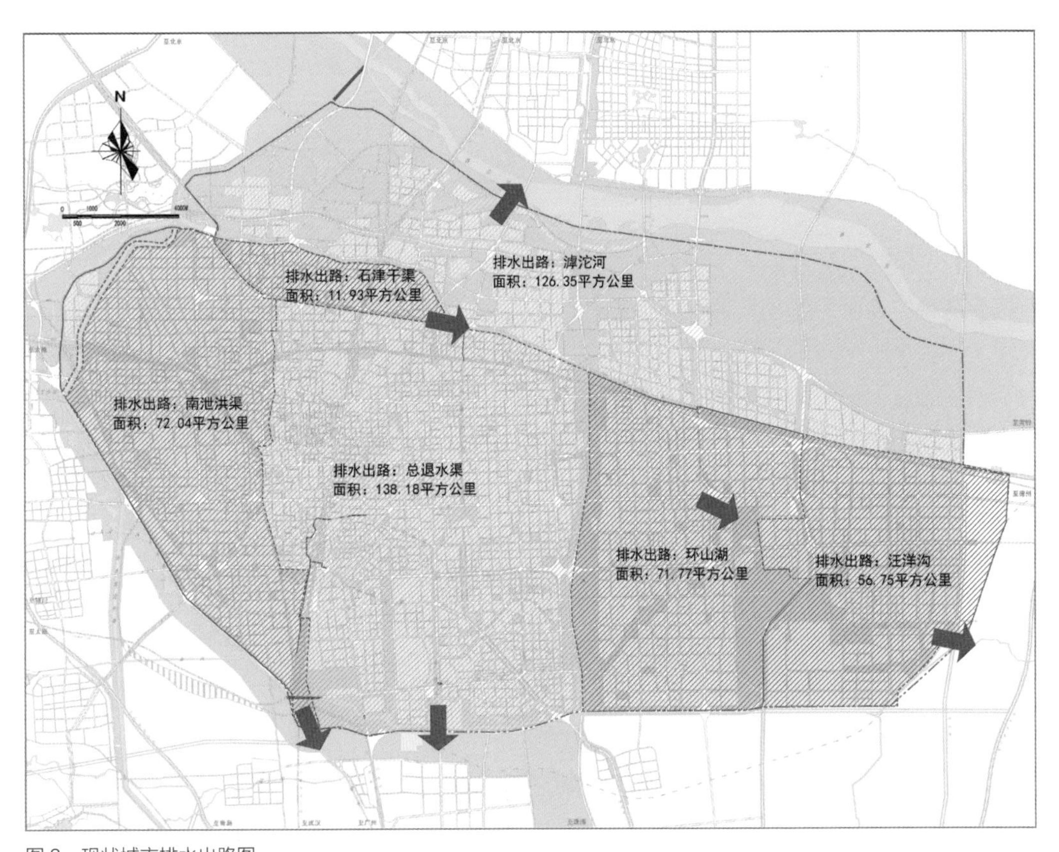

图 3　现状城市排水出路图
Fig.3 Current urban drainage outlet

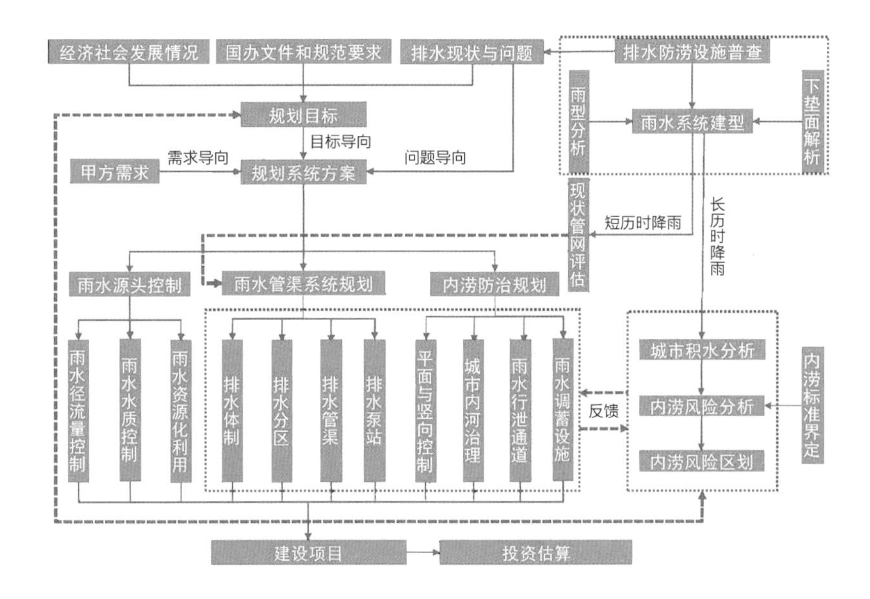

图 4　规划技术路线图
Fig.4 Technical route

3 规划思路

本次规划充分结合石家庄市经济社会发展情况、国办文件和规范要求，深入剖析降雨规律、排水系统的现状与问题，科学制定规划目标与分类指标。转变以快排为主、仅针对排水管网系统的传统排水系统规划理念与方法，根据降雨、气象、土壤、水资源等因素，综合考虑蓄、滞、渗、净、用、排等多种措施，制定快排、缓排并重，源头减排、过程控制、排涝除险相结合的城市排水防涝系统方案，规划主要构建雨水源头控制系统、雨水管渠系统、内涝防治系统等三大系统，全面提高石家庄市城市内涝防治综合水平（图 4）。

4 系统方案

4.1 促进下渗，减少外排

石家庄市作为缺水城市，近些年地下水水位以每年 1 米的速度在下降。地面高度硬化是老城区下垫面的主要现状特征，针对石家庄现状二环以内，总面积 106 平方公里区域进行下垫面分析，其中建设用地和道路用地面积总和超过总面积的 80%，综合径流系数超过 0.7，降雨时大量雨水外排，城市现状排水设施无法承受。规划通过低影响开发措施，促进雨水下渗，不仅能起到降低降雨径流的峰值流量，延滞峰值来临时间的作用，更能够补充地下水。

由于老城区内大部分用地为已建设用地，用地性质难以改变，同时大量地面均为混凝土等硬化地面，改造难度大，因此本次规划针对老城区的径流控制原则主要以改造为主。对条件适宜的现状公园进行改造作为城市雨洪调蓄公园，如水上公园、世纪公园、石太公园、长安公园等。同时，结合小区、道路改造等对部分下垫面进行改造，改造硬化地面中可渗透地面面积不低于 40%。

对新建城区明确新建城区的控制措施，根据城市低影响开发（LID）的要求，合理布局下凹式绿地、植草沟、人工湿地、可渗透地面、透水性停车场和广场，利用绿地、广场等公共空间蓄滞雨水，确保新建城区的硬化地面中，可渗透地面面积不低于 40%。

4.2 开辟出路，优化分区

对于石家庄东部地区尤其是京港澳高速以西的地区，规划设置东部退水明渠，确保排入环山湖的雨水、部分排入东南环水系的雨水和一部分汪洋沟排水系统的雨水能够通过东部退水明渠，汇入到洨河，改变原有雨水排放无出路、仅靠环山湖调蓄的局面，确保石家庄中心城区东部的排水安全。

将现状流域分区适当缩小，对于分区过大的部分，采用增加主干系统等方式进行改造，原则上每个子排水分区的面积在 2~5 平方公里左右，确保在 3 年雨水设计重现期下能够通过暗涵的方式排入受纳水体。

4.3 提高标准，完善管网

由于历史原因，石家庄市现状排水管网的标准大部分不能满足 1 年一遇，这不仅不能满足我国最新修订的《室外排水设计规范》（GB 50014—2006）（2016 年版）中的要求，也不能满足石家庄当前经济社会发展中市民对于城市排水的期望和诉求。

城市新建、改建雨水管渠和泵站的设计标准、径流系数等设计参数，根据《室外排水设计规范》（GB 50014—2006）（2016 年版）的要求确定，一般地区雨水管网设计重现期取 3 年、重要地区取 5 年。

由于雨水管网的系统性强，提升单根现状雨水管道的设计标准要求其上下游管段相互匹配，因此，单独对个别管段进行提标改造意义不大，故本规划不要求专门对现状雨水管线进行大规模的提标改造，而是要求在道路改建或雨污分流改造时，相应的雨水管渠按新标准进行建设，以逐步实现整个雨水管网系统的提标（图 5，图 6）。

图 5　现状排水系统排水能力评估图
Fig.5 Assessment of drainage capacity of the current drainage system

图 6　规划城市排水系统排水能力评估图
Fig.6 Assessment of drainage capacity of the planned drainage system

4.4 建立模型，支撑方案

传统雨水工程规划重点关注城市排水管网，采用推理公式法计算管道排水能力，对于地表径流、河道排水研究较少，产生了径流与收水不匹配、管道与河道不衔接等一系列问题，为了更加准确地分析城市雨水产生、收集、排放全过程的特征，必须全面考虑降雨、地表、管道、河道等不同要素并统筹联动。

通过建立城市管网、河道和地表的耦合模型，模拟给定重现期下的降雨与城市雨水径流过程，评估不同情景下的城市内涝积水风险，划分风险分区，提升雨水源头控制系统、雨水管渠系统、内涝防治系统等三大系统规划方案的科学性、合理性（图 7～图 9）。

4.5 科学管理，加强维护

建立有利于城市排水防涝统一管理的体制机制，城市排水主管部门加强统筹，做好城市排水防涝规划、设施建设和相关工作，确保规划的要求全面落实到建设和运行管理上。加强规划实施动态管理，健全规划的动态维护和调整机制。加强对城市排水防涝设施建设和运行状况的监管，严格实施接入排水管网许可制度，避免管道混接。加强河湖水系的疏浚和管理，汛前要严格按照防汛要求对各片区排水设施进行全面检查、维护和清疏。

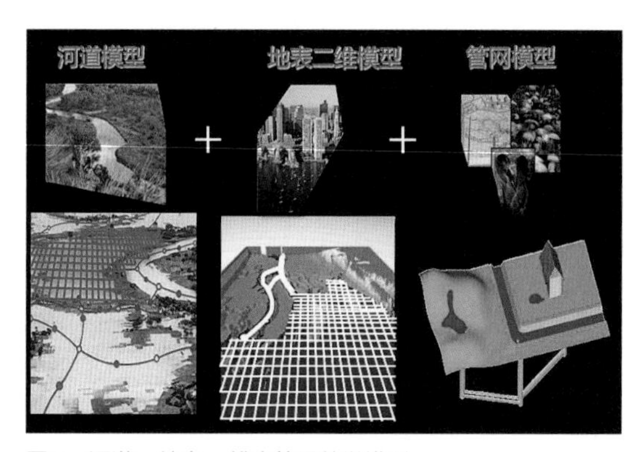

图 7　河道 - 地表 - 排水管网数学模型
Fig.7 Mathematical model of river-surface-drainage network

图 8 现状内涝风险区划图（50 年一遇 24 小时降雨）
Fig.8 Current zoning of waterlogging risks (once-in-half-a-century 24-hour rainfall)

图 9 规划内涝风险区划图（50 年一遇 24 小时降雨）
Fig.9 Planned zoning of waterlogging risks (once-in-half-a-century 24-hour rainfall)

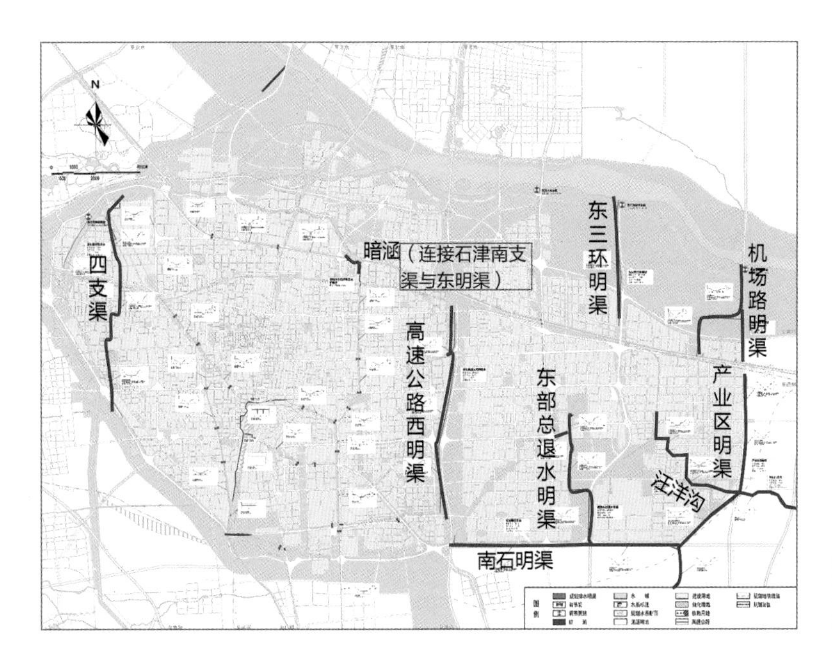

图 10　内河水系规划图
Fig.10 Planning of urban river system

5 主要规划内容

5.1 规划目标

（1）发生城市雨水管网设计标准（3～5 年一遇）以内的降雨时，地面没有明显积水；

（2）发生城市内涝防治标准（50 年一遇 24 小时降雨量）以内的降雨时，城市不出现内涝灾害；

（3）发生超过城市内涝防治标准（50 年一遇 24 小时降雨量）的降雨时，城市应急救援系统运转基本正常，不造成重大财产损失和人员伤亡。

5.2 内河水系规划

内河水系属于内涝防治系统的一部分，既是城市雨水行泄、排放的重要通道，又是调蓄区域雨水的主要载体，在应对超出管网设计重现期降雨时发挥着关键作用。

规划首先从重点区域层面梳理排水大系统，为雨水管渠系统规划、雨水调蓄设施规划打下基础，水系方案主要包含三个方面，一是实施西部水系整治，恢复被城市建设所侵占的四支渠；二是实现中部水系连通，将石津南支渠与东明渠连通，石津南支渠以东的石津干渠不再承担雨水排放功能（仅用于引水），同时增大东明渠的排水服务范围；三是在东部新建多条明渠，改善区域排水条件，解决东部地区退水出路的问题。规划还提出城市内河水系综合治理应与城市景观、防洪相结合，统筹考虑，实现综合效益（图 10）。

5.3 雨水管渠系统规划

在现有城市排水分区的基础上，结合城市易涝点与内涝风险评估，优化与完善排水分区，明确五大排水出路，依据地形地势、规划水系等要素，划分为五支渠、四支渠、南泄洪渠、桥西明渠、东明渠、元村明渠、南栗明渠、总退水渠、石津渠、滹沱河、东环水系、南环水系、高速公路西明渠、东部退水明渠、汪洋沟、产业区东明渠 16 个排水分区。此外，基于排水主干管布局，进一步细化排水子分区，优化雨水排除路径，提高雨水系统排水效率，共计 173 个排水子分区。

采用石家庄市最新的暴雨强度公式，初步计算确定雨水管道的管径、坡度与标高，并通过数学模型校核优化。规划雨水管道总长 804 公里，雨污分流改造 97 公里、现状雨水管网改造 74 公里、新建雨水管网 633 公里；规划新建 13 座雨水泵站，主要集中在地道桥及下穿式立交桥处，对现状 9 座泵站实施改造（图 11，图 12）。

5.4 雨水调蓄设施规划

雨水调蓄设施与内河水系一样，也属于内涝防治系统的一部分，通常是利用公园水体、广场绿地作为削减峰值雨量的调蓄空间，以容纳超出雨水管网排水能力的径流。本次规划雨水调蓄设施分为地上调蓄设施与地下调蓄设施两大类，综合考虑内涝风险分布、排水主干管网布置、现状用地条件等因素，规划新建与改造调蓄设施 51 处，总调蓄规模 50 万立方米（图 13）。

6 规划特点与创新

6.1 突破传统思路，构建完整的排水防涝体系

按照《国务院办公厅关于做好城市排水防涝设施建设工作的通知》（国办发〔2013〕23 号）要求，严格依照住建部排水防涝规划大纲，编制本次规划。强调大、小排水系统之间的内在关系，充分融入海绵城市建设理念，体现源头减量、过程控制、系统治理的思路。

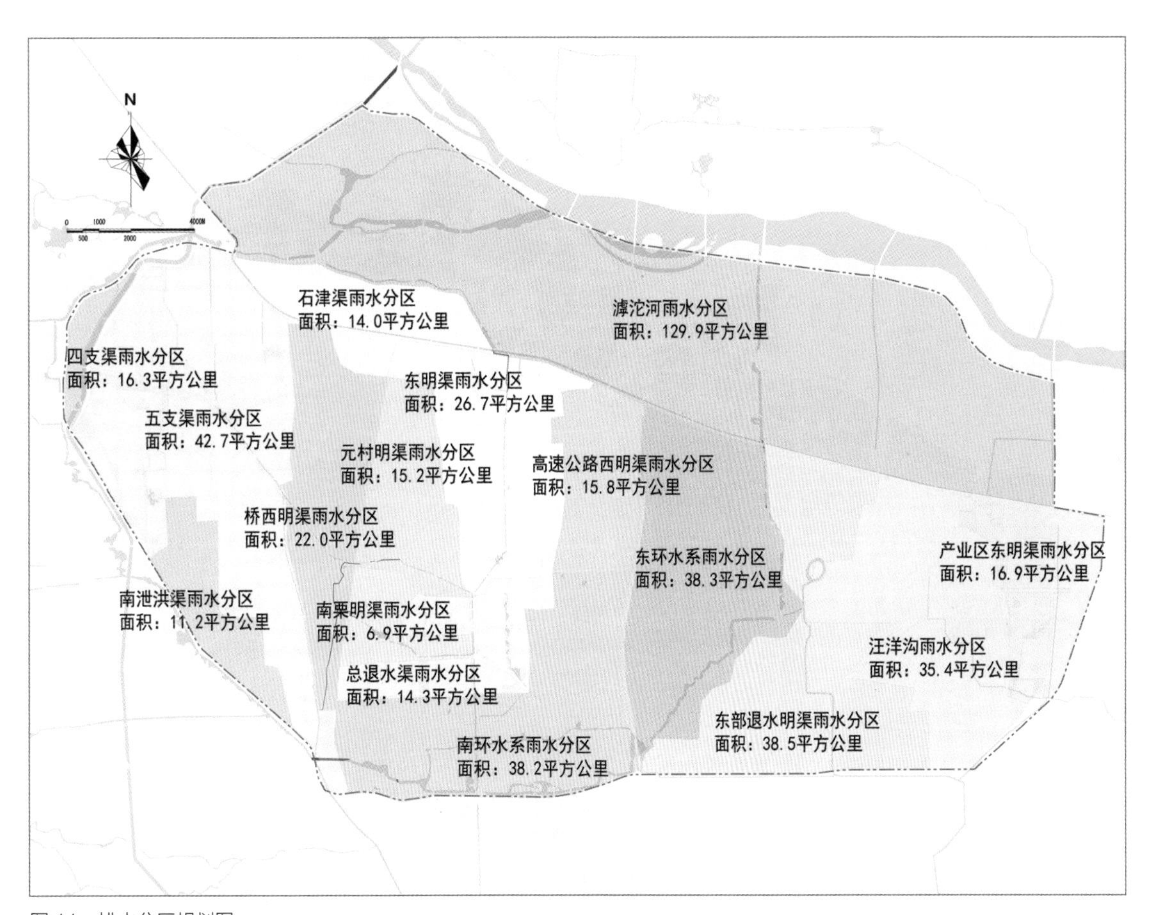

图 11　排水分区规划图
Fig.11 Drainage zone planning

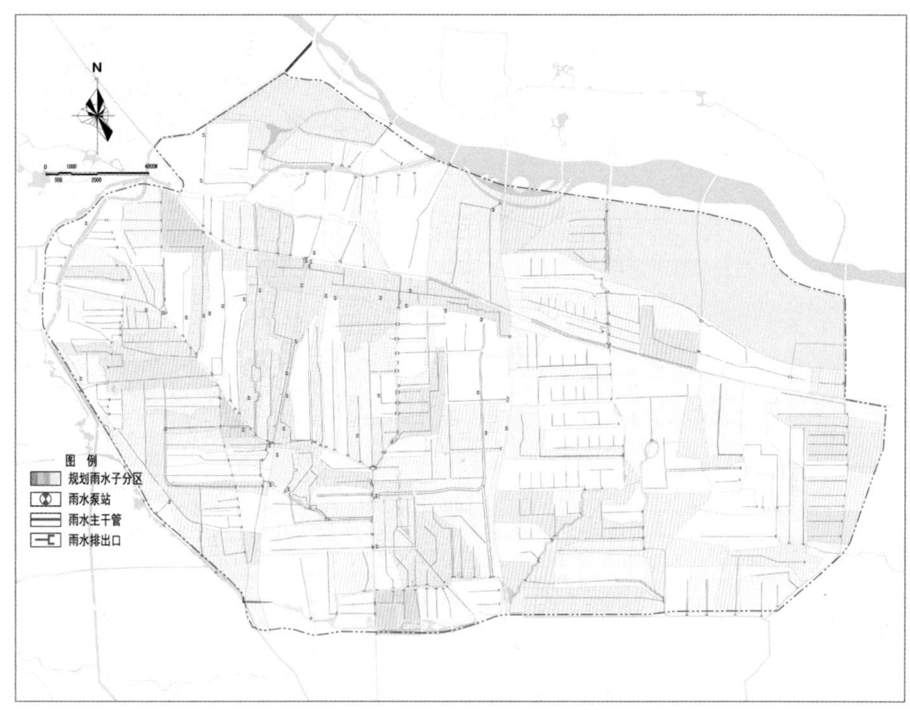

图 12　排水子分区规划图
Fig.12 Drainage subzone planning

图 13　雨水调蓄设施规划图
Fig.13 Stormwater storage facilities planning

6.2 定性与定量结合，借助模型辅助决策

充分运用水力模型定量计算，准确判断管道能力、河道过流能力和内涝风险。首次构建了石家庄市水力模型，包括雨型分析、下垫面解析、排水管网模型、河道一维模型和地表二维模型，并进行耦合。通过不同历时降雨分析，确定长、短历时降雨雨型。基于海量的地形数据和遥感影像图，进行下垫面解析，识别不同用地类型及径流特征。为保证二维地表模型客观性、准确性，建模过程中对细节进行了处理。通过内涝风险评估软件 MIKE FLOOD 将地表、河道、管网模型进行耦合，定量识别内涝风险区。经传统方法定性分析，进一步提升了方案的科学性和合理性。

根据规划目标，提出分区调整、管网改造、修建泵站、内河整治等措施，再对每一轮方案进行评估，反复调整，以达方案最优。例如，当积水原因是地势较低时，将其保留为绿地；当积水原因是地形标高与管网标高有冲突时，提出竖向调整方案；充分利用绿地，作为雨水调蓄设施；对现状管网进行提标改造；地道桥泵站能力不足时，提升泵站规模等。

6.3 生态与安全并重，强调综合效益

民心河承担着重要的生态景观功能，本次规划充分协调生态与排水安全之间的关系，实现安全与生态的双重效益；通过合理调度闸门及橡胶坝等水工设施，实现初期雨水不入河，避免初期雨水污染，同时减轻排水压力，进一步保障排水安全。

6.4 结合现状问题，分区分类规划

针对规划范围广、管网总量大的特点，本次规划采取了以河带片、以片带网的思路，在内河水系方案确定后，逐级细化方案尺度，从排水出路到排水分区，再到排水子分区，做到分区计算、跨区管线不交叉，再结合模型校核，实现规划方案与目标的相互支撑。

针对现状存在的具体问题，因地制宜地提出低影响开发设施、管网和水系等分类解决措施。管网规划充分结合现状建设情况，与立交路段、地铁站点对接，确定雨水管渠方案，有效避免不同建设工程在空间上的冲突，为不同时期雨水管渠的建设留足空间。基于城市建设侵占原有四支渠的情况，通过与控制性详细规划结合，确保水系建设。

7 规划实施

排水防涝综合规划自实施以来，对石家庄市排水防涝建设发挥了重要的指导作用。

（1）排水防涝系统格局达成共识。打通排水出路，调整民心河功能，完善管渠系统等举措，成为排水防涝系统建设的关键内容。

（2）指导排水干渠、管道、泵站等设施的建设。石津干渠退水工程、东二环南延雨水管渠已建设完成，地铁 1 号线雨水管渠提标改造正在有序进行，其余排水防涝设施的建设也基于本规划逐步展开。此外，部分雨水泵站的选址工作，已基本完成。

（3）城市易涝点数量不断减少，内涝积水有效缓解，保障强降雨期间人民生命财产安全。

（4）为城市总体规划、管线综合规划和海绵城市规划等相关规划的编制提供重要支撑。

武汉市黄孝河、机场河水环境综合治理规划及系统化方案设计
Comprehensive Treatment Planning and Systematic Scheme Design of Huangxiao River and Jichang River in Wuhan

执笔人：王家卓　张春洋　范　丹　刘冠琦　赵　智　杨新宇

【项目信息】

项目类型：水环境治理系统规划

项目地点：武汉市

委托单位：武汉市水务局

主要完成人员：王家卓　张春洋　范　丹　李　敏　刘冠琦　赵　智　车　晗　陈翠珍　杨新宇

【项目简介】

武汉市黄孝河和机场河历史悠久，明清时期为通航河道，随着城市发展，河道流域范围内逐步成为高密度建成区，两条河成为汉口地区最大的排涝通道和排污传输通道，河道水环境逐步恶化，先后经历了五次大规模治理，但没有得到彻底改善。通过开展实地监测和调查，在流域范围排查和评估各类污染源，明分区、识外水、分清水，合理制定水环境综合治理目标，以城市排涝功能优先，按照“旱天小雨全截流、全处理、全达标；中雨大雨少溢流、少排放、少污染”的思路，系统化编制河道整治、控源截污、内源治理、生态修复、活水补给、景观绿化、智慧调度等水环境综合治理方案，将黄孝河、机场河打造成为安全之河、生态之河、文化之河和活力之河，同时确定建设项目和投资，为政府引入社会资本和后续工程治理提供技术指导。

[Introduction]

Located in Hankou District, Wuhan City, Huangxiao River and Jichang River were navigable rivers in the Ming and Qing dynasties. Along with the urban development, the rivers became important channels of flood and sewage drainage in Hankou District, and the water quality was gradually deteriorated. Five large-scale renovation projects have been conducted, but the water quality remains black and odorous. In this planning project, efforts are made to investigate and evaluate various pollution sources through in-situ monitoring and field survey, identify areas with different water qualities, establish reasonable goals to improve the water environment, and formulate comprehensive treatment schemes. Taking urban flood drainage function as the foucs, the planning aims to “eliminate all the urban sewage pollution into the river in dry and drizzle days, and reduce the sewage overflow frequency in rainy days to less than ten times per year”. To create safe, ecological, cultural, and dynamic rivers, the planning proposes comprehensive treatment measures, including channel widening, pollutant source control, internal source treatment, ecological restoration, flowing water recharge, landscape upgrading, intelligent scheduling, etc. Meanwhile, the planning specifies the construction projects and investment demands, which provides technical guidance for the attraction of social capital and the subsequent constructions.

1 项目背景

武汉地处古云梦泽故地，江汉平原中心，因江得名，长江、汉江两江交汇，武昌、汉口、汉阳三镇鼎力，市内河网发达，港渠交织，湖泊密布，素有“百湖之市”的美名。然而由于城市快速发展、人口集聚，排水基础设施不完善等原因，部分城市河道水环境逐步恶化，其中黄孝河、机场河是建成区代表性河道。

黄孝河、机场河位于武汉市汉口地区，总长度分别为10.4公里和14.1公里，其中黄孝河暗渠段约5.0公里，机场河东渠暗涵段约8.0公里，明渠段约3.4公里，机场河西渠明渠约2.7公里。随着快速的城镇化进程，流域范围逐步成为高密度建成区，由于排水基础设施不够完善，河道环境逐步恶化，分别成为轻度和重度黑臭水体。虽历经数次大规模治理，但水环境问题没有得到根治。因其水安全和水环境系统的复杂性，以及流域范围的高度城市化，使黄孝河和机场河成为武汉市最难治理的两条黑臭水体。保障流域水安全、提升河道水环境成为武汉市汉口地区的迫切需求。

通过开展实地调研与排水系统监测调查，定量剖析两河黑臭问题成因、评估污染来源。经分析，旱天污水直排、雨天合流制溢流、城市面源、内源等四大类污染源是造成水体黑臭的主要原因。其中，暗涵和沿线排污口直排和溢流造成的点源污染占总污染负荷的 80% 以上。在定量分析水体黑臭成因基础上，制定综合治理目标，编制系统化治理方案，确定项目和投资，为后续工程治理提供技术指导。

2 规划目标和思路

2.1 规划目标

总体治理目标为通过系统的工程建设和完善的长效管理，将黄孝河和机场河打造成为安全、生态、文化和活力之河。水安全方面，黄孝河明渠满足上游汇水区范围 50 年一遇（24 小时降雨）降雨径流的行泄要求，机场河结合未来汉口深隧建设，远期综合达到上游汇水区 50 年一遇排涝要求；水环境方面，黄孝河和机场河明渠水质指标达到地表水 V 类水质标准，成为城市景观娱乐用水；生态景观方面，良好的水生态自然生物群落得到构建，生态自净能力逐步恢复，实现城市生态廊道的功能。

2.2 规划思路

以流域单元为研究边界，以安全生态为优先条件，系统设计、统筹兼顾、综合治理，实现河道治理多功能目标。技术路线为：城市排涝功能优先，拓宽河道，守住安全红线；以“旱天小雨全截流，全处理，全达标；中雨大雨少溢流，少排放，少污染”治理思路，开展控源截污、内源治理、生态修复、活水保质、景观绿化、智慧调度等工程措施，实现安全之河、生态之河、文化之河和活力之河（图 1）。

3 主要规划内容

3.1 黄孝河治理方案主要内容

（1）拓宽明渠，扩建泵站，提升排涝能力

采用 InfoWorks ICM 软件对黄孝河明渠排涝能力进行评估，现状不满足 50 年一遇 24 小时设计降雨排涝标准。规划通过拓宽明渠、提升泵站排涝能力、增设调蓄空间等措施，综合提升黄孝河排涝能力，实现 50 年一遇排涝需求。

一是拓宽黄孝河明渠断面，采用生态复式断面，断面由 26 米扩建至 34~92 米，满足 50 年一遇过水能力。

二是提升末端泵站排涝能力。开展后湖泵站二期原址重建工程，扩大排水能力，后湖二期泵站由原 37.5 立方米 / 秒重扩建至 88 立方米 / 秒，加上现有的一期、三期和四期泵站，总排涝能力达到 295 立方米 / 秒，

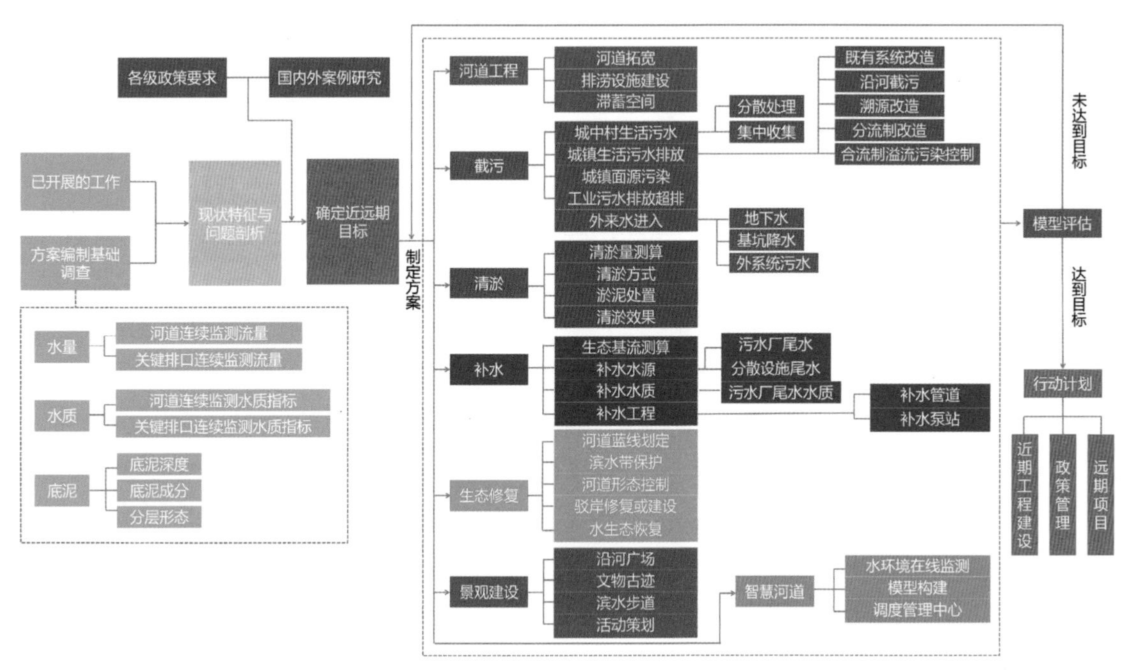

图 1　黄孝河、机场河系统化治理方案技术路线图
Fig.1 Technical route of systematic treatment of Huangxiao River and Jichang River

保障汉口城区 50 年一遇暴雨行泄需求，同时优化泵站起排水位，保障汛期河道低水位运行。

三是结合规划绿地建设，增设调蓄空间，应对超标降雨。结合后湖三期公园新建工程，通过调整河道与公园的竖向关系，营造天然调蓄能力 10 万立方米，在不影响公园景观游憩功能的前提下，在发生极端降雨时调蓄一部分涝水，缓解排涝压力（图 2）。

（2）优化分区，新增处理设施，实现旱天污水全截流全处理全达标

黄孝河系统旱天污水溢流核心原因是其所属的三金潭污水系统已经满负荷运行，短期内无法腾出容量。通过核算现状三金潭污水子分区，优化污水分区，调整区域污水处理厂布局，新增污水处理能力 14 万吨 / 日。同时开展合流制管网排查修复，加强基坑降水管理，不断减少系统中外来水进入，提高污水处理效能。

一是新建闸门，拦截客水。于中山大道、解放大道污水主干管，新建 2 座可调节闸门，通过水位调度，阻断黄浦路污水系统 5 万吨 / 日、汉西污水处理厂 10 万吨 / 日客水进入三金潭系统，实现旱天各污水分区独立运行。

二是新建水厂，协同处理。新建铁路桥地下净化水厂，规模为 10 万吨 / 日，协同三金潭污水处理厂解决黄孝河箱涵旱天溢流污染；新建塔子湖分散处理设施，规模达到 4 万吨 / 日，独立处理塔子湖污水系统污水，缓解三金潭污水处理压力。两座新建净化水厂尾水可作为黄孝河明渠生态补水水源。

三是结合规划，调整分区。结合长江新城规划，新建谌家矶地下式污水处理厂，预留规模 50 万吨 / 日，处理谌家矶及未来长江新城地区污水，该片区污水不再进入黄孝河污水系统。

四是排口溯源，深度截污。对黄孝河明渠沿线分流制地区排口进行溯源摸排，定位上游雨污水管网混错接点，并逐步进行整改，彻底消除旱天污水通过雨水口排入河道问题（图 3）。

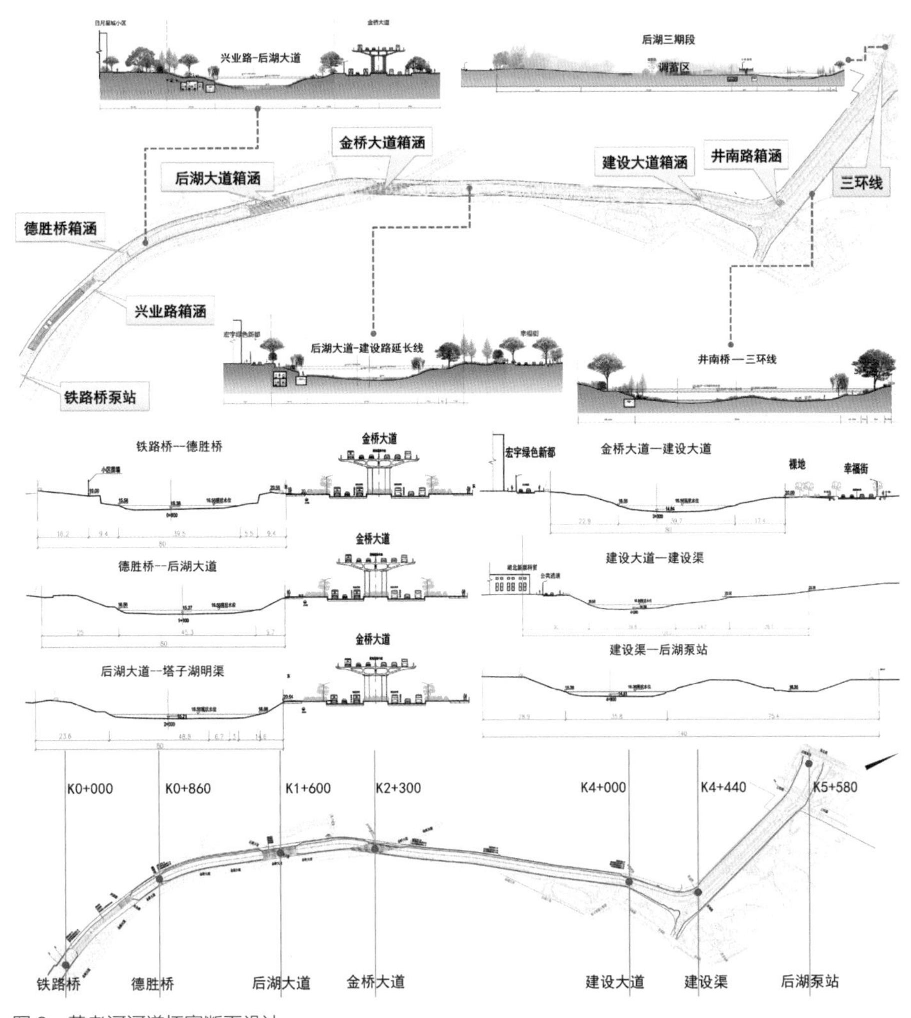

图 2 黄孝河河道拓宽断面设计
Fig.2 Section design of Huangxiao River channel widening

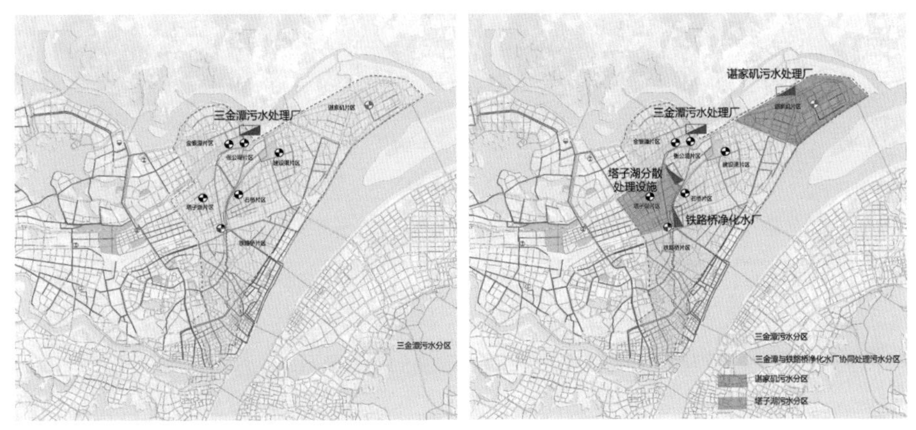

图 3 黄孝河排水系统现状（左）与规划（右）
Fig.3 Drainage system of Huangxiao River (left: current situation; right: planned)

（3）多种措施，优化调度，控制合流制溢流污染

黄孝河京广铁路以南上游老城区为历史形成的合流制区域，人口密集、道路狭窄、管线密集，若进行完全的雨污分流制改造，工程难度大、资金投入和社会影响均较大。综合分析后，确定保持合流制排水体制，通过建设完善的合流制系统溢流污染控制系统，控制雨天的污染，达到分流制系统污染控制效果，控制溢流频次不高于 10 次 / 年。充分结合现状既有设施，综合考虑城市规划、现有用地条件等，按照“源头 - 过程 - 末端”全流程控制，制定以“溢流污水调蓄 + 截污箱涵转输 + 末端强化处理 + 优化调度”为核心的污染控制方案，包括以下几个方面。

一是建设多功能中途转输截污箱涵。结合河道扩宽工程，在河道左岸建设 4 米 × 3.5 米截污箱涵，输送雨天超出既有截污泵站的溢流污水，减少污水直接溢流进入河道。同时作为旱天瞬时高峰污水溢流及厂站检修时污水应急通道，以及暴雨预警时上游合流管道预排腾容通道。

二是建设合流制溢流污染调蓄池及强化处理设施。在黄孝河上游箱涵段规划绿地内，预留合流制调蓄池 5 万立方米，随城中村拆迁和公园绿地同步建设。结合黄孝河明渠旁公园绿地建设，新增合流制溢流污染调蓄池和配套快速处理设施，调蓄池规模为 25 万立方米，配套一级强化处理设施能力 6 立方米 / 秒（图 4）。

（4）建设沉泥区，清除底泥，消除内源污染

对黄孝河箱涵段约 5.0 公里实施清淤，清淤量约 4.5 万立方米；同时在黄孝河箱涵和明渠交界处新增沉泥区，同步配套建设淤泥清理和处置设备，内源污染清理频

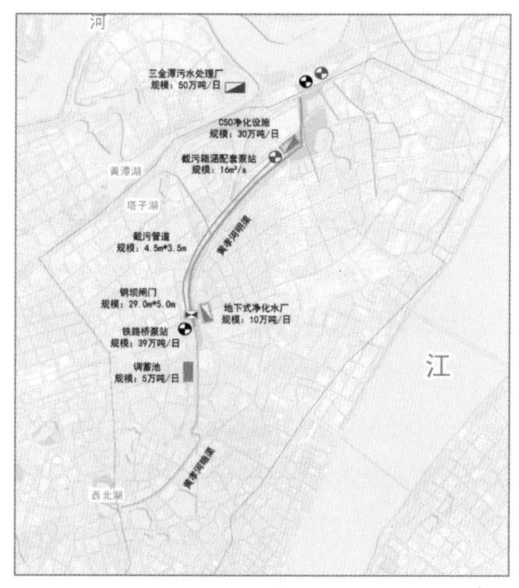

图 4　黄孝河合流制溢流污染控制工程示意图
Fig.4 Pollution control of combined system overflow in Huangxiao River

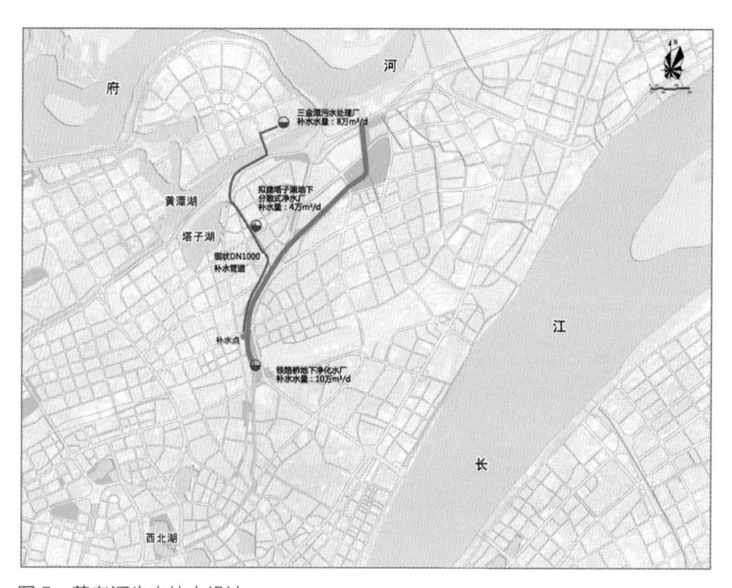

图 5　黄孝河生态补水设计
Fig.5 Ecological water recharge design of Huangxiao River

图 6　黄孝河景观绿化设计
Fig.6 Landscape greening design of Huangxiao River

次提高至 1 年一次。

（5）补给活水、生态修复，构建河道生态系统

综合考虑河道水质目标、防洪、生态景观等要求，确定黄孝河低水位运行的补水运行模式，补水规模 12 万吨 / 日，设计水深 0.3~0.5 米，设计流速 0.1~0.15 米 / 秒。利用三金潭污水处理厂尾水、铁路桥地下净化水厂尾水以及塔子湖分散处理设施尾水作为河道优质补水水源，实现黄孝河“细水长流”。结合现有原生物种，构建以沉水植物、挺水植物等生产者，蛙类、虾类、鱼类等消费者，微生物等分解者组成的多样性生物群落，恢复水生态系统生物多样性和结构完整性，充分发挥自然系统的循环再生、自我修复（图 5）。

（6）打造水景观，串联公园绿地，构建生态景观廊道

结合黄孝河发展历史文化及周边的发展需求，在黄孝河明渠段，建设滨水步道、雨水花园、沿河广场、串联现状公园，打造高品质生态景观；建设黄孝河治理历史博物馆，展现水文化历史，实现城水共融（图 6）。

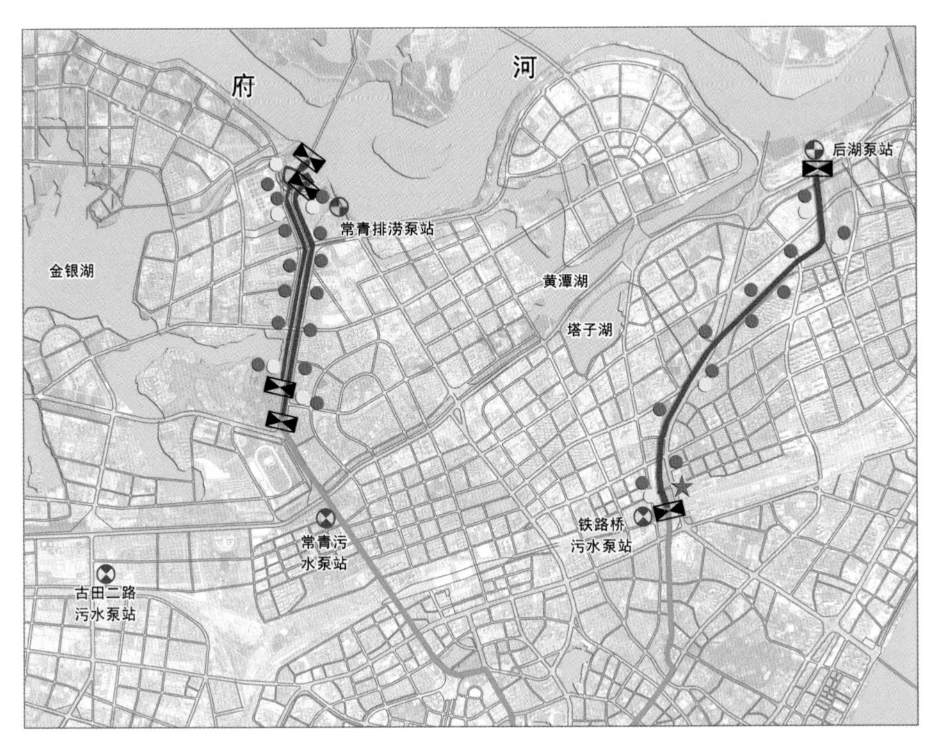

图 7 河道监测点布置图
Fig.7 Layout of river monitoring points

（7）构建信息平台，制定调度方案，实现水环境智慧管理

构建水环境信息平台，新建在线式自动水质水量监测站 11 座，视频监控点位 25 个，闸泵自控点位 11 个，监控中心 1 座，通过水质监测，实现水环境实时预警；通过水位运行调度，实现旱天全截流、中小降雨不溢流、大到暴雨保安全的水环境治理目标（图 7）。

3.2 机场河治理方案主要内容

（1）调分区，截排口，确保旱天污水不入河

机场河系统旱天污水溢流核心原因是分区不合理，导致东渠暗涵末端污水泵站常年满负荷运行。核算机场河流域污水子分区，新增王家墩污水泵站 2.5 立方米/秒，单独处理王家墩 CBD 地区分流制污水，不再进入既有合流制系统，减轻既有污水泵站处理压力，消除东渠旱天污水溢流问题。

同时，针对东渠东侧段常青花园片区合流制地区开展深度截污工程，近期通过建设截污管道和污水提升泵站的方式，将现有污水输送至污水处理厂，同步实施常青花园片区雨污分流改造，彻底消除该片区污水入河问题（图 8）。

（2）改分流，消除西渠合流制溢流污染

西渠上游硚口区为正在开发建设区域，解放大道、古田四路以南古田片、汉西片为合流制排水体制，该区域为城市更新发展重点区，且源头小区多为分流制建设，综合分析道路现状合流制比例、改造可行性，确定进行市政道路和合流制小区雨污分流改造，改造排水管道约 30 公里，彻底消除西渠合流制溢流污染问题（图 9）。

（3）保合流，控制东渠雨天溢流污染

机场河东渠京广铁路上游，为城市建设高密度区域，合流制管网覆盖完善，综合分析改造可行性，确定保持既有合流制体系，通过构建完善的合流制溢流污染控制工程体系，实现与分流制系统同等的污染控制效果。利用现有常青公园复合用地，建设中途调蓄池 10 万立方米，有效缓解东渠片区箱涵雨天峰值流量。同时，沿机场河东渠西岸建设 4 米 ×3 米截污箱涵，转输雨天溢流污水，在机场河末端污水处理厂预留用地，新建 10 万立方米末端调蓄池及配套 4 立方米 / 秒就地处理设施，实现机场河东渠合流制溢流污染频次不超过 10 次 / 年，有效削减合流制溢流污染（图 10）。

（4）清淤泥，减少内源污染

根据地形勘测与底质监测资料，机场河明渠淤积深度约为 0.5~1.0 米，箱涵淤积深度约为 0.1~1.2 米，总淤泥量约为 19 万立方米，其中明渠 15 万立方米，箱涵 4 万立方米。采用绞车、疏浚船、水力冲挖机组和挖掘设备相结合方式，清除底泥，并进行安全处置。

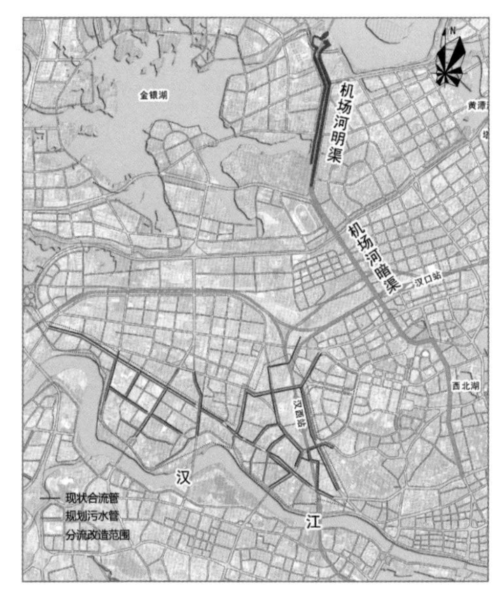

图 8　机场河东渠旱天截流方案

Fig.8 Scheme of river closure in dry days of Jichang River eastern channel

图 9　机场河西渠上游片区道路雨污分流改造

Fig.9 Renovation of rainwater and sewage diversion of municipal road of Jichang River western channel

图 10　机场河东渠合流制溢流污染控制方案

Fig.10 Control scheme of combined system overflow of Jichang River eastern channel

图 11　机场河补水方案

Fig.11 Ecological water recharge design of Jichang River

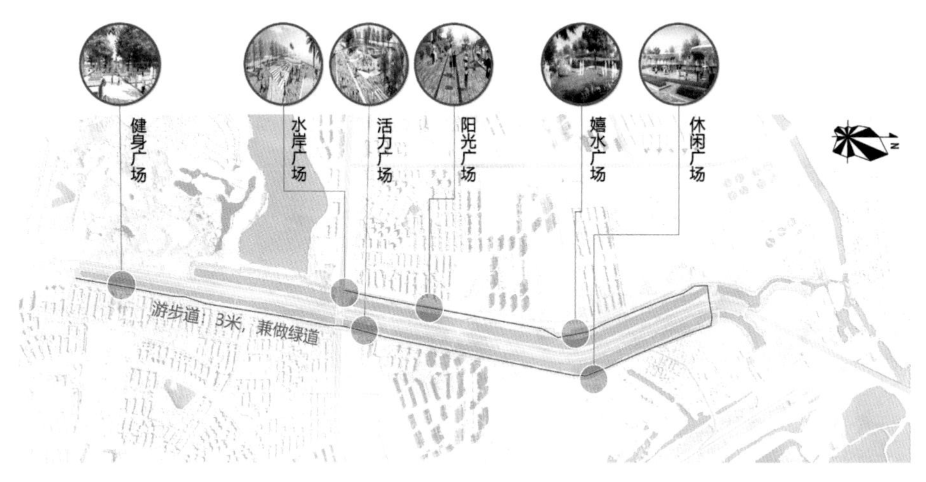

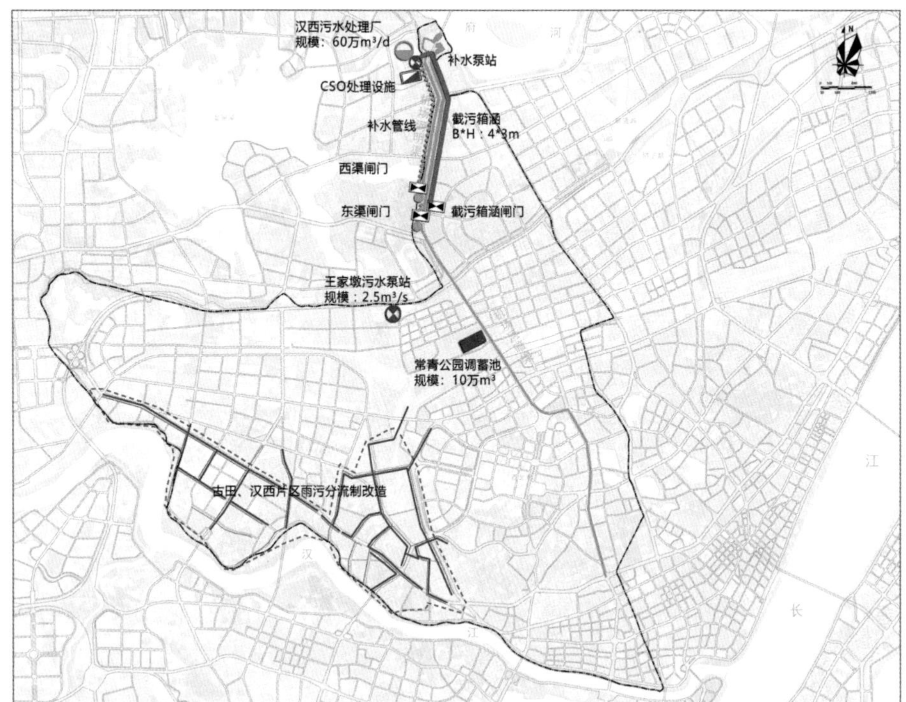

图 12　机场河景观绿化方案
Fig.12 Landscape greening design of Jichang River

图 13　机场河水环境综合治理设施平面布置图
Fig.13 Layout plan of water environment comprehensive treatment facilities of Jichang River

（5）补活水，恢复河道自净能力

采用汉西污水处理厂再生水，作为补水水源，新建 3.6 公里长的 2×DN900 毫米补水管线，为机场河东西渠提供 20 万立方米 / 日的补水，控制旱天控制平均水深 0.5 米，流速 0.1 米 / 秒。构建以沉水植物为主的河道水生态系统，逐步恢复机场河水体自净能力。东银湖地表 V 类水，作为备用补水水源，保障补水连续性（图 11）。

（6）营景观，恢复机场河景观绿化

以“河畔家园，净水旅途”为概念，沿东渠东岸、西渠西岸建设健身广场、水上栈道、阳光广场、活力广场等功能场地，满足周边居民生活休闲、亲水乐水需求（图 12，图 13）。

4 项目创新点

（1）连续监测 + 实地调查，系统分析黑臭水体深层次原因

一是暗渠出口安装在线流量计，监测暗渠排污量，明晰本底情况。黄孝河暗渠出口旱天污水溢流量超过 20 万吨 / 日，结合现状人口及泵站规模进行综合测算，从而判断系统中外来水量。

二是委托专业单位，对汉口地区深基坑开展排水调查，发现黄孝河上游约 11 万立方米 / 日基坑降水进入污水系统，挤占了污水管道转输空间。

三是雨天对溢流污水进行连续采样检测，调查合流制溢流污染浓度变化情况，为方案中调蓄池和合流制溢流污染处理设施的规模和工艺提供参考依据。

通过这些调查，识别出两河黑臭的深层次原因为清污不分、分区不明，大量外来水导致旱天污水溢流和雨天合流制溢流。

（2）国际视角 + 本地实际，探索高密度老城区合流制溢流污染控制方案

借鉴国外合流制溢流污染控制成熟经验，同时考虑武汉市雨大、雨急、雨峰靠后，以及溢流污水水质变化剧烈等特点，合理确定溢流污染控制目标。通过设调蓄、建闸门、布管道、建就地处理设施等组合手段，反复校核优化，达到不高于 10 次 / 年的溢流频次。

（3）水利市政 + 生态景观，多专业多机构共同打造面向实施的方案

本方案由中规院作为牵头方，联合水利、市政、规划、景观、地质、模型等不同专业特长的 9 家专业机构，协同作业，实现多专业融合，共同打造可实施可落地的系统方案。

（4）采用先进模型工具，科学制定规划方案

充分利用 GIS、HecRAS、Wallingford 等工具，进行数据分析、水力计算、排涝能力评估、河道水质与溢流污染模拟，进一步提升了方案编制的科学性。

5 项目实施效果

通过编制治理方案，考虑近期可实施性，制定三年建设项目清单。按照市区两级的权属分工，确定各工程实施主体，并将市级投资单独列出，作为政府引入社会资本参与该综合治理工程的投资控制参考依据。经过测算，市级作为实施主体的工程清单直接费用约 38 亿元，包括明渠拓宽工程、后湖排涝泵站扩建工程、污水处理设施工程、沿河截污工程、CSO 收集处理工程、景观生态工程、智慧化信息平台等工程等。该治理方案确定的工程量和投资规模，为后续工作开展提供了指导作用，具体包括：

（1）为政府引入社会资本，提供了技术方案依据

本规划方案已由水务局批复，并依据本方案编制了工程可研和 PPP“两评一案”。PPP 招标工程内容投资等基本与本方案保持一致，目前已成功引入社会资本，成立了 SPV 公司。

（2）依据本方案，指导后续工程图纸设计，逐步实现治理目标

依据本方案编制了初设和施工图，部分工程已开展，包括清淤、护岸开挖、处理站基础开挖等，部分河段初步实现了不黑不臭。

第3篇 科研与新技术篇

变革 创新

新城新区规划建设评估技术研究

Technical Research on the Evaluation of New District and New Town Planning and Construction in China

执笔人：王宏远　刘继华

【项目信息】

项目类型：新城新区规划建设评估

委托单位：住房和城乡建设部　中国城市规划设计研究院

主要完成人员：

项目总负责：王　凯

项目参加人：

中国城市规划设计研究院科技促进处：彭小雷　所　萌

中规院（北京）规划设计有限公司规划设计二所：刘继华　王宏远　王新峰　荀春兵　苏　月　武　敏　路思远　李　荣　叶成康　苏海威　杜　锐　王　宁

中国城市规划设计研究院城市规划学术信息中心：徐　辉　郭　磊　翟　建　余加丽　石亚男　李佳俊　张淑杰

中国城市规划设计研究院深圳分院：方　煜　罗　彦　赵迎雪　范钟铭　谭　都　律　严　罗仁泽　刘　昭　樊德良　张　俊　黄斐玫　葛永军　张　帆

中国城市规划设计研究院上海分院：李海涛　葛春晖　罗　瀛　季辰晔　刘晓勇　李鹏飞　孙晓敏　尹　俊

中国城市规划设计研究院西部分院：张圣海　肖礼军　郑　越　刘静波　吴　凯　肖　磊　熊　俊　惠小明　汪先为　蒋　潇　陈泽生

其他机构：黄　玫　张　鹏　赵星烁　石春晖　胡若函

【项目简介】

新城新区是我国改革开放以来一种重要的空间现象，对于落实国家战略、促进经济发展、扩大对外开放、加快城镇化进程和体制机制改革创新都发挥了重要的作用。近年来，新城新区在发展建设中暴露出了不少问题，受到各方高度关注。我国新城新区的研究多为起步阶段，相关研究的广度和深度仍然不足。本次研究利用权威数据，从国家治理的视角，重点对新城新区的规划编制、开发建设、管理体制三大方面进行全面、科学的评估，客观认识新城新区当前的整体发展状态和目前存在的共性关键问题，并利用多种研究方法对关键问题的主要成因进行剖析，为有效解决制约新城新区高质量发展的关键问题，构建具有中国特色、可操作性强的新城新区治理模式提供科学的研究支撑。本研究对于认识和解决新城新区共性关键问题、提升我国新城新区治理能力具有重大现实意义，对于国家相关管理机构、新城新区管理机构具有重要的参考价值。

[Introduction]

New district and new town are important spatial phenomena in China since the reform and opening up, which have played important roles in the implementation of national strategy, promotion of economic development, deepening of opening up, acceleration of urbanization, and reform and innovation of institutional mechanisms. In recent years, many problems have been found in the development and construction of new districts and new towns. The research on them is still preliminary and insufficient. Using authoritative data, from the perspective of national governance, this study conducts comprehensive and scientific assessment on the planning compilation, development and construction, as well as management mechanism of new districts and new towns. By objectively recognizing the overall development status of new districts and new towns and identifying their common key problems, the study adopts a variety of research methods to analyze the main causes of key problems, so as to effectively solve the problems that restrict the high-quality development of new districts and new towns and to provide scientific research support for policy-making. This study has practical significance in understanding and solving the common problems of new districts and new towns and improving the governance capacity in China, and it also has important reference value for the administration of new districts and new towns.

1 项目背景

新城新区是我国改革开放以来一种重要的空间现象，也是当前和未来我国经济社会发展的重要载体。近年来，新城新区在发展建设过程中暴露出了规划规模过大和用地粗放浪费等问题，受到社会舆论和中央领导的高度关注。2015 年 4 月四部委发布了《关于促进国家级新区健康发展的指导意见》，2017 年 1 月我国发布了关于开发区的纲领性总体指导文件《国务院办公厅关于促进开发区改革和创新发展的若干意见》，标志着国家对新城新区发展建设提出了新的、更高的要求。

2017 年 2 月，住房和城乡建设部委托中国城市规划设计研究院开展《新城新区规划建设评估技术》课题的研究工作，为国家制定新城新区政策、规范和引导新城新区高质量发展提供全面系统的研究支撑。这项课题也得到了中规院（北京）规划设计公司的持续支持。

由于我国新城新区的数量庞大，难以进行全样本的评估，本次研究重点评估国家级新区和国省级开发区这两种最重要、也最有代表性的新城新区类型。国家级新区和国省级开发区，是我国新城新区的主体，占我国新城新区现状建设用地面积、现状人口和经济总量的 80% 以上。

2 工作组织

本次工作组织方式的特点是两部委联合支持、中规院技术负责、院内多部门联合工作。由住建部作为总协调方，负责安排现场调研、资料收集、研究需求和成果把关，国家地理测绘信息局及其下属机构，负责定制化生产本次研究所需的相关数据。中国城市规划设计研究院作为技术总负责方，组建了共 46 人的项目团队，王凯副院长为总负责人，北京公司二所为技术统筹方，科技促进处进行综合协调，信息中心提供数据支持并建设信息平台，深圳分院、上海分院和西部分院参与研究。

3 研究思路（图 1）

3.1 选择较为全面的评估对象

本次的评估对象范围较广，包括国务院已批准的 18 个国家级新区（不含雄安新区）以及 65 个国省级开发区，涉及全国 20 个省市的 21 个城市，兼顾我国东、中、西、东北不同区域。65 个国省级开发区涵盖了高新区和经开区等类型、国家级和省级等开发区级别。

3.2 构建全面、有针对性的评估指标体系

成立新城新区是一项具有典型空间属性的公共政策；对新城新区的全面评析必须引入规划和管理的视角。本次评估从国家治理的角度出发，充分考虑新城新区的规划编制、开发建设、管理体制等因素，尽量选择全面系统的评估指标。

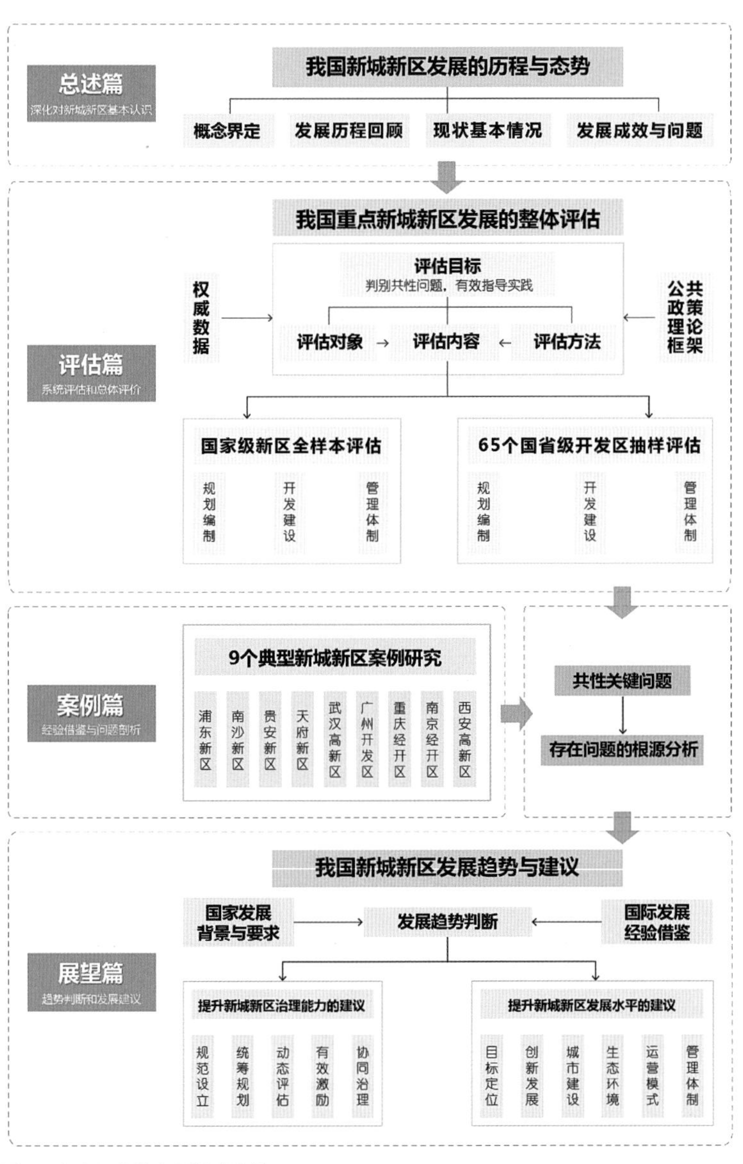

图 1　本次研究的主要技术路线

Fig.1 Main technical route of this research

在具体的评估指标选取上，遵循以下几个原则：一是体现国家新理念和对新城新区的最新要求；二是定量为主，考虑指标的可度量、可对比与可获取；三是纳入与人民幸福生活相关、可感知的指标；四是对国家级新区和开发区采用差异化的评估指标体系，以体现这两类新城新区在发展特征和目的导向方面的明显差异。

3.3 综合运用官方权威数据和大数据技术

本次研究的一大优势是基于权威数据判断新城新区的整体发展状态。在住建部的统筹协同下，本次研究收集到全国新城新区的上报数据和本次评估新城新区所在城市的总规成果；从新城新区管理机构收集了人口、经济、就业、公共服务等方面的统计数据，以及新城新区的总规、控规和管理体制机制等方面的情况；从国家地理测绘信息局获取新城新区城乡建设用地的总量和比例、道路网密度、现状建设用地情况（基于遥感技术识别总体规模、分类用地）、部分公共与基础设施情况（公交站点、教育医疗和道路网等）等定制化数据。此外，为了提升研究的深度和客观性，本次研究还广泛利用 POI、手机信令等大数据进行重点领域和关键结论的校验。官方权威数据和大数据技术的运用，确保了研究成果的权威、可信与可比。

3.4 加强典型案例研究支撑验证整体评估结论

中规院在新城新区领域有大量的规划实践积累，本次研究采取院内多部门合作的方式，选择了有代表性的典型新城新区开展深入的案例研究，重点研究规划、建设、管理方面的经验、问题及成因，从而加深对关键共性问题及其成因的理解。本次研究共完成了浦东新区、南沙新区、贵安新区、天府新区、武汉东湖高新区、广州开发区、重庆经开区、南京经开区、西安高新区等九个典型新城新区的案例研究报告。

4 主要研究内容

4.1 概念界定与相关数据

（1）新城新区的概念

研究提出新城新区概念界定的两大原则，即空间不交叉（避免重复统计）和以城市化地区为主（剔除农业区、旅游区），并据此提出了新城新区的概念定义：改革开放以来，县级以上人民政府或有关部门为实现特定目标而批复设立，拥有相对独立管理权限的空间地域单元，是城市集中建设区的有机组成部分。

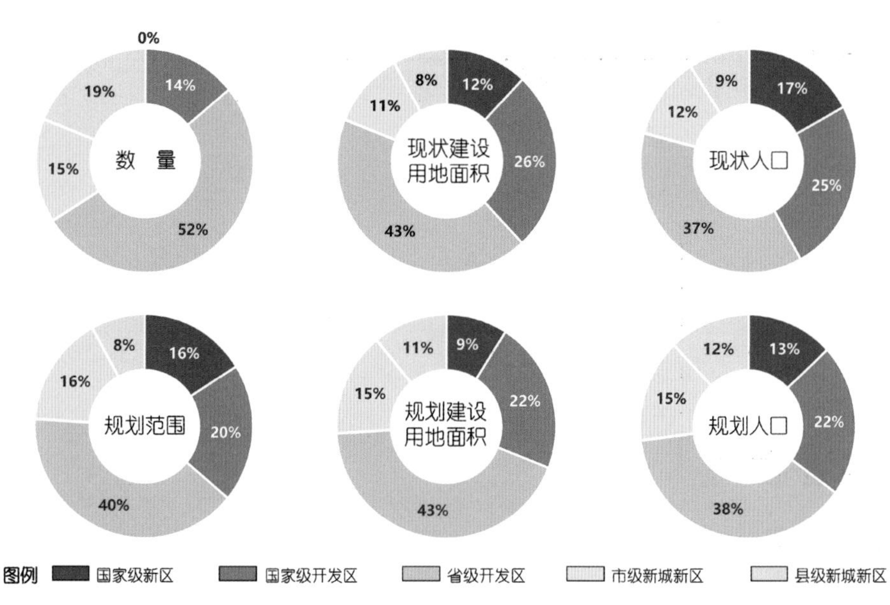

图 2　不同等级新城新区各类指标占比情况
Fig.2 Proportion of various indicators of new districts and new towns at different levels

（2）新城新区的相关数据

本次研究通过整合各部委分别掌握的新城新区数据，剔除重复统计，相对准确地统计了我国新城新区的数量、面积、人口等数据，并分析了其空间分布特征。我国新城新区以国省级开发区和国家级新区为主体，在数量、规模等方面都远超省级以下新城新区（图 2）。

4.2 国家级新区评估的主要结论

国家级新区由国务院批复设立、受到所在省市政府的高度关注，其在规划、建设、管理方面的整体表现较好，但是也存在一些问题，表现在以下几个方面：

（1）新区规划普遍存在规划建设用地面积增量偏大的现象

部分新区与所在城市的建成区规模相比，规划建设用地规模增量偏大。部分新区的规划年均建设用地增量过大（图 3）。

（2）部分新区存在建设用地使用粗放、产城融合度不高等问题

部分新区的人均建设用地指标明显偏高，而地均 GDP 产出指标明显偏低。部分新区的就业岗位多而居住人口少，产城分离特征明显。从教育医疗设施、公园绿地覆盖率等指标来看，大部分新区的公共设施建设普遍较为滞后，宜居水平有待提升，对人口的吸引力不足（图 4）。

（3）部分新区存在省市权责不清、管理主体过多的问题

西咸新区和贵安新区在开发建设过程中，一度出现了省、市两级政府开发建设重点不同、未能形成合力的问题。金普新区内部划分了多级多类功能区管委会，同时还涉及多个区市县政府，管理主体过多，统筹协调难度较大，开发建设的整体性和协调性有待提升。

4.3 国省级开发区评估的主要结论

（1）开发区的用地效率整体上保持较高水平，但部分开发区存在严重的土地闲置浪费和用地低效情况

开发区的建成率整体上相对合理，大部分开发区的规划建设用地建成率在 60% 以上。东部地区的开发

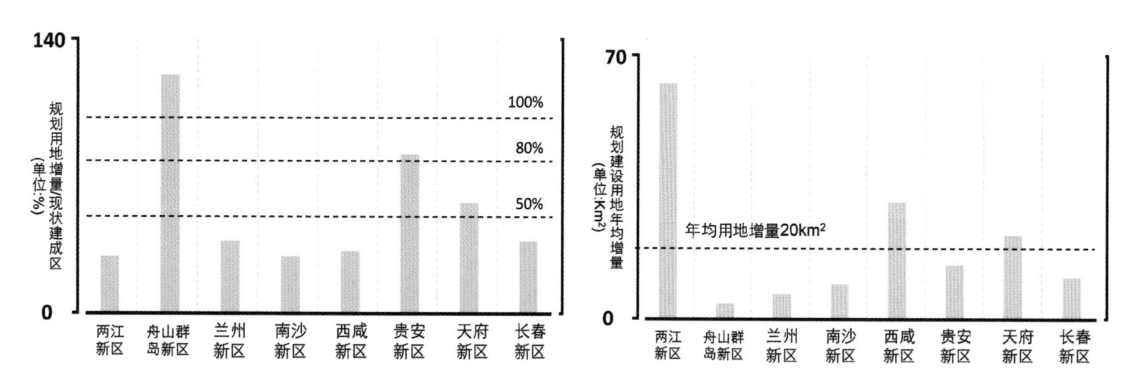

图 3 部分国家级新区规划建设用地增量分析

Fig.3 Analysis on planned construction land increment of some state-level new districts

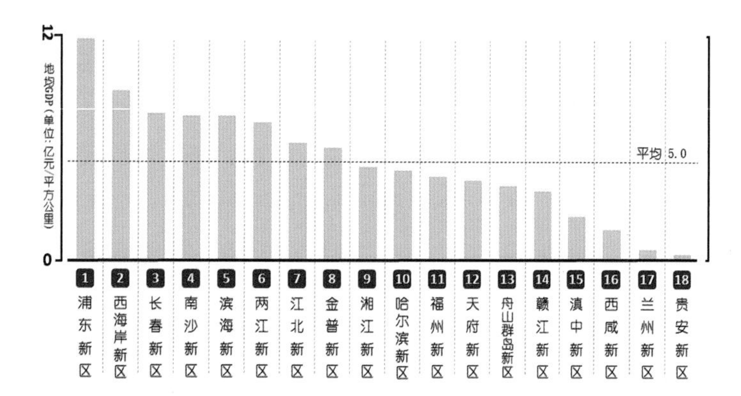

图 4 国家级新区地均 GDP（亿元 /km^2）指标

Fig.4 Per capita GDP (100 million yuan /km^2) of state-level new districts

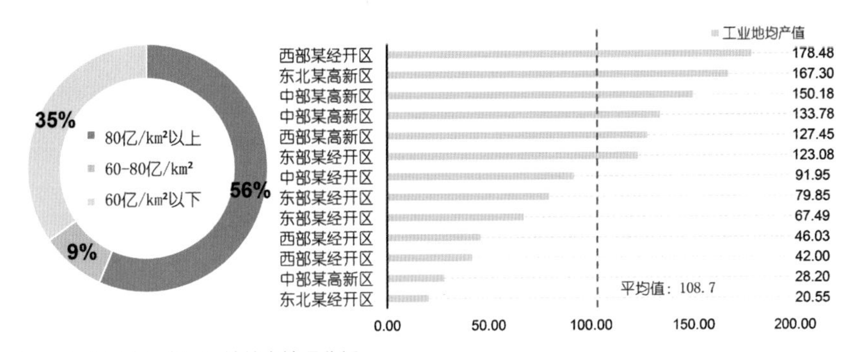

图 5 本次调查开发区用地效率情况分析
Fig.5 Analysis on the land use efficiency of the investigated development zones

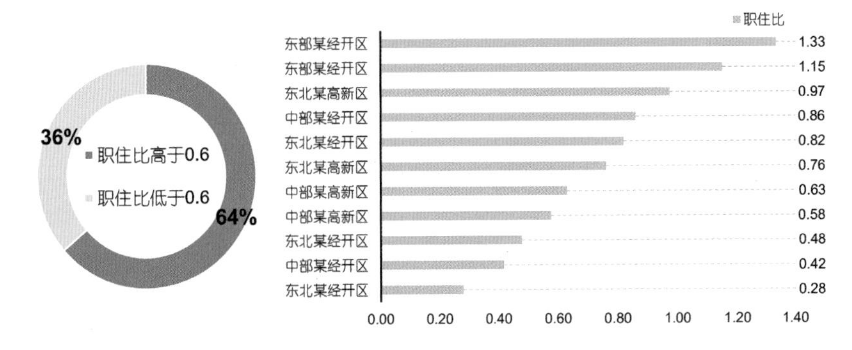

图 6 本次调查开发区职住比的情况
Fig.6 Analysis on the jobs-housing ratio of the investigated development zones

区建成率普遍较高，上海、深圳、长春开发区基本建成率都超过 80%，西部地区的开发区则建成率较低，平均建成率约为 48%。

开发区的地均经济产出效率整体上较高。根据本次调查结果，开发区的平均地均 GDP 为 18.6 亿元 /km^2、平均工业用地地均产出为 108.7 亿元 /km^2、平均地均税收为 2.8 亿元 /km^2（图 5）。

部分开发区存在着明显的土地闲置浪费和用地低效现象。约有 10% 的被调查开发区的建成率低于 40%。部分国家级开发区的地均经济产出极低，十分不符合其定位和要求。

（2）开发区的产城融合问题十分突出，生活配套功能建设滞后，制约转型提升发展

根据职住比指标来看，大部分被调查开发区都存在严重的职住分离现象，带来了严重的通勤交通压力，也导致幸福感降低、城市吸引力下降等问题（图 6）。

（3）以经济职能为主的开发区管理模式易导致条块管理混乱，日益显示出其局限性

随着城市发展的目标更趋于多元，以及转型提升所必然要求的综合发展水平提升，以单一经济职能为主的行政管理模式逐渐暴露出局限性。近年来，采用行政托管、政企合作等管理模式的新城新区逐渐增多，表明该问题已经得到了一定的重视。

（4）缺乏有效的监管机制，扩区过程不规范、控规与城市总规缺乏协同的情况比较普遍

在国家批复的各类政策区范围基础上，各地普遍存在开发区实际管辖范围超出批复政策区范围的情况。42% 的被调查开发区存在控规建设用地突破城市总规情况，一般有以下几种原因：上位法定规划调整后控规未能及时调整，以非法定规划（战略规划）为依据突破法定规划等。

（5）不同类型开发区存在的主要问题有着明显的差异性

国家级开发区的整体建设水平比较高，在各项建设指标方面全面超过省级开发区。未来应鼓励优质的省级开发区尽快升级为国家级开发区，为其提供更好的发展平台（图 7）。

不同规模开发区的产城融合水平有很大差异。规模超过 100 平方公里的开发区，一般多采用行政托管的管理模式，具备较强的城市公共服务建设能力。规模不足 20 平方公里的开发区，可在生活配套方面依托就近的城市区域。而规模在 20 ～ 100 平方公里之间的开发区，产城融合问题最为严重。

规模较小的开发区，整体的建设水平反而较高。这也证明了许多开发区盲目追求扩张建设用地的弊端。更大的建设用地空间不一定会提升开发区的发展水平。

东部开发区的整体建设水平较高，但其产城融合水平并没有明显优势。这也表现出产城融合问题与经济

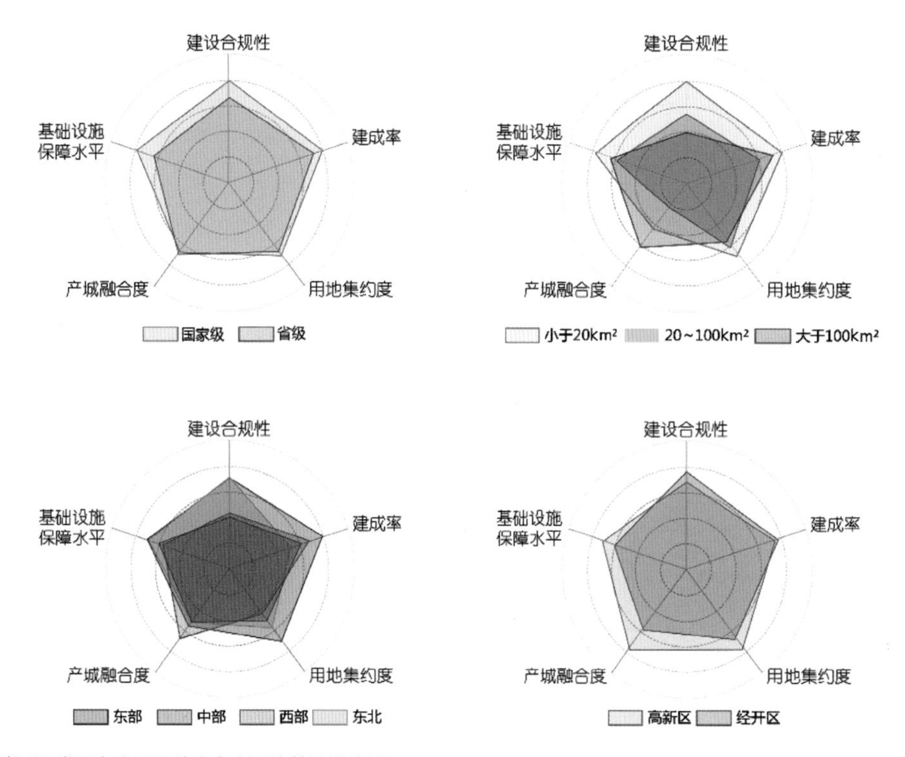

图 7　不同类型开发区在主要评估内容方面的差异性分析
Fig.7 Analysis on the differences in the main evaluation contents of different types of development zones

发展水平关系不大，如果不能在理念和机制上尽快扭转“重产轻城”的倾向，产城融合问题不会随着经济发展的提高而自动解决。

4.4 加强国家层面对新城新区规范管理的若干建议

（1）规范设立标准和程序，明确选址的基本原则

规范新城新区的设立标准，使我国新城新区的新增数量和规模更趋合理。未来新城新区还将发挥重要作用，但其设立应更加精准审慎，应以服务国家战略的落实、提高创新示范和引领带动效应为标准，有针对性地选择重点区域设立新城新区。建议多部委联合研究制定新城新区的设立标准和范围划定、调整程序。

尊重城市发展规律，明确新城新区选址的基本原则。要尊重城市发展规律，在规模不大的中小城市，新城新区选址距离老城区不宜太远。要考虑新城新区空间形态的合理性、行政辖区的完整性、对周边区域的辐射带动能力。要详细分析论证新城新区所在区域的资源环境承载能力，谨慎考虑跨区域调水、大量挖填方等代价过大的工程措施。涉及历史文化保护的，要深入论证新城新区建设对历史文化遗存和历史环境带来的影响。

（2）明确规划编制要求，加强规划审查和督察力度

明确新城新区规划编制的内容、时间和审批程序要求，将其纳入国土空间总体规划一盘棋。国家级新区总体规划与所在城市的国土空间总体规划应同步编制和审批，以避免两个规划不同步带来的规划冲突问题。建议增加各部委对国家级新区总体规划的联合审查程序。加强对新城新区规划内容合理性的审查，严控在规划中不切实际地做大规模。

加强对新城新区的规划督察力度。新城新区由于发展动力充足、建设意愿强烈、规划往往跟不上建设的需求，而常常成为违反规划的重灾区。应着重加强对新城新区的规划督查力度，使其在规划的科学指导下成为我国高质量发展的样板，而不是在无视规划、随意发展状态下的低水平复制。

（3）建设全国层面的数据监测平台，建立更有效的动态调整机制，激励新城新区高效高质量发展

建立全国层面的新城新区数据监测平台和定期评估机制。确保国家层面能够全面及时掌握新城新区的最新发展动态，评估重点为是否有效落实国家战略要求。

尽快建立更有效、激励性更强的新城新区动态调整机制，使我国的政策资源和发展平台向更高效、更先进的新城新区集聚。依据定期评估结果，动态调整新城新区的范围增减、级别升降（包括摘牌退出）、用地规模大小、土地指标投放。

（4）建立“去部门化”的管理新机制，加强各部门协同治理

以往我国各类新城新区是由各部门和各级地方政府进行管理，这种管理模式的主要问题在于更加侧重于部门和地方政府诉求，而往往没有把落实国家战略意图放在最首要的位置。同时由于视角和管理能力的限制，也较难以全局、综合、长远的视角，科学指导新城新区的可持续、高质量发展。建议打破各部门和各级地方政府分别主管某一类新城新区的管理体制，改为由不同职能的国家部门分别统管全国重点新城新区的特定领域。

4.5 引导新城新区落实国家战略要求的若干建议

针对新城新区的具体运营机构，从目标定位、产业发展、城市建设、生态环境、运营模式、管理体制等角度，提出在新的发展环境下和国家新的要求下促进新城新区高质量发展的具体建议。

（1）立足发挥国家战略载体和先行示范作用，精准谋划目标定位。

（2）产业发展必须更加注重创新驱动和区域辐射带动能力的提升。

（3）在规划和建设中都更强调提升用地效率和产城融合水平。

（4）坚持分期开发建设模式，积极引入市场力量。

（5）加强管理体制创新，通过管理效率提升释放新城新区的活力。

5 项目的特点和创新点

5.1 项目特点

（1）清晰界定新城新区的概念内涵。

（2）首次相对准确统计了我国新城新区相关数据。

（3）系统评估梳理了我国新城新区存在的共性关键问题。

（4）提出了完善我国新城新区治理体系的政策建议。

5.2 创新点

（1）综合运用官方权威数据和大数据技术，确保研究结果的权威、可信、可比。基于权威数据判断新城新区的整体发展态势，利用大数据进行重点领域和关键结论的校验。

（2）多指标大样本评估，结合深入的案例研究，系统全面揭示新城新区的整体发展状态、关键共性问题及成因，据此提出更精准的政策建议。

（3）基于本研究收集处理的数据和评估体系，开发了“新城新区建设评估”信息平台，可有效监测全国新城新区的发展动态，有助于新城新区的管理走向常态化、科学化、规范化。

城市公共社会福利设施规划规范研究
Research on Planning Standards for Urban Public Social Welfare Facilities

执笔人：王建龙

【项目信息】

项目类型：城市公共社会福利设施研究

委托单位：美国能源基金会

主要完成人员：

主管总工：鹿　勤

主管所长：尹　强

项目负责人：王佳文

项目参加人：胡继元　王建龙　王思源　牟　毫

【项目简介】

当前，我国社会福利制度构建的新要求与社会福利设施发展的新形势对城市公共社会福利设施规划标准的制定提出了新的需求。本研究基于我国社会福利事业的发展情况，在充分界定社会福利事业内涵与社会福利设施规范研究对象的基础上，结合我国社会福利事业发展的阶段性问题，主要从老年人、儿童和残疾人城市公共社会福利设施三个方面分析判断当前设施建设及标准规范存在的主要不足。在对标政策发展新要求的背景下，对新时代国家层面城市公共社会福利设施规划标准修订提出总体思路，并对老年人、儿童和残疾人城市公共社会福利设施提出在标准修订中的主要技术探索。

本标准研究于 2018 年 1 月通过专家验收会，住房和城乡建设部城乡规划司以及来自北京、深圳、南京、重庆、上海等地的专家学者对本标准研究的成果进行了高度肯定，认为本研究思路清晰、内容丰富、目标明确，研究的技术方法务实。目前，标准的核心研究成果已被纳入新版城市公共服务设施规划标准，老年福利设施研究的主要结论已被 2018 版城市居住区规划设计标准采纳，规划标准配置的新理念与新方法已在部分地区先行开展实践应用，为新时期公共服务设施体系构建树立了示范标杆。

[Introduction]

At present, the new requirements of social welfare system and the new trend of social welfare facilities put forward new demands for the establishment of planning standards for urban public social welfare facilities. Based on the development of social welfare cause in China, this research defines the connotation of social welfare cause and the research objects, and analyzes the main problems existing in the current facility construction and facility planning standards in terms of the urban public social welfare facilities for the elderly, children, and the disabled. In the context of new requirements for policy development, this research puts forward the general idea for the revision of planning standards for urban public social welfare facilities at the state level, and carries out technical explorations on the related standards for the elderly, children, and the disabled.

This research was examined and accepted in January 2018 by the officials from the Urban-Rural Planning Department of the Ministry of Housing and Urban-Rural Development as well as the experts from Beijing, Shenzhen, Nanjing, Chongqing, Shanghai, and other cities. At present, the core of the research results has been included in the New Urban Public Service Facilities Planning Standards, and the main arrangement method of welfare facilities for the elderly has been adopted by the Urban Residential Area Planning and Design Standards (2018). The new concepts and new methods of this research have been carried out in some areas, which helps to set an example for the construction of public service facility system in the new era.

1 研究背景：规划标准探索的必要性

1.1 规划标准探索的必要性

1.1.1 促进事业发展，扭转社会福利设施建设滞后的需要

中华人民共和国成立以来，由于我国社会福利制度属于残补式制度（或称剩余型福利制度）安排，社会福利制度与医疗保险、基本养老保险相比，社会福利设施覆盖范围窄、对应人群特殊性强，与社会救助相混杂。存在着体系残缺、多元分割、制度紊乱、功能异化等缺陷，越来越不适应人口老龄化与社会发展所带来的城乡居民福利需求全面升级的需要。因此，当前我国社会福利设施欠账大、缺位明显，在城市规划实施过程中保障和落实社会福利设施的建设空间，已极为迫切。

1.1.2 适应社会变化，保障社会整体平稳转型的需要

伴随我国改革开放的不断推进，社会人口与组织结构正在不断变化，在人口方面出现了老龄化加深、少子化明显、流动性加强等特征；在社会组织方面出现了小家庭化、单位制社会解体、熟人社会向陌生人社会转变等特征。在此背景下，原有通过单位福利、家族照料、邻里帮扶等渠道运行的传统社会福利机制正逐渐弱化，但新的社会福利保障体系尚处于探索阶段，以至于现有社会福利设施建设与配置内容已无法满足全社会老年人、儿童、残疾人等弱势社会人群在养老护理、儿童保育、残疾康复等方面存在的一般普惠化与特殊专业化的双重诉求。

1.1.3 带动民生改善，推进新型城镇化的需要

国家新型城镇化规划确立了以人为本的发展理念，十九大以来的系列政策已经提出将改善民生、提升城市基本公共服务水平作为重要目标。社会福利作为民生发展的重要组成部分，设施类型趋于丰富、服务水平显著提升、覆盖范围日渐扩大，将是未来发展的主要趋势。由于国民对制度性福利需求体现出多层次性，底线救助式的社会福利模式向普惠特惠结合式转变将成为必然。

1.2 规划标准研究的基本工作情况

党的十九大报告中提出“在发展中补齐民生短板、促进社会公平正义，在幼有所育、学有所教、劳有所得、病有所医、老有所养、住有所居、弱有所扶上不断取得新进展”。针对社会福利层面，在原“老有所养”的基础上，国家的政策要求中首次增加了“幼有所育”和“弱有所扶”，将“老、幼、弱”三大人群的服务内容全面纳入我国保障和改善民生的内涵中。可以说，社会福利事业的体系建设以及福利设施的空间供给正在成为我国在新时期全面补齐民生短、提高城镇化质量的关键路径与抓手之一。在此背景下，城市公共社会福利设施规划标准已经成为保障设施空间落位、引导设施规划与建设标准品质提升、促进社会福利事业快速发展的重要核心内容。针对现状相关标准的制定情况，住房和城乡建设部标委会已于 2015 年率先组织了一系列涉及城市公共服务设施规划标准的预研究工作，并将《城市公共社会福利设施规划规范预研究》列为标准预研究课题；并于 2018 年正式启动城市公共服务社会规划规范的标准修订工作，城市公共社会福利设施与城市文化、教育、体育、卫生公共服务设施一同被列为主要设施内容。

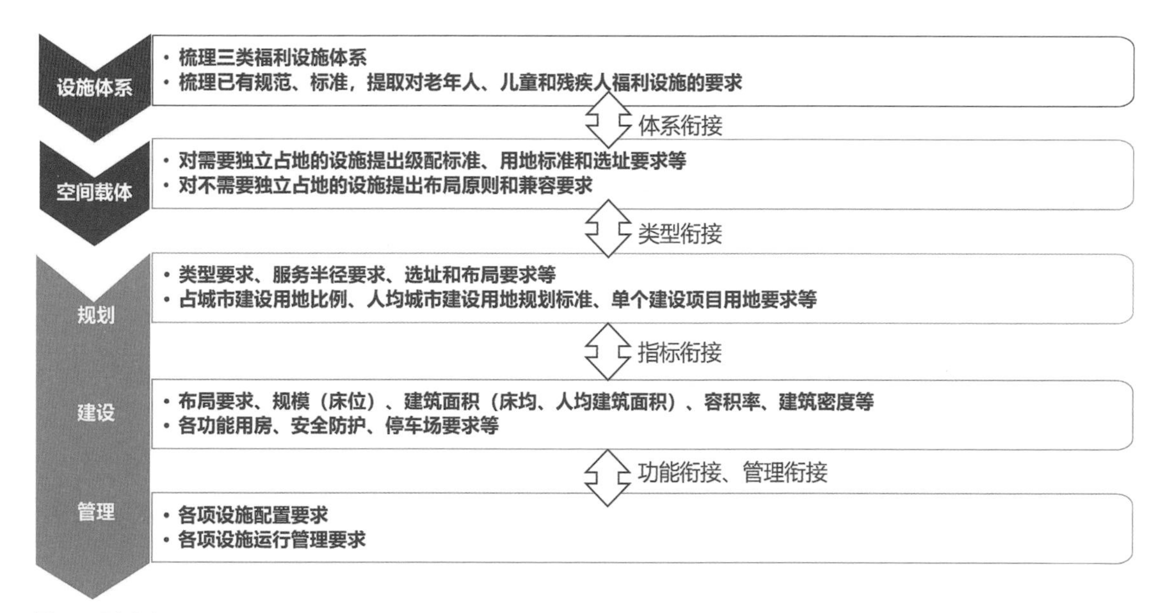

图 1 研究任务
Fig.1 Research Task

1.3 规划标准研究的主要目的

本研究作为国家《城市公共服务设施规划标准》修订的重要前期研究支撑，应站在全国角度，以解决技术问题为主，重点解决各地区的共性问题。在规划标准的制定中，应按照国家对新时代城市公共社会福利设施的配置要求，与文、教、体、卫一同构成统一的公共服务设施体系。故而，本次标准的研究目的主要包括三个层次：首先，梳理福利设施体系，提出各类福利事业的设施要求；其次，以空间载体为落脚点，对需要独立占地的设施提出级配标准、用地标准和选址要求等，对不需要独立占地的设施提出布局原则和兼容要求；然后，以规划、建设、管理为核心，结合各地区发展的实际水平，以明确底线、保留弹性的方式，提出关于用地、建筑和设施配置等多个层面的级配标准建议；最后，实现体系、类型、指标、功能和管理的有效衔接（图 1）。

2 研究的方法与过程

2.1 政策导向

系统研究我国社会福利事业的政策内涵、明确新时代的政策发展要求，把控国家福利设施服务的主体方向。我国的社会福利制度与国际上一些发达国家普惠型福利不同，依据我国社会福利事业政策制定与实施的部门管理权限，从民政部门的事权管理的角度来看，社会福利工作与社会救助、社会保险、社会优抚相并列，共同构成我国社会保障体系。从中华人民共和国成立初期至 20 世纪 80 年代，中国的社会福利主要是通过举办社会福利机构，为“无劳动能力、无法定抚养人、无生活来源”的老年人、残疾人和未成年人等“三无”对象提供基本的生活保障和服务保障，是一种补缺型的社会福利。自 20 世纪 80 年代至今，随着我国经济社会的全面发展，社会福利工作范围逐渐扩大，开始逐渐面向全社会的老年人、未成年人和残疾人，相关的设施类型也逐渐丰富与专业化（图 2 ～图 4）。

2.2 问题导向

结合老年人福利设施、儿童福利设施、残疾人福利设施的建设发展诉求，明确各类福利设施规划、建设、

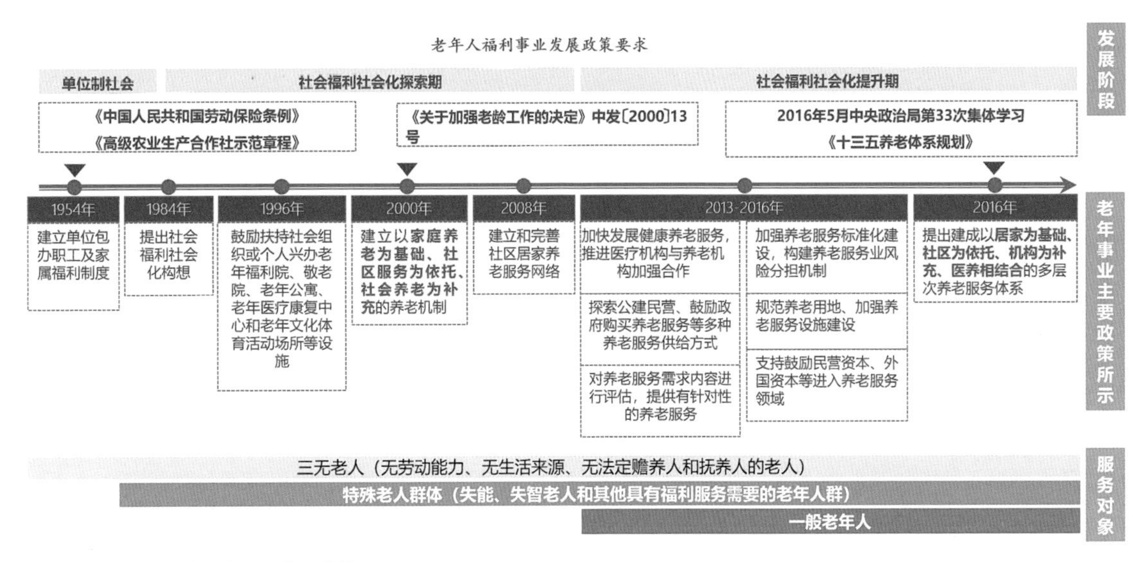

图 2　老年人福利事业发展政策要求梳理

Fig.2 Policy requirements of welfare development for the elderly

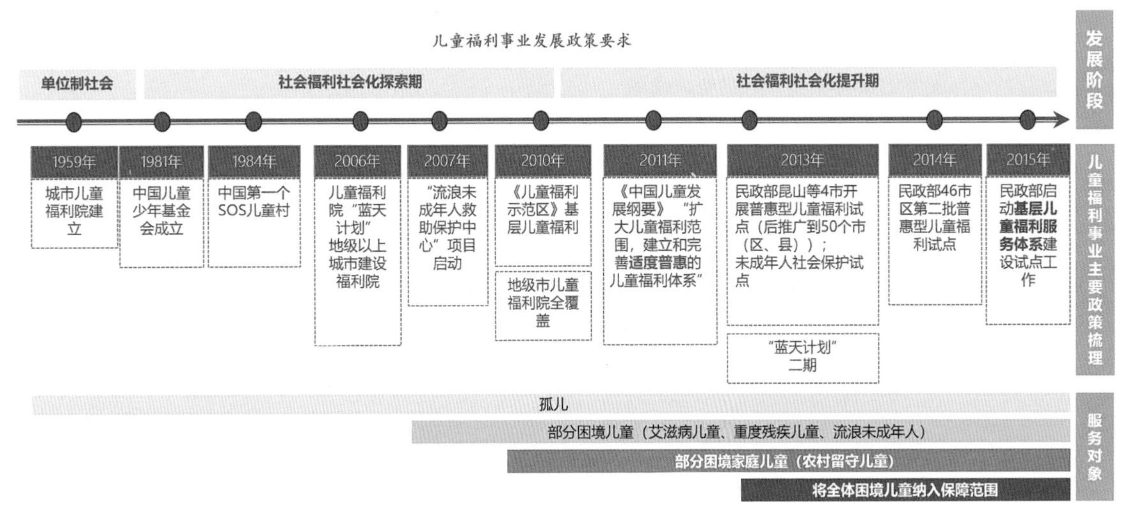

图 3　儿童福利事业发展政策要求梳理

Fig.3 Policy requirements of welfare development for children

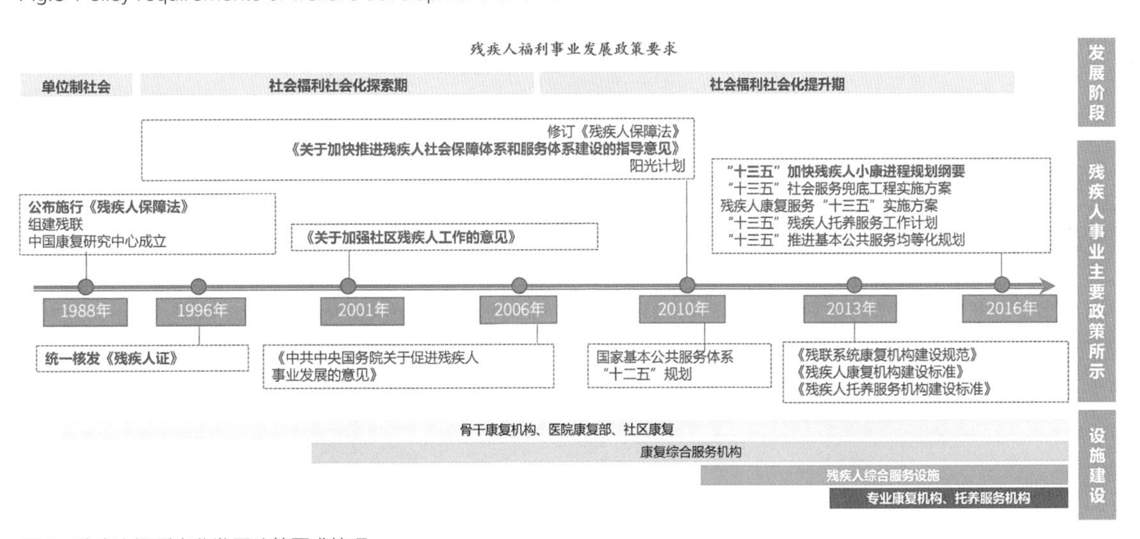

图 4　残疾人福利事业发展政策要求梳理

Fig.4 Policy requirements of welfare development for the disabled

配置的优化重点。

2.2.1 设施总量不足，老年人福利设施短缺问题突出

根据民政部《2016年社会服务发展统计公报》，我国包括养老、儿童救助和残疾人服务多方面在内，提供住宿的社会服务设施床位共414万张，每千人床位数量约3张。然而根据同样的统计口径，仅目前，我国每千人中有17个独居老人，有3.6个领取护理补贴的重度残疾人，有0.38个注册孤儿。由此可见，社会福利设施机构的千人床位数远不能满足当下社会的现实需求。

其中，老年人福利设施供给短缺现象尤为突出。当前，我国人口老龄化程度正逐步加深，已经成为国家政策与人民关注的焦点。2016年全国60周岁以上人口达2.31亿人，占全国总人口的16.7%；65周岁及以上人口达1.5亿人，占全国总人口的10.8%。近年来，我国虽然对养老服务设施建设高度重视，每千名老人床位数增长量整体呈增长态势，但由于历史欠账较多，仍然难以满足设施需求。按照民政部的政策要求，为了应对我国老龄化的高峰期，“9064”应成为国家未来的基本养老格局。但实际上，2011年至2015年，我国老年人口净增加3701万人，养老服务床位数净增加303.5万张，占比约8.2%，机构养老与社区居家养老的床位总量依然低于10%的政策设想。同时，与国外先进水平40～80床/千名老人相比，我国的平均水平和各地区的实际水平都还存有一定差距。

2.2.2 设施配置等级化明显，人群使用受限

当前我国的城市社会福利设施的人群服务范围虽然已经扩大，但由于社会福利投入主要集中在政府举办的福利机构，基本按照“市-区/县-街道”的层级进行等级化的行政配置，服务人群多为寡孤残幼等弱势群体，本质上还只是社会救助制度的扩展，结构失衡现象突出。例如，老年福利设施方面，目前各地的公益性养老院主要是政府公办，多集中于市、区两个层级，且受财政补助影响多优先面向特困和孤寡老人，设施布点多与社区脱节，难以满足一般老人的社区化、就近化的福利诉求。

2.2.3 设施内容与人群诉求难以匹配

（1）老年人：养老服务功能匹配度不足

——医养结合亟待加强。“医养结合”已经成为老年人普遍关注的重点，特别是对医疗和专业化护理方面需求突出，老年人对护理型养老机构和日常照料型社区居家养老服务设施的需求明显增加。但事实上，能实现医养结合的机构养老设施主要是依托于医院建设的老年护理院、老年病专科医院等。大部分机构养老设施由于缺乏医疗卫生的相关资质和能力，针对失能、失智老人的设施供给明显不足，提供专业长期照护服务所占比例普遍较低，非自理老人的专业护理需求很难得到保障。

——服务内容和质量有待提升。由于“富裕老人”“高知老人”等新时代老年人经济实力不断提高，价值观不断更新，对养老设施的功能类别和服务水平的要求也日益提高，现有养老设施的综合服务水平难以满足老年人多元化、全方位的服务要求。

（2）儿童：基层儿童福利需求增多

当前，基层儿童福利需求正快速增加，部分地区已经开展了社区儿童福利设施的有益尝试，例如北京社区儿童之家模式采用与社区公共服务设施兼容设置的方式，采用政府提供空间和购买服务的方式，为辖区全体儿童提供活动场所和早期教育机会。扩大儿童福利范围、建设下沉式儿童福利设施，已经成为未来儿童福利体系向普惠型转变的重要方向。

（3）残疾人：专业康复服务缺口大

建立健全残疾人基本福利制度，提升残疾人基本公共服务水平已经成为目前残疾人福利事业发展的重点。

但是，在医疗服务与救助、辅助器具、康复训练与服务、贫困残疾人救助与扶持等方面，城市残疾人享受服务水平差距较大。如在享受辅助器具服务方面，城市实际接受服务人数占有服务需求人数的比例仅为 30%，城市的服务需求与实际接受服务的人数比例仍存在较大的差距。

2.3 目标导向

参照背景类似、标准领先地区的设施体系及设置要求，为本次设施标准指定的发展方向、级配方式和配置标准提供经验借鉴。

近年来国际和国内相关城市实践已经表明，社会福利普惠性的提升，已经成为体现公平性发展、检验社会组织和管理能力的重要指标。参照美国、日本和我国台湾、香港等背景类似、标准领先地区的先进经验可以发现，在设施的空间布局与分级配置上，从公共服务的平等性角度出发，不仅注重空间布局上的公平性，更强调为了满足不同群体的需求与偏好而进行扁平化分级，以社区为落脚点、实现少数群体和低收入居民的高水平可达性。其中，为了满足每一个人的需求、强调关注弱势群体的设施供给导向，均对福利设施进行精细化的分类。综合来看，养老设施中的机构养老主要偏向于专业化护理化方向发展、儿童福利设施主要面向儿童全年龄段进行设施全覆盖、残疾人设施则倾向全方位的康复援助救助。以日本儿童福利设施为例，为了建立覆盖全体儿童的福利设施体系，设施分类细致且数量庞大，包括助产设施、服务全体儿童的婴儿院、保育所、厚生设施以及服务困境，残障儿童的专门设施等，体现出对于社会弱势群体的精准服务定位和精细管理方式（图 5）。

2.4 实施导向

案例调研验证指标选择的合理性。为了加强标准对各类城市公共福利设施标准制定的指导性，研究在全国范围内选取典型城市开展调研，包括北京、上海、杭州、西宁、六盘水、淮南等，对现有设施的相关标准及配置方法的适用性进行重点验证。以残疾人福利设施为例，《残疾人康复机构建设标准》（建标 165—

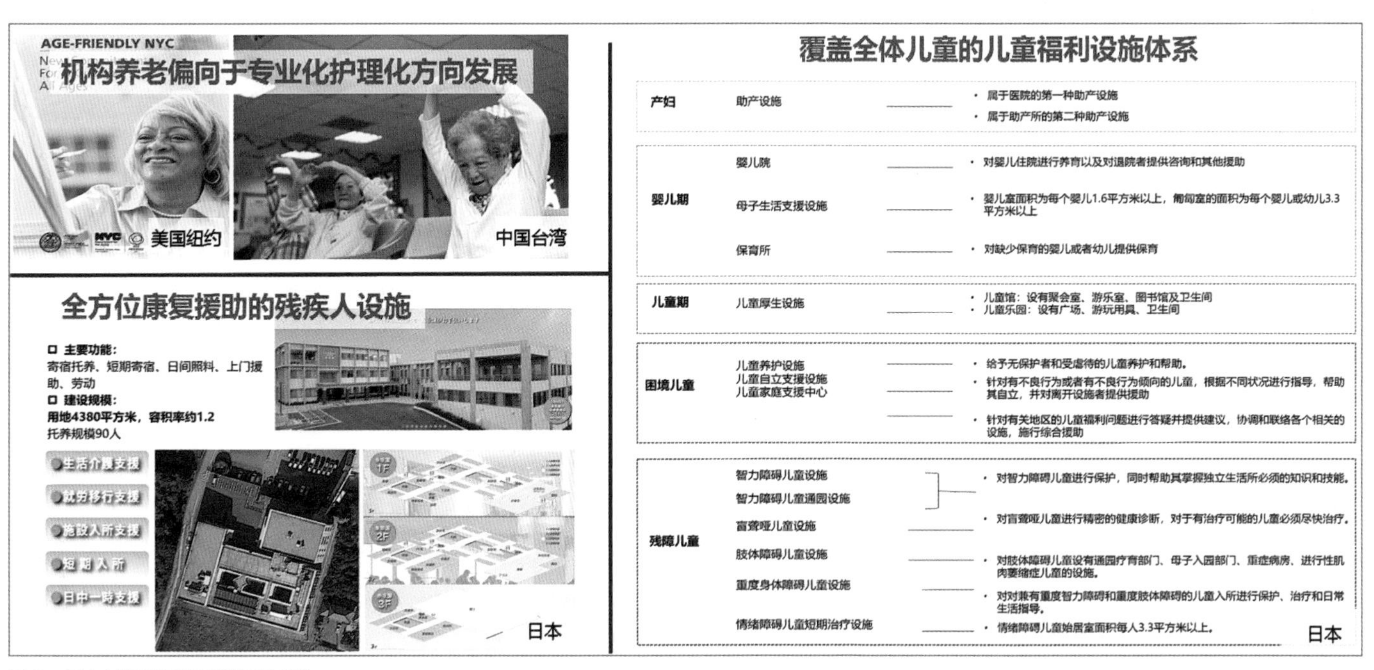

图 5　国内外福利设施配置经验借鉴
Fig.5 Experience of foreign countries and Taiwan in welfare facilities allocation

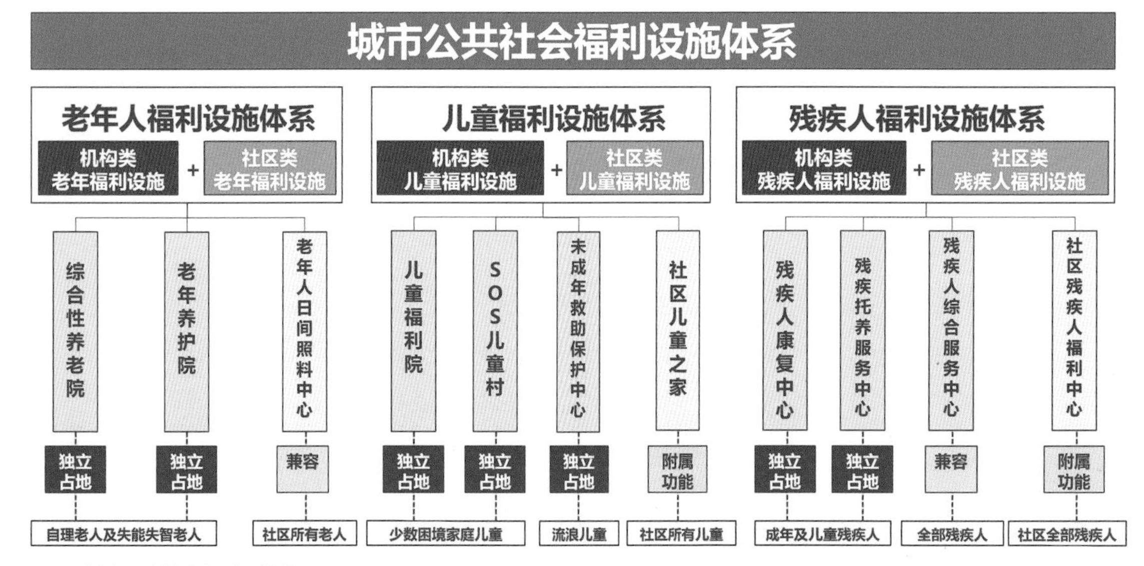

图 6　城市公共社会福利设施体系
Fig.6 Urban public social welfare facilities system

2013）中规定残疾人康复机构的容积率宜按 0.8 ～ 1.8 控制，通过实地调研发现，考虑到残疾人康复机构均需提供较好的室外环境，现有容积率上限取值普遍较高，不利于残疾人的康复和照料；又如，《残疾人托养服务机构建设标准》（建标 166—2013）中规定残疾人寄宿托养服务机构的容积率为 0.6 ～ 1.0，在地方实践中，残疾人托养服务机构建设情况较为复杂，一般分为单独建设、医院改建、与养老院等设施合建等几种情况，容积率的变化幅度比较大，但单独建设的残疾人托养服务机构的容积率一般在 0.5 ～ 2.5；因此，现有规范容积率设定偏低，未能考虑到此类机构的环境品质需求和节约用地要求。

3 研究的创新型内容

3.1 构建设施体系：重点保障 + 全部覆盖

以指导社会福利设施的规划、建设为根本出发点，从人群和设施两方面入手，梳理、明确现有城市福利设施的主要类型。首先，通过明晰城市社会福利设施的政府事权与责任，确保为老人（失能失智）、儿童（困境、流浪）、残疾人兜底的设施设置要求。其次，适应“适度普惠型”福利阶段的发展趋势，在社区层面适当提升福利覆盖面，提出设施增加或调整的建议。在此基础上，构建“机构 + 社区”的设施体系，并明确机构设施的占地需求（图 6）。

3.2 修正用地指标：确保实施 + 提升标准

3.2.1 老年人福利设施用地标准

为了适应不同城市的老龄化水平差异和养老需求，结合对全国部分城市的调研，同时按照“管控底线、兼顾弹性”的分区分类原则，本研究提出城市机构养老设施用地标准应为：超大和特大城市中心城区人均规划用地为 0.20 ～ 0.33 米 ^{2}，超大和特大城市外围地区、大城市、中等城市和小城市人均规划用地为 0.33 ～ 0.49 米 ^{2}。

3.2.2 儿童福利设施用地标准

首先，以城市市域常住人口总规模为依据，对儿童福利院人均用地面积指标进行控制。其次，针对以流

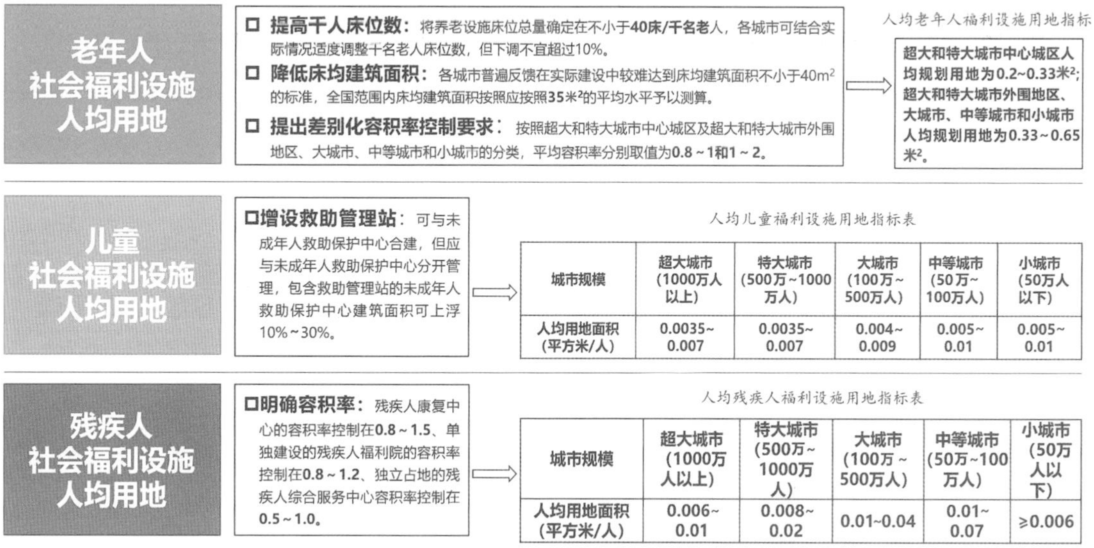

老年人社会福利设施人均用地

- □ **提高千人床位数：** 将养老设施床位总量确定在不小于**40床/千名老人**，各城市可结合实际情况适度调整千名老人床位数，但下调不宜超过10%。
- □ **降低床均建筑面积：** 各城市普遍反馈在实际建设中较难达到床均建筑面积不小于40m²的标准，全国范围内床均建筑面积按照应按照**35米²**的平均水平予以测算。
- □ **提出差别化容积率控制要求：** 按照超大和特大城市中心城区及超大和特大城市外围地区、大城市、中等城市和小城市的分类，平均容积率分别取值为**0.8～1和1～2**。

⟹

人均老年人福利设施用地指标

超大和特大城市中心城区人均规划用地为0.2~0.33米²；超大和特大城市外围地区、大城市、中等城市和小城市人均规划用地为0.33~0.65米²。

儿童社会福利设施人均用地

□**增设救助管理站：** 可与未成年人救助保护中心合建，但应与未成年人救助保护中心分开管理，包含救助管理站的未成年人救助保护中心建筑面积可上浮10%~30%。

⟹

人均儿童福利设施用地指标表

城市规模	超大城市（1000万人以上）	特大城市（500万~1000万人）	大城市（100万~500万人）	中等城市（50万~100万人）	小城市（50万人以下）
人均用地面积（平方米/人）	0.0035~0.007	0.0035~0.007	0.004~0.009	0.005~0.01	0.005~0.01

残疾人社会福利设施人均用地

□**明确容积率：** 残疾人康复中心的容积率控制在**0.8～1.5**、单独建设的残疾人福利院的容积率控制在**0.8～1.2**、独立占地的残疾人综合服务中心容积率控制在**0.5～1.0**。

⟹

人均残疾人福利设施用地指标表

城市规模	超大城市（1000万人以上）	特大城市（500万~1000万人）	大城市（100万~500万人）	中等城市（50万~100万人）	小城市（50万人以下）
人均用地面积（平方米/人）	0.006~0.01	0.008~0.02	0.01~0.04	0.01~0.07	≥0.006

图 7 设施标准调整建议

Fig.7 Adjustment suggestions for facilities standards

动人群为主要服务对象的未成年人救助保护中心，本研究提出以儿童福利院人均用地面积为标准，按 40% 的比例得出未成年人救助保护中心人均用地面积。结合以上因素，本研究提出城市儿童福利设施用地标准应为：超大和特大城市人均规划用地为 0.0035 ～ 0.007 米 ^{2}，大城市人均规划用地为 0.004 ～ 0.009 米 ^{2}，中等城市和小城市人均规划用地为 0.005 ～ 0.01 米 ^{2}。

3.2.3 残疾人福利设施用地标准

结合实际案例对残疾人各类设施的用地面积、容积率等指标进行修正，确定不同规模城市的综合用地指标，并根据不同规模城市的综合用地指标确定人均指标。结合以上因素，本研究提出城市残疾人福利设施用地标准应为：超大城市人均规划用地为 0.006 ～ 0.01 米 ^{2}，特大城市人均规划用地为 0.008 ～ 0.02 米 ^{2}，大城市人均规划用地为 0.01 ～ 0.04 米 ^{2}，中等城市人均规划用地为 0.01 ～ 0.07 米 ^{2}，小城市人均规划用地为≥ 0.006 米 ^{2}（图 7）。

3.3 优化级配与布局：扁平化 + 层级化

3.3.1 独立占地的机构类设施

老年人福利设施方面，由于城市地区人口规模和养老床位需求规模均较大，未来老年人社会福利设施应改变之前的层级式配置方式，宜结合居住区人口规模和老龄化水平，按照居住区“15 分钟生活圈”的配置要求，进行扁平化和网络化设置；儿童福利设施方面，儿童福利院和未成年人救助保护中心应在地级及以上城市设置，区、县（市）可根据实际需要进行设置，SOS 儿童村可根据城市自身情况选择设置；残疾人福利设施方面，残疾人康复机构和残疾人寄宿托养服务机构应在直辖市和省会城市设置，地市须建设残疾人康复机构或残疾人托养服务机构，县级残疾人社会福利设施建设须在残疾人康复机构、残疾人寄宿托养服务机构和残疾人综合服务设施中三者选其一，以建设残疾人综合服务设施为宜（图 8）。

3.3.2 非独立占地的社区类设施

各类不需独立占地且面向居住区服务的城市公共社会福利设施（包括：老年人日间照料中心、社区儿童

老年人福利设施配置：对应居住区生活圈

- 机构养老设施 ⟹ “15分钟生活圈”
  社区养老设施 ⟹ “5分钟生活圈”
- 形成“养老+医疗卫生”“养老+体育”“养老+文化”的老年人十五分钟活动中心

15分钟生活圈

独立用地

城市用地

社会福利用地 A6

综合性养老院/老年养护院

床均用地面积18-44m²/床

十五分钟生活圈

服务半径： 1000m
人口：50000~100000

- 应设置活动场地，面积不应少于400m²
- 单处设施规模宜为300床，不宜低于200床，不宜大于500床
- 区级行政管辖范围增设区级养老服务指导中心

养老+医疗卫生

养老+体育

养老+文化

5分钟生活圈

兼容用地

居住用地 R

社区老年人日间照料中心

床均建筑面积350-750m²

五分钟生活圈

服务半径： 300m
人口：5000~12000人

- 可与其他非独立占地的基层公共服务设施联合建设
- 单项设施规模不宜低于10床，不宜大于30床
- 日间照料中心应附设家政服务用房，提供上门助老等社区居家养老服务

+

居住用地 R

生活服务

医疗康复

膳食供应

文化娱乐

心理辅导

儿童福利设施配置：地级市以上集中设置

儿童福利设施配置要求

设施类型	行政区划层次和配置要求		
	地级市以上	县/区	街道
SOS儿童村	选设	——	——
儿童福利院	必设	选设（可结合社会福利院设置）	——
未成年人救助保护中心	必设	选设	——
社区儿童福利院	——	——	选设

残疾人福利设施配置：与行政管理层级匹配

残疾人社会福利设施配置要求

设施名称	行政区划层次和配置要求		
	直辖市和省会城市	地级市	县/区
残疾人康复机构	必设 至少独立设置一处	必设 至少设置一处两者宜结合设置	必设 至少设置一处宜建残疾人综合服务设施
残疾人托养服务机构	必设 至少独立设置一处		
残疾人综合服务设施	选设	选设	

图8　设施配置方式建议
Fig.8 Suggestions for facilities allocation mode

节约用地

- 独立占地的不同类型社会福利设施应集中布局，并与其他同级别、使用性质相近的公共服务设施组合布置，形成公共服务中心（包括：文化、教育、体育、医疗卫生设施）
- 社区基层社会福利设施应在居住区内联合建设

临近布局

- 由于老年人、儿童、残疾人对医疗服务的要求较高，社会福利设施应与医疗卫生设施临近设置
- 鼓励综合性养老院与小学、幼儿园临近布局，增强居住区内的代际交流，减少老年人的心理孤独感

共享使用

- 老城内的社会福利设施应利用存量建筑集约利用，特别是应大力推广老年社会福利设施在老城地区的小型化、连锁化经营管理
- 社区级福利设施均应兼容设置，或体现功能

图9　设施布局与建设要求建议
Fig.9 Suggestions for facilities layout and construction requirements

之家、社区残疾人服务中心），本研究提出按照居住区5分钟生活圈的配置要求，在居住区层面与其他公共服务设施兼容、邻近设置。

3.4 细化选址要求：加强统筹 + 整合共享

由于老年人、儿童、残疾人对医疗服务的要求较高，遵循节约用地、方便使用和设施共享的选择，社会福利设施宜与医疗卫生设施临近或联合设置。同时，在满足设施服务半径和使用功能互不干扰的前提下，研究建议鼓励同级别、使用性质相近或可兼容的社会福利设施集中布局、组合设置，与其他类型公共服务设施形成公共服务中心（包括：文化、教育、体育、医疗卫生设施）；不同层级同类设施布局时应考虑空间分布的均衡性，避免层级间同类设施邻近布局造成资源浪费（图9）。

4 研究感悟

党的十九大报告指出："我国社会主要矛盾已经转化为人民日益增长的美好生活需要和不平衡不充分的发展之间的矛盾"，这标志着我国民生保障的设施建设也已经进入到了全新阶段，城市公共社会福利设施既然属于城市公共服务设施中一项重要内容，就应既要补齐短板乂要提质增效。因此，本研究在结合新时代政策要求的背景下，力图系统构建我国城市层面的公共社会福利设施的标准体系、统一衔接相关规范、制定高标准且切合实际的配置内容，在我国社会福利政策"保基本"的价值导向基础上，适当拓宽"福利化"内涵，最终达到广覆盖、普惠型的体系建设发展目标。同时，本研究着力解决我国政府层面重点保障和承担的基本设施配置内容，为市场的多元化供给留足空间，以期达到通过国家公共物品有效供给与市场社会高端服务资源要素配置达到有效结合，以实现人们美好生活的研究目的。

诚然，对于标准研究这项工作，还要深刻认识到"标准不是万能的，但没有标准是万万不能的"。标准研究工作绝不是提出一种"普适性"的规划模板然后逐一在实际工作进行复制，而是先"由下至上"系统梳理标准与实际应用之间的差距关系，进而再"由上至下"针对关键性的技术环节、指标和措施在国家层面提出基本的设施配置导向与规划建设要求，其立意是高远的、但作用一定是有限的。特别是对于国标研究工作而言，既要落实体现新理念、新要求，又要把握好关键性技术内容的"深度、精度和广度"，不能一味"求大求全"，具体的应用工作还要在遵从国家要求及总体标准的大前提下，依据地方规划实践与具体情况"因地制宜""量体裁衣"。

市县级国土空间规划实施单元管理平台
Implementation Unit Management Platform for Spatial Planning at Municipal and County Levels

执笔人：刘世晖 翟 健 程 洋

【项目信息】

项目类型：信息平台需求分析与研发

参与单位：中规院（北京）规划设计公司 中国城市规划设计研究院 上海数慧系统技术有限公司

主要完成人员：

项目负责人：刘世晖 程 洋

项目参加人：翟 健 李长风 赵 越 戚纤云 罗莹晶 王翊萱 袁 雪

【项目简介】

在“五级三类”的国土空间规划体系构建过程中，关于国家、省、市、县各级国土空间“总体类”规划的纵向衔接和信息支撑体系已初步建立，而关于总体规划类、专项规划类、详细规划类相互衔接和互动的研究和实践相对较少。“市县级国土空间规划实施单元管理平台”由规划编制单位、信息技术企业共同发起，面向城市决策者、规划管理部门，以“实施单元”为重点抓手，覆盖专项规划、详细规划“编制—审查—实施—评估”的全周期动态闭环，提出“总控联动、建管一体”的业务流程和信息化支撑解决方案。平台基于数字化思维、信息化手段，通过量化管理、分级联动、精准传导、动态反馈，向上承接国土空间规划目标指标、功能分区、控制线的分解落实，向下统筹建设管理，并基于实施建设进行动态反馈。平台秉承数字化转译、智能统筹、动态反馈三大特色，包含单元管控联动、详细规划编审、实施统筹管理、单元评价分析和基础应用支撑五个子系统。

[Introduction]

In the process of building the “five-level and three-category” spatial planning system, the vertical connection between the “master plans” at the state, province, municipal, and county levels as well as the information support system for them have been preliminarily established. However, the research and practice on the connection and interaction between the master planning, special planning, and detailed planning are relatively few. The “Implementation Unit Management Platform for Spatial Planning at Municipal and County Levels” is jointly initiated by the planning institute and IT enterprise, aiming to serve the decision makers and planning management departments of a city. With “implementation units” as the focus, it builds a full-cycle dynamic closed loop covering the “compilation, review, implementation, and assessment” of special planning and detailed planning. It proposes an operation flow and information-supported solution which is characterized by “interaction between master planning and detail planning, and integration of construction and management”. On the basis of digital thinking and information-based means, through quantitative management, interaction between different levels, targeted transmission, and dynamic feedback, this platform carries out the decomposition and implementation of targets and indicators, functional zoning, and control lines defined by the spatial planning at higher levels. And it also coordinates construction management at lower levels, and provides dynamic feedback based on the process of construction. The platform has three major features which are digitalized translation, intelligent coordination, and dynamic feedback, and contains five subsystems of unit management and control interaction, compilation and review of detailed planning, implementation of overall management, unit evaluation analysis, and basic application support.

1 项目背景

随着国土空间规划体系改革的逐步推进，规划与建设管理的衔接问题必将在地方层面凸显。如何在落实国土空间规划管控要求的同时，有效指导城市建设与精细管理，是规划在实施层面上面临的一个重要挑战。各地亟需重塑规划实施体系，充分借助信息化技术，使其具备精准传导空间管控要求、动态反馈支撑规划优化、充分衔接项目建设的能力，实现国土空间规划在地方一级的可传导、可分工、可监管、可反馈。

在此背景下，市县层面规划管理业务的重构，必须与信息化支撑手段同步推进，以保证市县层面总体规划、专项规划、详细规划和建设管理的有效衔接与动态反馈。中规院与上海数慧于2018年7月签订战略合作协议，并同步启动了“市县级国土空间规划实施单元管理平台”的前期研发工作。在2019年5月于上海召开的“第十三届规划信息化实务论坛”上，发布了该平台前期研究成果，并设置了专题展台与参会代表进行了交流，获得较多关注。

2 项目定位与研究思路

规划实施单元管理体系的构建，一方面落实国土空间和自然资源底线管控的逐级传导，另一方面关注实施层面，有效指导详细规划的设计及实施管理，同时支持对上位规划的动态反馈。在数字化转型的背景下，通过建立实施单元管理平台，实现对规划实施单元管理体系的智能化支撑，提升国土空间规划决策的可用性、科学性、全面性，有效落实“一张蓝图”干到底、推动空间治理能力现代化和生态文明建设。

市县级国土空间规划实施单元管理平台，是实现规划管理“科学化、精细化、智能化”的重要载体。面向城市决策者、规划管理部门及规划编制单位，采用多主体合作模式，基于数字化思维、信息化手段，通过量化管理、分级联动、精准传导、动态反馈，向上承接国土空间总体规划目标指标、功能分区、控制线的分解落实，向下统筹建设管理，并基于实施建设进行动态反馈，形成实施单元的“编制—审查—实施—评估”的全周期动态闭环（图1）。

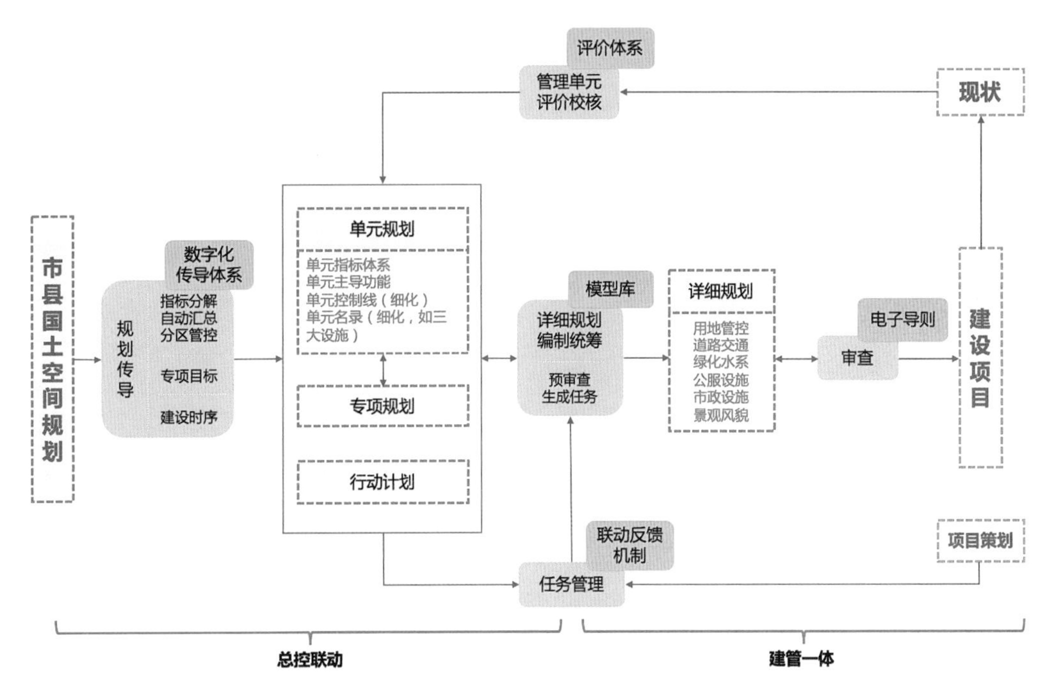

图1 市县级国土空间规划实施单元管理“全周期动态闭环”业务导图

Fig.1 “Full-cycle dynamic closed loop” of implementation unit management platform for spatial planning at municipal and county levels

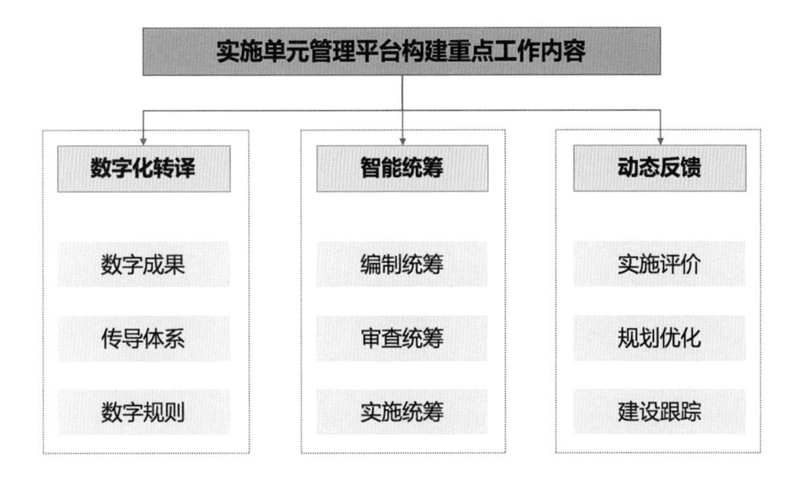

图 2　实施单元管理平台构建重点工作内容
Fig.2 Key work contents of the construction of implementation unit management platform

3 框架与特色

平台构建的核心在于构建规划传导体系、数字规划成果、数字管理规则并进行数字化转译，实现规划编制、审查和实施工作的智能化统筹，完善实施评价、规划优化和建设环节的动态追踪与反馈，从而保障规划管理内容的全面贯通和有效落地（图 2）。

（1）面向管控联动的数字化传导体系

针对各层次规划的目标指标与空间管控要求，建立逐级分解与自动汇总、人机交互动态调整、空间拓扑智能校核的数字化传导体系，实现从市县级国土空间总体规划到单元规划、专项规划、行动计划的无缝衔接，保证宏观规划目标可落实与中微观层面规划可操作。

（2）面向场景模拟的模型库

针对详细规划方案或项目意向，建立指标预判、影响分析、仿真推演的模型库，实现详细规划与单元规划的综合统筹，保证项目落地实施，推进科学化、精细化、智能化的规划治理。

（3）面向传导管控的电子导则

针对详细规划方案的审查要点，建立成果标准性、管控符合性、名录符合性、技术规定符合性的审查规则引擎，实现对详细规划优化调整的智能化审查，提升审批效率。

（4）面向单元统筹校核的评价体系

针对单元规划的动态调整，建立详细规划调整、规划实施动态与单元规划目标的综合比较评价体系，实现单元规划的动态维护，保障国土空间规划的严肃性与实施层面的灵活性。

（5）面向实施管理的动态反馈机制

针对行动计划跟踪、项目规划调整，建立智能统筹、进度追踪、任务管理的动态反馈机制，实现项目与详细规划的高效联动，保证各层次规划与建设管理的有效衔接与有序推进。

针对规划实施情况，建立体检、评价、优化的动态反馈机制，实现规划模式从静态向动态的转变，保证规划的科学性与可实施性。

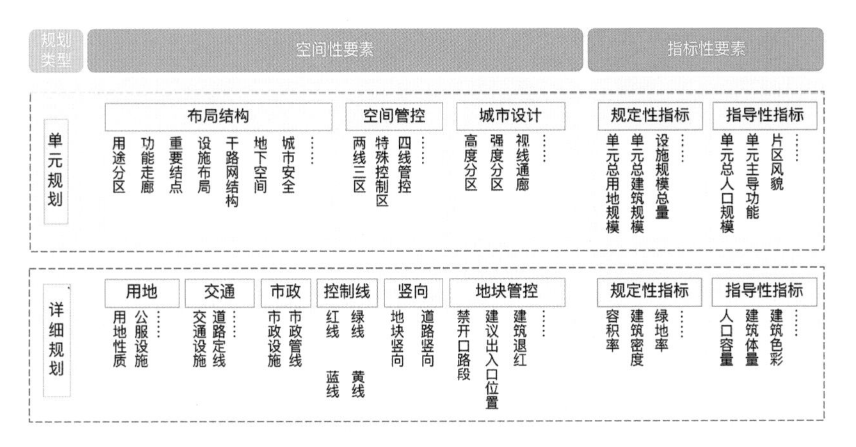

图 3　规划成果的数字化转译框架图
Fig.3 Framework of digitalized translation of planning results

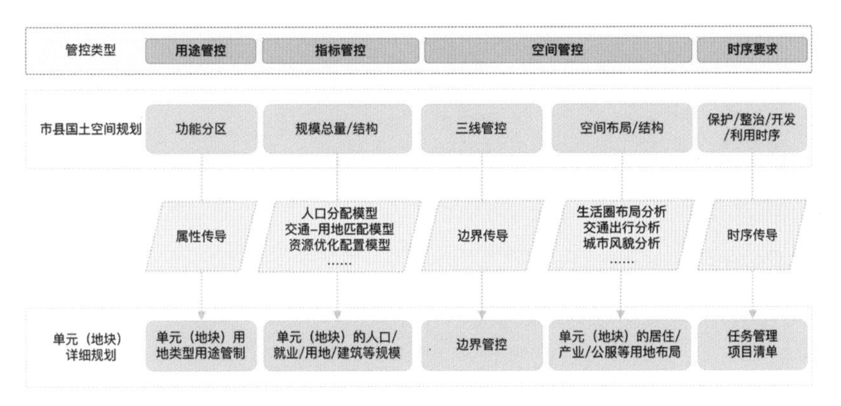

图 4　规划管控要素的层级传导方法示意图
Fig.4 Hierarchical transmission methods of planning control elements

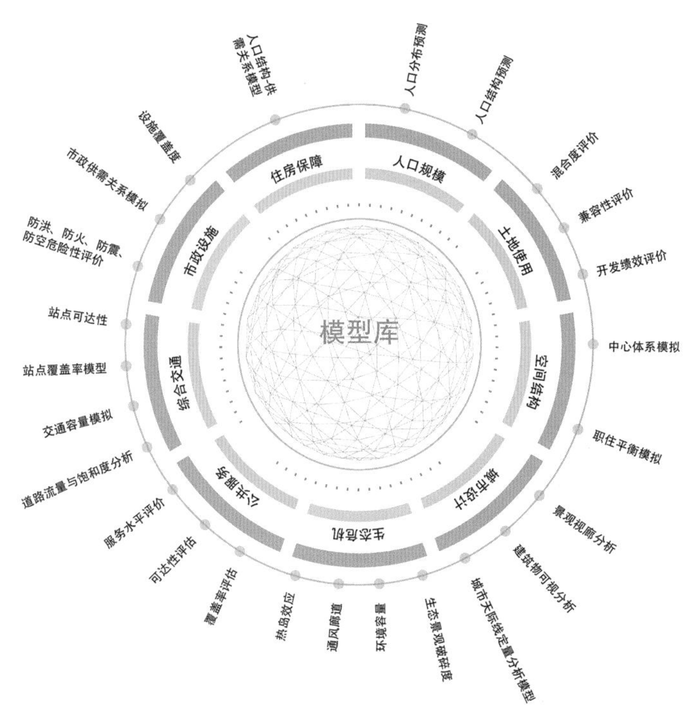

图 5　规划与评估模型库构成示意图
Fig.5 Structure of planning and evaluation model database

4 解决方案与技术创新

4.1 平台实现路径

（1）规划成果数字化转译

基于规划管理的内涵和要求，对实施单元涉及的规划内容进行梳理组织，形成包括单元规划、详细规划的中微观规划成果谱系，其中各自包含相应的空间性要素和指标性要素。基于谱系的构建，对规划成果进行数字化编码，形成与谱系对应的矢量要素集，并进一步将单元规划、详细规划的规划内容转化为计算机可以识别、计算的数字化管控要素（图 3）。

（2）数字化传导体系构建

基于国土空间规划中目标指标、功能分区、空间管控等重要内容，进行谱系梳理，对接专项规划、详细规划中的指标体系、用地分类、控制线，实现分层分类的数字化转译，形成数字化传导体系（图 4）。

（3）模型库构建

针对详细规划方案或项目意向，建立局部调整对整体影响的评估模型库。通过调用评估模型，实现局部调整后对整体人口规模、土地使用、空间结构、城市设计等内容的影响分析和模拟，并通过模拟结果和规划要求的比对，实现对规划决策的辅助支撑（图 5）。

（4）传导管控的电子导则构建

结合详细规划管理规程与国土空间规划的底线管控要求，对详细规划审查要点进行梳理并归类。同时，通过规则引擎技术，对自然语言描述的审查要点进行数字化转译，解析规则涉及的对象、约束条件，并转化为计算机可以识别、计算的对象，形成面向详细规划审查的智能化电子导则。

电子导则分为规范性审查和技术性审查两类。

规范性审查主要是针对详细规划的上报成果进行数据质量审查，主要包括成果标准性审查和内容一致性审查。技术性审查主要是通过管控符合性审查、名录符合性审查、技术规定符合性审查对详细规划的上报成果进行内容审查，核查详

图 6　电子导则审查要素体系示意图
Fig.6 Review element system of the digital guideline

细规划是否落实国土空间规划及单元规划的空间管控、指标管控、名录管理的要求，以及落实专项规划的内容（图 6）。

（5）管理单元评价体系构建

基于市县级国土空间总体规划中的管控要求，建立“实施单元评价”的指标体系，将国土空间总体规划的各类管控要求分解到实施单元，并对各实施单元的现状数据进行动态跟踪和比较，以引导专项规划、详细规划的编制与调整，并进一步指导规划的实施（图 7）。

（6）动态反馈机制构建

面向规划全环节的闭环统筹，构建动态反馈机制，实现规划编制与实施环节的智能联动。反馈机制的建立主要从以下两个方面进行切入：一是，进行年度的现状调查，基于单元评价体系，对管理单元进行定期体检，提出优先规划调整的实施单元列表建议，并反馈规划调整任务。二是，对比年度计划的目标指标与建设项目的分阶段目标，对完成情况进行跟踪，并在实施过程中识别规划需要调整内容，定期提出规划编制调整任务（图 8）。

（7）数据资源体系构建

基于规划成果数字化转译的需要，结合市县级国土空间总体规划数据库标准、详细规划数字成果、规划实施管理要求等，制定一系列数据库标准与规范，保证数字成果的空间建库及数据的存储、管理和应用。依

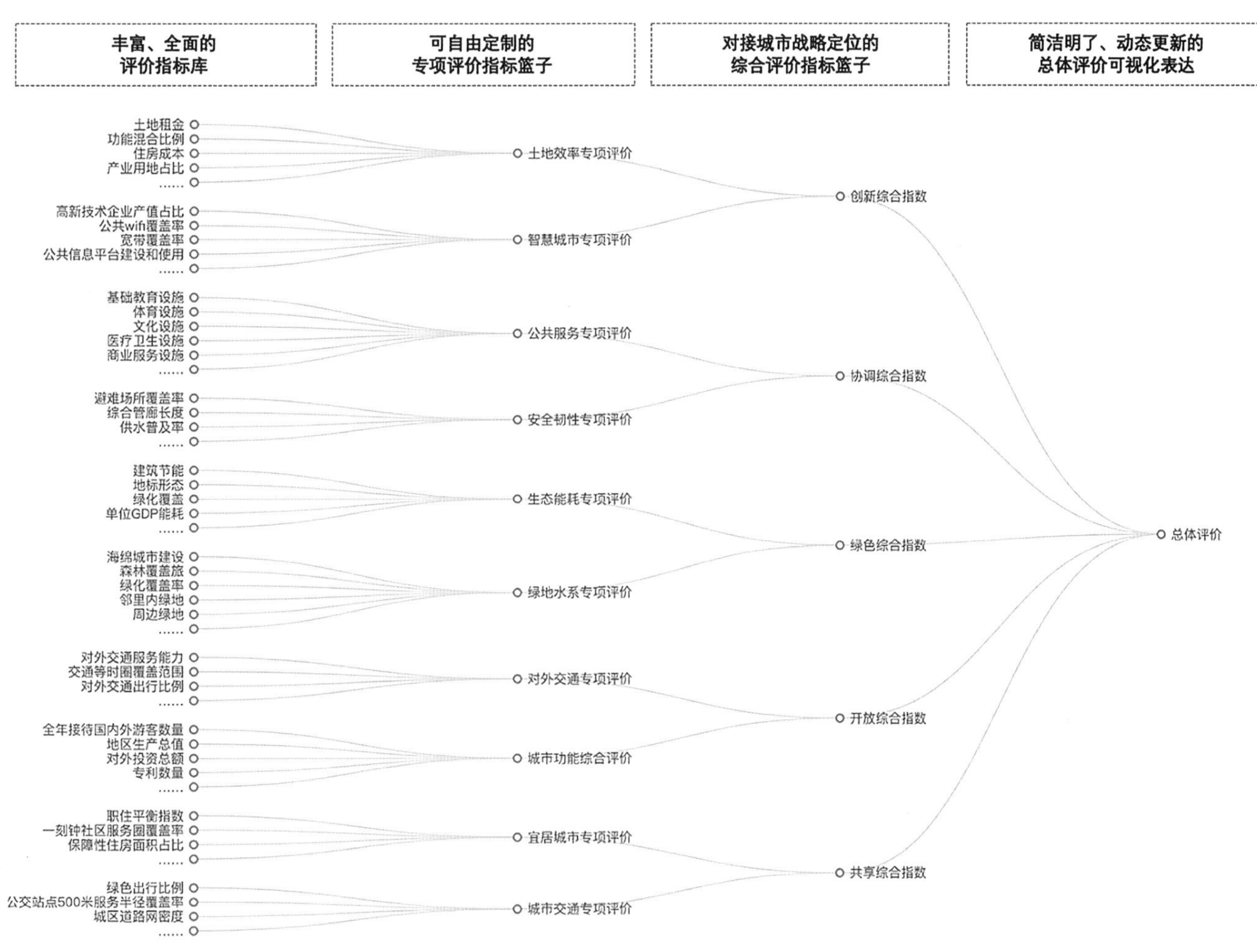

图 7　利用“指标篮子”辅助管理单元中评估

Fig.7 Using “index basket” to assist the evaluation of management unit

据数据标准体系，对单元规划、行动计划、详细规划全要素进行数字化转译，形成以实施单元规划成果为核心，包含基础数据、规划编制数据、行动计划数据等的综合数据资源体系（图 9）。

（8）应用体系构建

建立一整套应用体系，支撑保障市县级国土空间规划的精准传导，实施单元的评价分析、详细规划的动态管理与调整、规划实施的智能统筹。

4.2 平台功能模块

市县级国土空间规划实施单元管理平台，共包含 5 个应用系统，分别为单元管

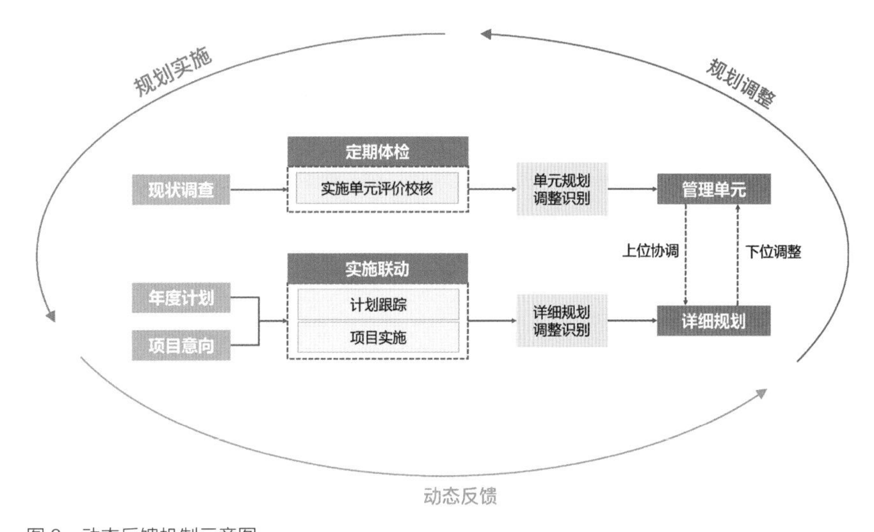

图 8　动态反馈机制示意图

Fig.8 Dynamic feedback mechanism

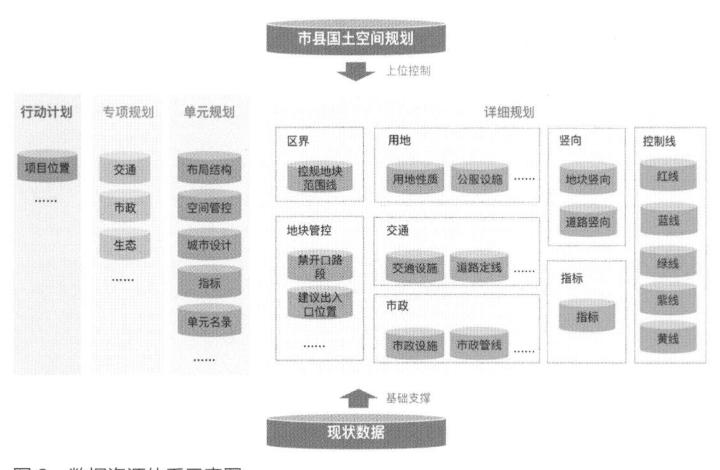

图 9 数据资源体系示意图
Fig.9 Data resource system

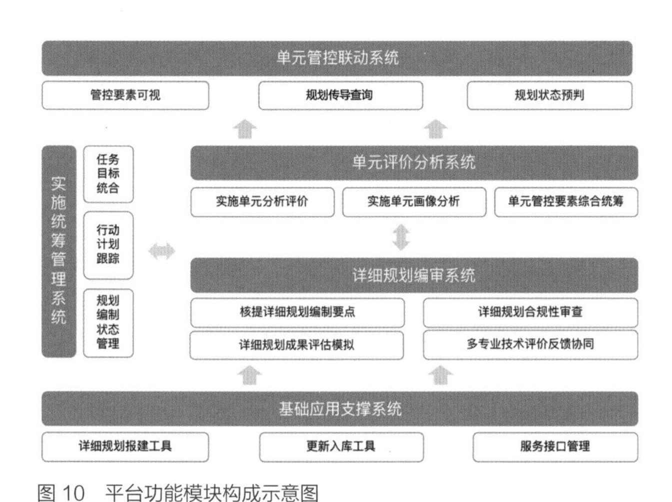

图 10 平台功能模块构成示意图
Fig.10 Composition of functional module of the platform

控联动系统、详细规划编审系统、实施统筹管理系统、单元评价分析系统和基础应用支撑系统。秉承数字化转译、智能统筹、动态反馈三大特色，基于实施单元管理全链路组织系统，衔接市县级国土空间规划与建设管理，集成形成了面向市县级国土空间规划实施的单元管理数字化平台（图 10）。

（1）单元管控联动子系统

单元管控联动子系统是面向城市决策者、规划管理者以及规划编制单位的规划实施管理驾驶舱，提供管控要素可视、规划传导分解、规划状态预判等功能，实现对实施单元管理信息的宏观掌控。

A. 管控要素可视

基于规划数字化转译成果，实现规划管控要素分类分层分级可视化，支持多要素图层管理，实现要素空间浏览、空间定位、属性查询以及叠加分析等功能。

B. 规划传导分解

基于数字化传导体系，通过空间可视化的形式，展示各单元指标体系、用地功能、控制线等管控要素，直观查阅、浏览各项指标及空间管控要求，并提供指标分解辅助功能。

C. 规划状态预判

基于市县级国土空间规划、专项规划、单元规划和详细规划，通过对现状数据和规划数据的差异性分析、新编制单元规划和现有详细规划的差异性分析，辅助判断各单元详细规划编制或调整紧迫度，提出任务优先级建议（图 11）。

（2）详细规划编审子系统

详细规划编审子系统是面向规划管理者、规划编制单位的技术支撑工作系统，提供核提详细规划编制要点、详细规划成果评估模拟、详细规划合规性审查、多专业技术评价反馈协同等功能，实现编制组织的智能化辅助和审批效率的提升。

A. 核提详细规划编制要点模块

从市县级国土空间规划和实施单元规划数据库中提取规划要求，同时能够导出底板数据、现状数据、详

图 11　单元指标分析界面
Fig.11 Interface of unit index analysis

细规划数据，辅助规划管理部门、规划编制单位明确详细规划编制要求。

B. 详细规划成果评估模拟

通过可拓展的模型库接口，接入人流分布、道路流量、环境影响评价等多样化模型，实现对详细规划方案或成果的评估（仿真）模拟，为规划优化提供技术和数据支撑。

C. 详细规划合规性审查模块

从上报的详细规划方案中自动提取数据信息，基于审查电子导则进行审查，核查规划成果的规范性、与上位规划要求的符合性、与技术准则和标准规范的符合性等内容，得出是否通过审查建议，并附加规划调整优化任务列表。

D. 多专业技术评价反馈协同

与交通、环保、市政基础设施等其他部门的专业分析评价及业务管理相衔接，实现多专业评价与反馈（图 12，图 13）。

（3）实施统筹管理子系统

实施统筹管理子系统是面向规划管理者的任务调度中心，提供任务目标统合、行动计划跟踪、规划编制状态管理等功能，实现目标 - 计划 - 项目 - 编制全链路管理和跟踪。

A. 任务目标统合

提供任务执行情况的自动汇总功能，将任务进度情况与各类目标进行校核，辅助政府、规划管理部门从全域层面了解目标指标的完成情况。

B. 行动计划跟踪

依据行动计划，生成近中期及年度任务列表，对各项任务的完成情况进行动态跟踪，包括任务是否完成、

图 12　交通模拟分屏比较界面

Fig.12 Interface of traffic simulation split screen comparison

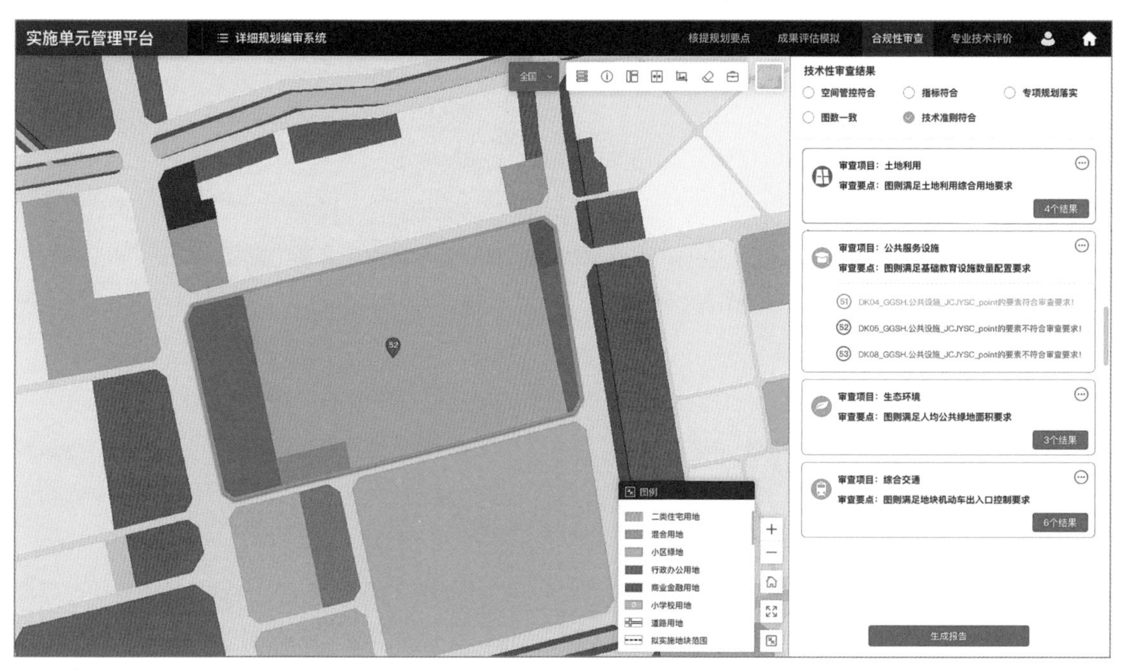

图 13　电子导则辅助详细规划审查界面

Fig.13 Interface of detailed planning review assisted by digital guideline

完成度以及剩余工作量等情况；提供任务与项目的挂接，并追踪项目状态，包括立项阶段、规划编制 / 调整阶段、建设阶段、完成阶段等情况；根据专项任务清单生成动态任务、项目跟踪专题图，为规划管理者提供任务统筹视图。

C. 规划编制状态管理

提供规划编制调整项目的来源记录与状态管理统筹，包括立项、编制、审查和成果归档等阶段；为规划

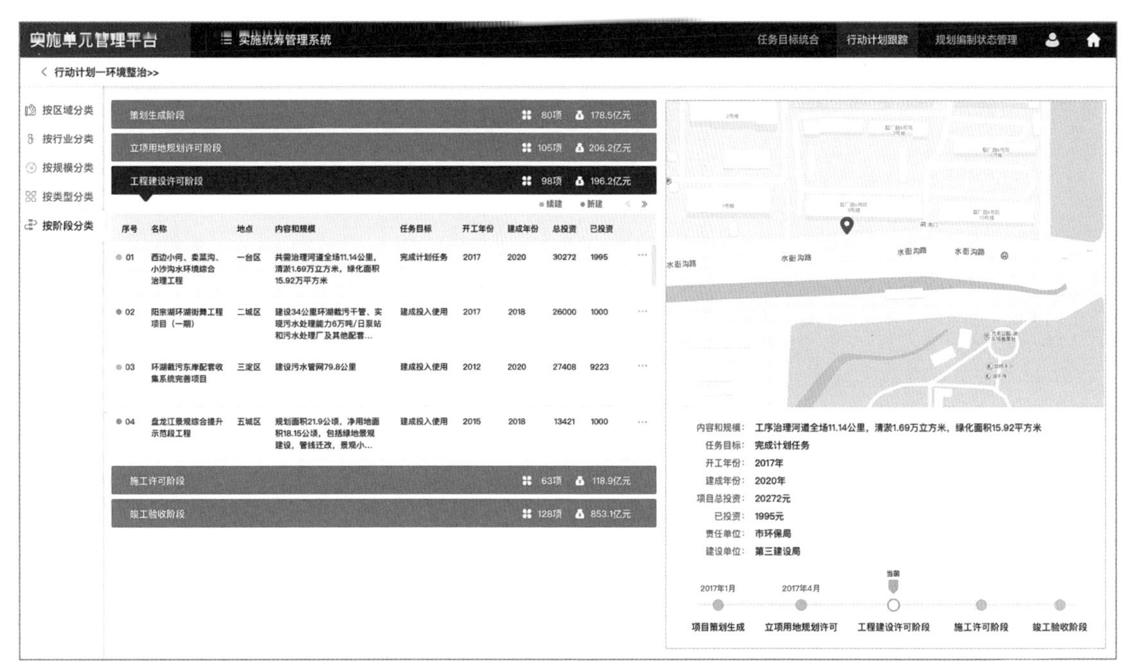

图 14　行动计划列表与项目详情界面
Fig.14 Interface of action plan list with detailed information of a project

管理者提供规划编制任务状态情况等专题展示图（图 14）。

（4）**单元评价分析子系统**

单元评价分析子系统是面向城市决策者、规划管理者的决策支持沙盘，提供实施单元分析评价、实施单元画像分析、单元管控要素综合统筹等功能，实现单元规划的动态维护。

A. 实施单元分析评价

兼顾目标导向和问题导向，建立针对实施单元评价体系，依据评估时点的现状、国土空间规划基期现状、国土空间规划目标体系，对单元进行规划实施度及规划绩效的评价，并对评价结果进行查询展示。

B. 实施单元画像分析

通过聚类分析，对实施单元进行分区分类，并对聚类结果进行可视化展示，为实施单元的分区分类动态维护及引导政策的制定提供决策支持。

C. 单元管控要素的综合统筹

提供人机互动界面，在保障市县级国土空间规划刚性管控要求的前提下，依据分区分类差异化调控原则，调整单元规划管控要求，并提供调整前后的全局影响分析，为单元管控的动态优化调整提供平台支撑（图 15）。

（5）**基础应用支撑子系统**

基础应用支撑子系统是面向技术支撑部门、规划编制单位以及其他相关部门，提供详细规划报建工具、更新入库工具、服务接口管理等功能，实现编制成果的更新入库以及系统平台的开放对接。

A. 详细规划报建工具

为规划编制单位提供详细规划的标准化报建工具，并对详细规划报建的内容完整性进行质检。

B. 更新入库工具

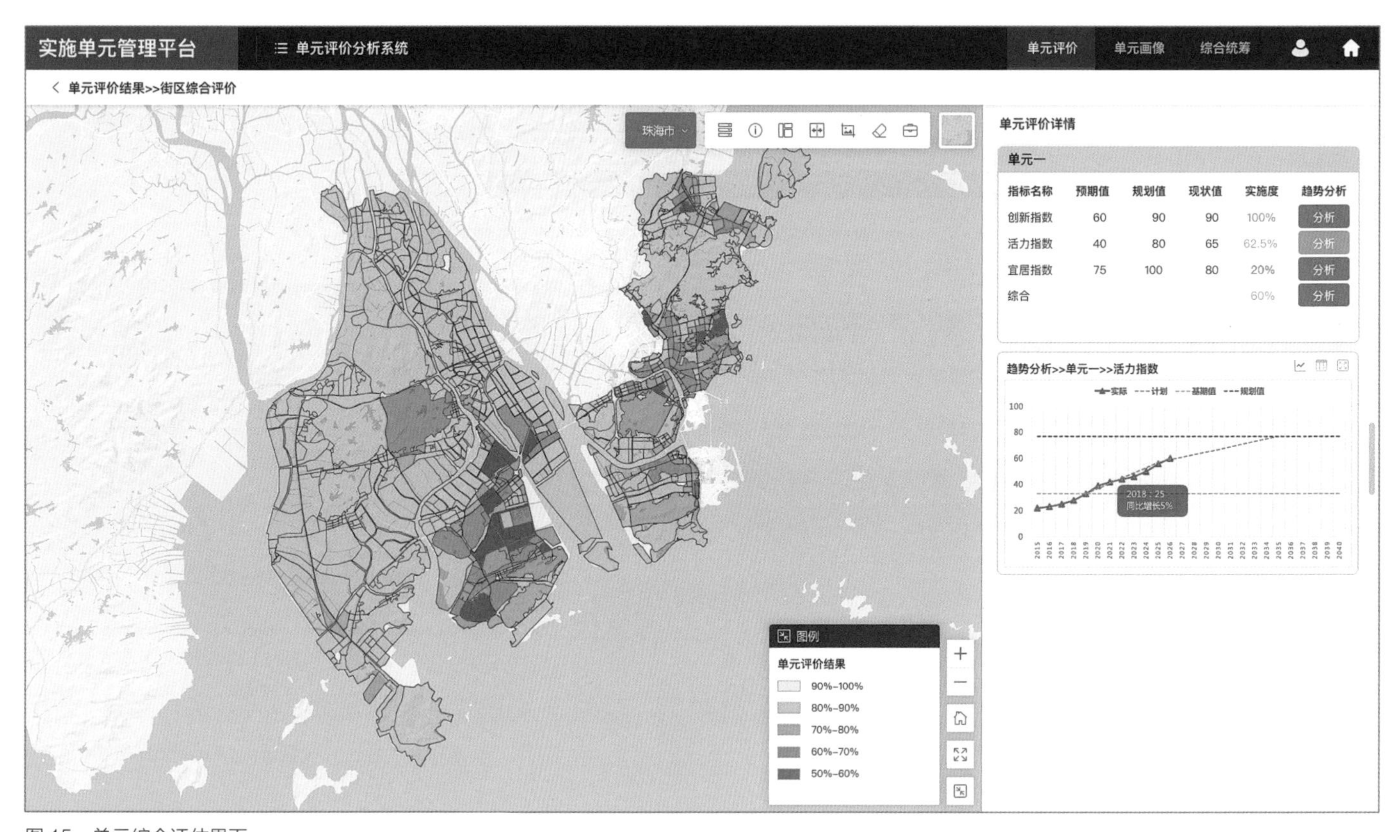

图 15 单元综合评估界面
Fig.15 Interface of unit comprehensive evaluation

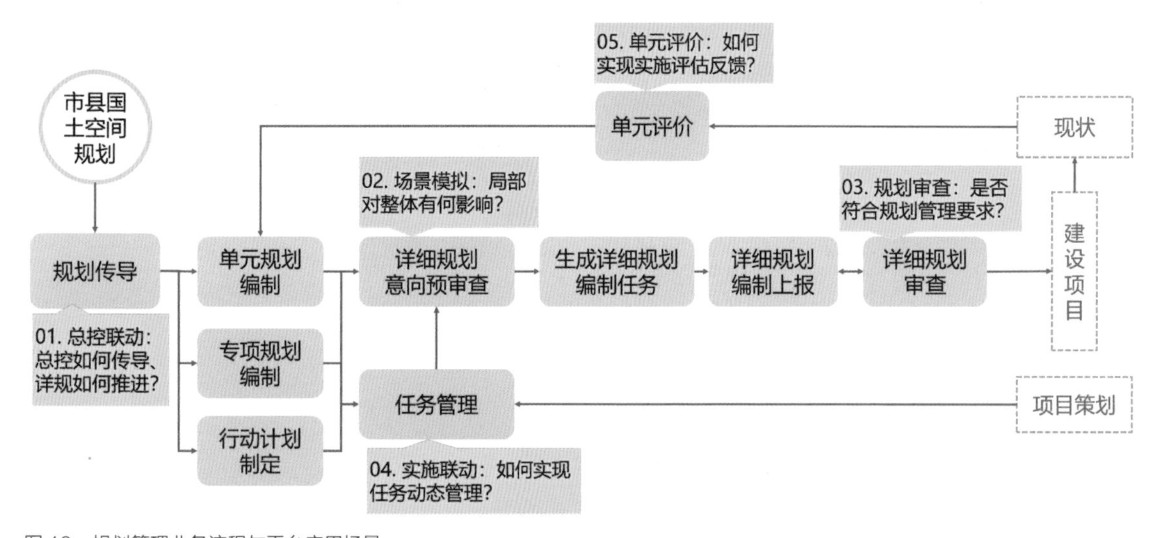

图 16 规划管理业务流程与平台应用场景
Fig.16 Planning and management operation flow and platform application scenarios

为规划管理人员提供实施单元与详细规划更新入库工具，满足规划管理单位对编制成果的更新入库。

C. 服务接口管理

为国土空间规划监测评估预警系统、建设项目审批系统、公开公示系统、项目综合评价系统、智能编制系统等系统提供对外服务接口，并对服务接口进行统一管理。

4.3 应用场景

平台功能架构紧紧围绕规划编制与实施全流程过程中的各类应用场景，可为规划决策、管理部门及编制单位提供全方位的信息技术支持。在市县国土空间规划编制完成后，可为规划管理部门单元规划、专项规划、详细规划等的编制提供有效的信息支撑；在详细规划方案技术审核阶段，可模拟其对周边地段及城市整体的影响，为方案优化要求、下步工作部署提供支持；在市县国土空间规划实施过程中，可随时跟踪下位规划、现状情况的变化，衔接省、国家层面评估监测预警系统，实现实施建设与规划调整的双向动态反馈（图 16）。

5 技术小结

在空间规划改革和精细化管理趋势引领下，通过构建规划实施单元管理体系，在底线管控的同时有效指导城市建设，将会是必然趋势。市县级国土空间规划实施单元管理平台通过重塑动态化规划管理模式，保证规划管理内容的连续性、规划与建设管理的衔接性，是市县层级规划实施体系的基础保障和重要抓手，在实现规划管理模式向数字化、动态化、智能化转型的过程中具有重要的现实意义。